Beck-Wirtschaftsberater im dtv

Personalentwicklung

dtv

Beck-Wirtschaftsberater

Personalentwicklung

Wie Sie Ihre Mitarbeiter erfolgreich
fördern und weiterbilden

Von Dr. Wolfgang Mentzel

4., überarbeitete Auflage

Deutscher Taschenbuch Verlag

www.dtv.de
www.beck.de

Originalausgabe

Deutscher Taschenbuch Verlag GmbH & Co. KG,
Friedrichstraße 1a, 80801 München
© 2012. Redaktionelle Verantwortung: Verlag C.H. Beck oHG
Druck und Bindung: Druckerei C.H. Beck, Nördlingen
(Adresse der Druckerei: Wilhelmstraße 9, 80801 München)
Satz: ottomedien, Darmstadt
Grafiken: Jörg Schäffer, München
Umschlaggestaltung: Agentur 42, Bodenheim
unter Verwendung eines Fotos von GettyImages
ISBN 978-3-423-50854-4 (dtv)
ISBN 978-3-406-64204-3 (C. H. Beck)

9 783406 642043

Vorwort

Die Anpassung an den raschen technologischen Wandel, die Vorbereitung auf den größeren europäischen Markt und das Bedürfnis nach lebenslangem Lernen waren in der Vergangenheit Gründe für die ständig wachsende Bedeutung der Personalentwicklung. Aktuell sind es der Fachkräftemangel und die für die Praxis im Schnellgang oftmals zu schlecht ausgebildeten Bachelor-Absolventen, welche die Notwendigkeit qualifizierter Personalentwicklungsmaßnahmen verdeutlichen. Nur wer sich regelmäßig um eine Qualifikationsanpassung und Weiterbildung seiner Mitarbeiter bemüht, wird den gestiegenen Anforderungen gewachsen sein. Personalentwicklung und Weiterbildung haben sich deshalb in den letzten Jahren zum wichtigsten Teilbereich der betrieblichen Personalarbeit entwickelt.

Das 21. Jahrhundert wird dadurch gekennzeichnet sein, dass Bildung und Ausbildung die Basisinnovation sein werden. Dabei dürfte sich in Zukunft eine neue Orientierung im Verhältnis zwischen Erstausbildung und Weiterbildung ergeben. Während sich die Erstausbildung noch stärker als bisher auf die Vermittlung elementarer Schlüsselkompetenzen konzentrieren wird, dürfte die Personalentwicklung darauf abzielen, dass Mitarbeiter in rascher Folge für sich ändernde Aufgaben qualifiziert und Führungskräfte eher auf eine ganzheitliche Führung vorbereitet werden.

Das Buch enthält das gesamte Instrumentarium der Personalentwicklung. Im Bausteinesystem werden alle Teilbereiche von der Bedarfsfeststellung über die Planung und Durchführung der Förder- und Bildungsmaßnahmen bis zur Kosten- und Erfolgskontrolle behandelt. Die Gliederung orientiert sich am Ablauf in der Praxis. Das Buch wurde vollständig überarbeitet; das bewährte Konzept wurde beibehalten.

Gengenbach, im Juli 2012 *Wolfgang Mentzel*

Vorwort zur 1. Auflage

Personalentwicklung war während der letzten zwanzig Jahre das dominierende Personalthema. Dafür werden unterschiedliche Begründungen genannt: Zunächst ging es um eine Anpassung der Qualifikationen der Mitarbeiter an den raschen technologischen, wirtschaftlichen und sozialen Wandel. Darauf folgte die Vorbereitung auf den größeren europäischen Markt. Danach stand die Kostendiskussion, insbesondere die Höhe der Personalkosten im Vordergrund. Gegenwärtig ist es der Fachkräftemangel einiger Branchen, der viele Unternehmen zu verstärkten Anstrengungen bei der Qualifikation der Mitarbeiter zwingt.

Die in der Ausbildung einmal erworbenen Fertigkeiten und Kenntnisse reichen heute nicht mehr aus, um ein ganzes Berufsleben zu bestreiten. Eine in die Zukunft gerichtete planvolle Personalarbeit kann sich nicht darauf verlassen, den künftigen Personalbedarf ausschließlich am externen Arbeitsmarkt zu decken. Der Zwang zur ständigen Anpassung der Qualifikationen durch ein „Lebenslanges Lernen" steigt. Die Unternehmungen werden im Wettbewerb nur dann Schritt halten können, wenn es ihnen jederzeit gelingt, die vorhandenen Fähigkeiten und Neigungen ihrer Mitarbeiter mit den jeweiligen Anforderungen der Arbeitsplätze in Übereinstimmung zu bringen. Bei der Bewältigung dieser Aufgabe hilft die Personalentwicklung. Sie umfasst alle Maßnahmen, die der Förderung und Bildung der Mitarbeiter dienen. Dieses Buch enthält ein umfassendes Konzept, dessen Umsetzung durch zahlreiche Formulare und Checklisten erleichtert wird. Als Voraussetzung für die Durchführbarkeit wurde dabei nicht der Spezialistenstab in den Personalabteilungen der Großunternehmen unterstellt, sondern der Allround-Personalmann im Klein- und Mittelbetrieb, der sich neben allen anderen Aufgaben auch um die Personalentwicklung kümmern muss.

Schönwald, im Mai 2001   *Wolfgang Mentzel*

Inhaltsübersicht

Inhaltsverzeichnis

1. Kapitel

Grundlagen der Personalentwicklung

1.1 Begriff und Bereiche

Die Anforderungen an die Flexibilität der Mitarbeiter und ihre Fähigkeit und Bereitschaft, ihr Wissen und Können den sich laufend ändernden Arbeitsbedingungen anzupassen, steigen ständig. Von den Unternehmungen wird erwartet, dass sie ihren Mitarbeitern die dazu notwendigen Gelegenheiten bieten, indem sie geeignete Qualifizierungsmaßnahmen offerieren. Durch eine gezielte und systematische Personalentwicklung wird eine bedarfsgerechte Förderung und Bildung der Mitarbeiter sichergestellt. Gleichzeitig werden den Mitarbeitern die erwarteten Möglichkeiten für eine berufliche Anpassung und ein berufliches Weiterkommen eröffnet.

1.1.1 Förderung und Bildung der Mitarbeiter durch Personalentwicklung

Die vordringliche Aufgabe der Personalentwicklung besteht darin, die vorhandenen Fähigkeiten und Neigungen der Mitarbeiter zu erkennen, zu entwickeln und sie mit den jeweiligen Erfordernissen der Arbeitsplätze in Übereinstimmung zu bringen. Personalentwicklung bedeutet eine systematische Förderung und Weiterbildung der Mitarbeiter. Dazu zählen sämtliche Maßnahmen, die der individuellen beruflichen Entwicklung der Mitarbeiter dienen und ihnen unter Beachtung ihrer persönlichen Interessen die zur Durchführung ihrer Aufgaben erforderlichen Qualifikationen vermitteln.

Aus dieser Definition lassen sich mehrere aufeinander aufbauende Teilfunktionen ableiten:

- Die Personalentwicklung hat für die bestmögliche Übereinstimmung zwischen den vorhandenen Anlagen und Fähigkeiten der Mitarbeiter und den Anforderungen der Arbeitsplätze Sorge zu tragen.

- Die Personalentwicklung hat unter Berücksichtigung der individuellen Erwartungen der Mitarbeiter zu prüfen, welche Mitarbeiter im Hinblick auf aktuelle und künftige Veränderungen der Arbeitsplätze und Tätigkeitsinhalte der Unternehmung zu fördern sind.

- Die Personalentwicklung hat die notwendigen Förder- und Bildungsangebote anzubieten und in Abstimmung mit den Betroffenen festzulegen, welche Maßnahmen für die einzelnen Mitarbeiter infrage kommen.

- Die Personalentwicklung ist zuständig für die Planung, Durchführung und Kontrolle der beschlossenen Förder- und Bildungsmaßnahmen.

Dieser Aufgabenkatalog verdeutlicht, dass der Begriff Personalentwicklung mehr umfasst, als im Allgemeinen unter Fort- und Weiterbildung verstanden wird.

Wichtig:

Förderung und Weiterbildung machen gemeinsam den Inhalt der Personalentwicklung aus.

Dabei zählen zur Förderung vorwiegend solche Aktivitäten, die auf die Position im Betrieb und das berufliche Weiterkommen des Einzelnen gerichtet sind, während die Bildung auf die Vermittlung der zur Wahrnehmung der jeweiligen Aufgaben erforderlichen Kompetenzen abstellt. Die betrieblichen Bildungsmaßnahmen machen zwar einen wesentlichen Teil der Personalentwicklung aus, sie sind jedoch nur dann gerechtfertigt, wenn die vermittelten Fertigkeiten und Kenntnisse auch gefragt sind.

1.1.2 Internes Personalmarketing durch Personalentwicklung

Eine im vorstehenden Sinn definierte Personalentwicklung kann als typisches Instrument des Personalmarketing verstanden werden. Beim Personalmarketing wird das ursprünglich für den Absatzmarkt entwickelte Konzept einschließlich des zugehörigen methodischen Instrumentariums auf den Personalbereich übertragen. Grundsätzlich gelten die gleichen Überlegungen wie beim Absatzmarketing, wobei an die Stelle des Kunden die vorhandenen oder zu gewinnenden Mitarbeiter treten. An die Stelle der Waren oder Dienstleistungen treten die Arbeitsplätze, die den Mitarbeitern angeboten werden sollen. Damit stellt Personalmarketing darauf ab, die Arbeitsplätze so attraktiv zu gestalten, dass sie den Interessen und Erwartungen der Mitarbeiter entsprechen. Die Personalentwicklung leistet einen wesentlichen Beitrag, um dieses Ziel zu erreichen.

> **Wichtig:**
>
> Die Personalentwicklung schafft die Voraussetzungen, um Personalmarketing nicht nur nach außen bei der Suche nach neuen Mitarbeitern zu betreiben, sondern auch nach innen, indem den vorhandenen Mitarbeitern sichtbare Chancen zur Weiterbildung und zum beruflichen Fortkommen im eigenen Unternehmen angeboten werden.

Die Aufgabenstellung der Personalentwicklung ist nicht völlig neu. Schon immer ist es den Betrieben darum gegangen, „die richtigen Mitarbeiter an den richtigen Arbeitsplätzen" einzusetzen; schon immer lag es im Interesse der Unternehmungen, die Fähigkeiten ihrer Mitarbeiter richtig zu erkennen, zu erhalten und weiterzuentwickeln. Allerdings hat die Intensität dieser Bemühungen und ihre Auswirkungen auf den Fortbestand der Unternehmungen in den letzten Jahren beträchtlich an Bedeutung gewonnen. Die Verantwortlichen in den Unternehmen haben erkannt, dass die Erschließung der Qualifikationen der Mitarbeiter durch die Personalentwicklung weit reichende Folgen für die Zukunft der Unternehmungen haben kann. In immer stärkerem Maße wird die Personalentwicklung in strategische Überlegungen eingebunden und als unerlässliche Komponente einer erfolgreichen Unternehmensstrategie verstanden.

1.1.3 Personalentwicklung und Organisationsentwicklung

Ehemals war die betriebliche Bildungsarbeit ganz auf die Erfordernisse der Unternehmung ausgerichtet. Dagegen werden im umfassenden, ganzheitlichen Konzept der Personalentwicklung neben den Zielen des Unternehmens immer auch die Vorstellungen und Wünsche der Mitarbeiter berücksichtigt. Diese Interpretation des Begriffs Personalentwicklung deckt sich damit auch weitgehend mit den Zielen der Organisationsentwicklung.

Als Organisationsentwicklung wird ein geplanter und schrittweise vollzogener Entwicklungs- und Veränderungsprozess von Organisationen (z. B. eines Betriebs) und den darin tätigen Menschen bezeichnet. Gleichzeitig verfolgte Ziele der Organisationsentwicklung sind zum einen eine Erhöhung der Leistungsfähigkeit der Organisation (Effektivität) und zum anderen eine Verbesserung der Qualität des Arbeitslebens für die in der Organisation tätigen Menschen (Humanität). Die Organisationsentwicklung will also Produktivität und Menschlichkeit miteinander in Einklang bringen. Dabei wird sie von der Gesamtheit der Mitglieder einer organisatorischen Einheit getragen. Unter aktiver Beteiligung der Betroffenen werden konkrete Fragen und Probleme der täglichen Arbeit und der Zukunft besprochen. Der Prozess beruht auf dem Lernen aller Betroffenen durch direkte Mitwirkung und praktische Erfahrungen.

Ein wesentliches Element der Organisationsentwicklung ist ein offener Meinungs- und Informationsaustausch, der sich sowohl auf Sachfragen als auch auf Verhaltens- und Wertfragen erstrecken soll. Mithilfe geeigneter Weiterbildungsmaßnahmen werden bei den jeweiligen Mitarbeitern oder Mitarbeitergruppen neben der Vermittlung von Fachkenntnissen vor allem spezifische Einstellungs- und

Verhaltensänderungen herbeigeführt. Der durch die Organisationsentwicklung angestrebte Erfolg wird sich dann einstellen, wenn dieser nicht befohlen wird, sondern sich als Prozess aus der Organisation und ihren Mitarbeitern entwickelt.

Die Diskussion, ob die Personalentwicklung der Organisationsentwicklung unterzuordnen ist oder umgekehrt, bringt für die praktische Durchführung keine Hilfe. Entscheidend ist die Erkenntnis, dass im Zuge einer zunehmenden strategischen Orientierung des unternehmerischen Handelns beide Entwicklungen Hand in Hand gehen müssen.

> **Wichtig:**
>
> Sowohl bei der Organisationsentwicklung als auch bei der Personalentwicklung sind neben den Zielen der Unternehmung immer auch die Interessen der Mitarbeiter zu berücksichtigen.

Isolierte Personalentwicklungsmaßnahmen ohne gleichzeitige Berücksichtigung des Arbeitsumfelds (Organisation, Kollegen, Vorgesetzte) wären ebenso unzureichend wie einseitige Veränderungen der Arbeitsbedingungen ohne Einbindung der Betroffenen und ihre Ausrichtung auf die neuen Gegebenheiten. Die weiteren Ausführungen werden die wechselseitigen Beziehungen zwischen beiden Bereichen verdeutlichen.

1.1.4 Personalentwicklung für alle Mitarbeiter

Aus der Begriffsabgrenzung ergibt sich bereits, dass sich die Personalentwicklung grundsätzlich an alle Mitarbeiter richten muss. In der Vergangenheit wurde Personalentwicklung häufig mit dem Begriff Management Development gleichgesetzt. Das führte dazu, dass lediglich Führungs- und Führungsnachwuchskräfte als Adressaten für Personalentwicklungsmaßnahmen angesehen wurden. Viele Unternehmungen können Programme vorweisen, die der Entwicklung von Führungskräften dienen.

Empirische Untersuchungen haben bestätigt, dass Weiterbildungsangebote sich vor allem auf die Mitarbeitergruppen konzentrierten, die durch Herkunft und schulische Bildung bereits begünstigt waren und die Tätigkeiten verrichteten, die ihre geistige Beweglichkeit tendenziell förderten und ihre Kompetenzen steigerten. Dagegen wurden Mitarbeitergruppen, die für das Lernen weniger gut ausgestattet waren und durch ihre Arbeit geistig weniger gefordert wurden, kaum berücksichtigt. Insbesondere Facharbeiter sowie un- und angelernte Mitarbeiter nehmen nur in sehr geringem Maß an beruflichen Weiterbildungsmaßnahmen teil.

Die Forderung nach Einbezug aller Mitarbeiter in die Personalentwicklung schließt nicht aus, dass die Häufigkeit und der Umfang bestimmter Entwicklungsmaßnahmen je nach Mitarbeiterkategorie variieren können. Die Förderung der Führungs- und Führungsnachwuchskräfte spielt nach wie vor eine dominierende Rolle in der Personalentwicklung. Dazu trägt u. a. bei, dass diese Mitarbeitergruppe in Schulen und Hochschulen nur in ungenügender Weise auf ihre spätere Tätigkeit vorbereitet wird. Die Möglichkeiten einer systematischen vorberuflichen Ausbildung auf den Beruf des Managers sind aus zwei Gründen zwangsläufig begrenzt: Zum einen können sich typischen Kompetenzen einer Führungskraft, selbst wenn sie im Studium theoretisch vermittelt wurden, letztendlich erst durch praktische Bewährung in Führungsfunktionen wirklich entwickeln. Zum anderen sind die so genannten Schlüsselqualifikationen in vielen Ausbildungs- und Studienordnungen nicht ausreichend enthalten.

1.1.5 Bereiche der Personalentwicklung

Bei der Personalentwicklung werden in Anlehnung an das Berufsbildungsgesetz drei Bereiche unterschieden:

- Die berufsvorbereitende Personalentwicklung umfasst alle Bildungsmaßnahmen, die dem erstmaligen Einsatz in einer beruflichen Tätigkeit dienen.

- Die berufsbegleitende Personalentwicklung richtet sich an Mitarbeiter, die bereits im Berufsleben stehen bzw. gestanden haben und über ein gewisses Maß an Berufserfahrung verfügen.

- Die berufsverändernde Personalentwicklung umfasst die verschiedenen Maßnahmen der Umschulung und Rehabilitation.

Berufsvorbereitende Personalentwicklung

Zur berufsvorbereitenden Personalentwicklung zählen die Berufs-ausbildung, die Einarbeitung von Anlernlingen, die Betreuung von Praktikanten und Volontären sowie die Einführung von Hoch-schulabsolventen. Die **Berufsausbildung** ist in allen wesentlichen Einzelheiten durch allgemeine Ordnungsmittel vorbestimmt. Für zusätzliche Fördermaßnahmen, die auf die besondere Begabung einzelner Auszubildender abstellen, lassen die umfassenden gesetz-lichen Regelungen in der begrenzten Ausbildungszeit oft keinen Platz. Deshalb wird die Berufsausbildung in vielen Unternehmen nicht in die Personalentwicklung einbezogen. Auch in diesem Buch werden Fragen der Berufsausbildung nicht weiter behandelt. Da-gegen zählen Anlernlinge, Praktikanten, Volontäre und Hochschu-labsolventen allgemein zum Adressatenkreis der Personalentwick-lung und werden in den weiteren Ausführungen berücksichtigt.

Zur Einarbeitung von **Anlernlingen** zählen alle Maßnahmen, durch die den Mitarbeitern innerhalb kurzer Zeit die für die Ausübung einer praktischen betrieblichen Tätigkeit notwendigen Fertigkeiten und Kenntnisse vermittelt werden. Es handelt sich zumeist um rela-tiv anspruchslose Aufgabengebiete. Die Einarbeitung von Anlern-lingen ist an keine staatlichen Vorgaben gebunden; es bleibt den Unternehmen überlassen, wie planmäßig und systematisch sie dabei vorgehen.

Durch eine **Praktikanten- oder Volontärzeit** sollen praktische Er-fahrungen zur Vorbereitung auf einen späteren Beruf gesammelt werden. Auch die Gestaltung und Effizienz dieser Programme hän-gen ausschließlich von betrieblichen Initiativen ab.

Der **Einführung von Hochschulabsolventen** wird traditionsgemäß bei vielen Unternehmen besondere Bedeutung beigemessen. Aus dieser Mitarbeitergruppe resultieren die künftigen Führungskräfte des Unternehmens. Job Rotation- oder Traineeprogramme, die sich teilweise über mehrere Jahre erstrecken, zählen bei vielen Unterneh-mungen zu den Standardmaßnahmen der Personalentwicklung.

Berufsbegleitende Personalentwicklung

Bei der berufsbegleitenden Personalentwicklung wird entsprechend der Formulierungen des Berufsbildungsgesetzes zwischen Anpassungs- und Aufstiegsqualifikation unterschieden. Personalentwicklung im Sinne einer Anpassungsqualifikation liegt vor, wenn das Wissen und Können der Mitarbeiter an die veränderten Gegebenheiten eines Arbeitsplatzes angepasst werden. Solche Anpassungsprozesse sind wegen des technologisch und organisatorisch bedingten Wandels ständig erforderlich. Sie stellen sicher, dass die Mitarbeiter ihre einmal erworbene Stellung in Beruf und Gesellschaft dauerhaft halten können. Daneben verlangen die **Einführung und Einarbeitung neuer Mitarbeiter,** die ihre berufliche Erfahrung in einem anderen Unternehmen gewonnen haben, nach einer Anpassung der vorhandenen Qualifikationen an die spezifischen betrieblichen Gegebenheiten. Das Verhältnis eines neuen Mitarbeiters zum Unternehmen wird in starkem Maße von den Geschehnissen und Eindrücken während der ersten Arbeitswochen mitbestimmt. Die Personalentwicklung hat hier die Aufgabe, die „Neuen" sowohl in ihr Arbeitsgebiet einzuweisen als sie auch in die vorhandene Betriebsgemeinschaft einzuführen. Einen weiteren Fall der Anpassungsqualifikation stellt die **berufliche Reaktivierung** dar. Sie trägt dazu bei, dass Mitarbeiter, die bereits aus dem Erwerbsleben ausgeschieden waren, wieder in eine berufliche Tätigkeit zurückkehren können. Die Fähigkeiten werden wieder aufgefrischt, erweitert und den veränderten Erfordernissen angepasst.

Personalentwicklung als Aufstiegsqualifikation stellt darauf ab, das vorhandene Potenzial der Mitarbeiter so zu entwickeln, dass sie zur Übernahme anspruchsvollerer Funktionen oder höherwertiger Positionen in der Lage sind. Aufstieg in diesem Sinne braucht nicht ausschließlich das Erreichen der nächsten hierarchischen Ebene zu bedeuten. Bereits die Übernahme größerer Verantwortung aufgrund der Ausweitung des Tätigkeitsfeldes durch Job Enlargement oder Job Enrichment kann einen „Aufstieg" darstellen. Die Entwicklungsmaßnahmen können im Rahmen von Nachfolge- oder Laufbahnplänen auf die gezielte Übernahme ganz bestimmter Positionen abstellen oder es kann sich um eine generelle Qualifizierung durch Bildung von Nachwuchspools handeln.

Nicht jeder Mitarbeiter wird über das als Voraussetzung für eine erfolgreiche Aufstiegsqualifikation erforderliche Entwicklungspotenzial verfügen. Grundsätzlich sollte aber die Entwicklungschance für alle vorhanden sein. Es liegt dann an der Bereitschaft und dem Willen jedes Einzelnen, ob er sein vorhandenes Potenzial weiterentwickeln möchte. Es liegt gleichermaßen beim jeweiligen Vorgesetzten, durch eine regelmäßige Beobachtung und Beurteilung entwicklungsfähige Mitarbeiter zu erkennen und zu fördern.

Berufsverändernde Personalentwicklung

Die berufsverändernde Personalentwicklung führt durch **Umschulung** und **Rehabilitation** zu einer neuen beruflichen Tätigkeit. Umschulungsmaßnahmen werden wegen der technisch-wirtschaftlichen Entwicklung oder aus persönlichen Gründen notwendig. Die Personalentwicklung übernimmt hier eine wichtige gesellschaftspolitische Aufgabenstellung, wenn es ihr gelingt, Mitarbeitern, deren Beruf aus technischen oder ökonomischen Gründen nicht mehr gefragt ist oder die ihre Tätigkeit wegen einer körperlichen, seelischen oder geistigen Behinderung nicht mehr ausüben können, einem neuen Beruf zuzuführen.

1.2 Ziele der Personalentwicklung

Die Personalentwicklung wird nur erfolgreich sein, wenn bei allen Beteiligten Klarheit über die zu erreichenden Ziele besteht. Aus den vorangegangenen Ausführungen ist bereits deutlich geworden, dass sowohl die Mitarbeiter als auch die Unternehmung eigene Erwartungen mit der Personalentwicklung verbinden. Eine wesentliche Aufgabe der Verantwortlichen besteht darin, einen Ausgleich zwischen den unterschiedlichen Interessenlagen herbeizuführen, indem sie versuchen, die persönlichen Entwicklungs- und Karriereziele des Einzelnen in die allgemeinen Ziele der Unternehmung zu integrieren. Das ist z. B. in idealer Weise bei der Laufbahnplanung verwirklicht, die von den individuellen Aufstiegswünschen der Mitarbeiter ausgeht und versucht, diese mit den betrieblichen Vorstellungen bei der Besetzung vorhandener oder zu schaffender Positionen in Übereinstimmung zu bringen.

1.2.1 Ziele der Unternehmung

Die Personalentwicklung ist für das Unternehmen ein Mittel, die strategischen Unternehmensziele zu erreichen und zu sichern. Als pauschales Ziel der Unternehmung kann formuliert werden:

> **Wichtig:**
>
> Die Personalentwicklung soll durch Vermittlung entsprechender Qualifikationen den personellen Bedarf decken und den bestmöglichen Einsatz der Mitarbeiter im Betriebsgeschehen sicherstellen.

Diese allgemeine Zielsetzung der Personalentwicklung reicht jedoch noch nicht aus, um daraus konkrete Maßnahmen abzuleiten. Das wird erst möglich sein, wenn aufgrund der jeweils vorliegenden Zwecksetzung die speziellen Ziele feststehen. Es muss also geklärt werden, was durch eine bestimmte Entwicklungsmaßnahme erreicht werden soll und wozu das Erreichte dient. Die Antwort auf diese Fragen kann immer nur von den Verantwortlichen eines bestimmten Unternehmens für die dort vorhandene Situation gegeben werden. Demgemäß kann die folgende Aufzählung nur eine Auswahl denkbarer Einzelziele darstellen.

- Sicherung des notwendigen Bestands an Fach- und Führungskräften,

- Erhaltung der vorhandenen Qualifikationen der Mitarbeiter,

- Anpassung der Qualifikationen der Mitarbeiter an veränderte Gegebenheiten der Arbeitsplätze,

- Vorbereitung auf höherwertige Tätigkeiten,

- Vermittlung von Zusatzqualifikationen als Grundlage einer größeren Flexibilität und Anpassungsfähigkeit beim Personaleinsatz,

- Nachwuchskräfte aus den eigenen Reihen,

- größere Unabhängigkeit vom externen Arbeitsmarkt,

- Imageverbesserung auf dem Arbeitsmarkt,

- Erkennen und Vorbereiten von Spezialisten und Führungsnachwuchskräften,

- Förderung des beruflichen Fortkommens der Mitarbeiter durch Erschließen erkennbarer Aufstiegsmöglichkeiten,

- Aufdecken von Fehlbesetzungen,

- Verbesserung des Leistungsverhaltens der Mitarbeiter,

- Vermittlung von Schlüsselqualifikationen und Entwicklung von beruflichen Kompetenzen (soziale Kompetenz, Fach- und Methodenkompetenz),

- Verbesserung der Chance zur Selbstverwirklichung durch anspruchsvollere Aufgaben,

- Motivation der Mitarbeiter,

- Erhöhung der Bereitschaft, Änderungen zu verstehen oder herbeizuführen.

1.2.2 Ziele der Mitarbeiter

Auch auf Seiten der Mitarbeiter kann ein pauschales Ziel formuliert werden:

Wichtig:

Die Personalentwicklung soll dazu beitragen, die Erwartungen und Wünsche auf persönliche Entfaltung und berufliches Weiterkommen zu befriedigen.

Der einzelne muss sich selbst darüber klar werden, welche langfristigen beruflichen Ziele er anstreben will und welche Aufgaben er im Unternehmen voraussichtlich bewältigen kann und will. Jeder Mitarbeiter muss kritisch prüfen, wie er zu seiner Aufgabe im Unternehmen steht und ob er die gestellten Anforderungen erfüllt. Auf der Grundlage solcher Vorüberlegungen muss dann unter Beachtung der vorhandenen individuellen Fähigkeiten und der betrieblichen Möglichkeiten im Gespräch geklärt werden, welche speziellen Ziele im konkreten Fall angestrebt werden. Auch hier kann der folgende Katalog möglicher Einzelziele wiederum nur exemplarisch verstanden werden:

- Anpassung der persönlichen Qualifikation an die Ansprüche des Arbeitsplatzes,

- Grundlage für beruflichen Aufstieg (Karriereplanung),

- größere individuelle Mobilität am Arbeitsmarkt,

- Sicherung der erreichten Stellung in Beruf und Gesellschaft,

- Minderung der Risiken, die sich aus dem wirtschaftlichen oder technischen Wandel ergeben können,

- Sicherung eines ausreichenden Arbeitseinkommens,

- größere Chance der Selbstverwirklichung am Arbeitsplatz durch Übernahme anspruchsvollerer Aufgaben,

- Arbeitsplatzsicherheit und Arbeitszufriedenheit,

- Erschließen und Verbessern bisher ungenutzter persönlicher Fähigkeiten,

- Persönlichkeitsentwicklung und -bildung,

- Befriedigung individueller Bildungsbedürfnisse,

- Übernahme größerer Verantwortung.

1.2.3 Zielkonflikte sind nicht völlig auszuschließen

Eine vollkommene Übereinstimmung wird nicht immer möglich sein. Es kann sogar vorkommen, dass ein Mitarbeiter und sein Vorgesetzter dieselbe Entwicklungsmaßnahme befürworten trotz völlig verschiedener Zielsetzungen. Von einer allgemeinen Qualifikationserweiterung verspricht sich z. B. der Vorgesetzte (also die Unternehmensseite) eine größere Flexibilität beim Personaleinsatz, während der Mitarbeiter einen wesentlichen Vorteil in einer erhöhten Mobilität am Arbeitsmarkt sieht und demzufolge die Gefahr besteht, dass er das Unternehmen verlassen wird.

Solche Risiken sind zwar nicht vollkommen auszuschließen, sie sollten aber auch nicht überbewertet werden. Von der im vorstehenden

Beispiel genannten Gefahr der Abwanderung einmal abgesehen, müssen die übrigen denkbaren Mitarbeiterziele für die Unternehmung keinen Widerspruch darstellen. Wenn die Personalentwicklung nicht nur auf die Deckung des personellen Bedarfs der Unternehmung abstellt, sondern auch mit den Erwartungen der Mitarbeiter und ihren persönlichen beruflichen Plänen abgestimmt wird, vermittelt sie genügend Anreize, um als wesentlicher Bestandteil der Motivationspolitik des Unternehmens zu gelten.

Außerdem dient es in vielen Situationen den Interessen der Mitarbeiter, wenn sich die Personalentwicklungsmaßnahmen primär am betrieblichen Bedarf orientieren. In innovationsorientierten Branchen, die einem raschen technologischen Wandel unterliegen, wird ein notwendiger Bildungsbedarf aufgrund der besseren Informationsgrundlagen seitens des Unternehmens frühzeitig erkannt, sodass entsprechende Maßnahmen eingeleitet werden können. Überließe man solche Entscheidungen ausschließlich den Mitarbeitern, bestünde die Gefahr, dass eine rechtzeitige Anpassung der Qualifikationen an die geänderten Erfordernisse möglicherweise versäumt würde.

1.3 Träger der Personalentwicklung

An der Personalentwicklung sind mehrere Stellen im Unternehmen beteiligt. Als Träger der Personalentwicklung kommen grundsätzlich infrage:

- Unternehmensleitung
- Personal- und Bildungsabteilung (Personalentwicklungsbeauftragter)
- Vorgesetzte
- Betriebsrat
- Mitarbeiter.

Zwischen diesen Gruppen wird unter Beachtung der vorhandenen personellen und sachlichen Gegebenheiten die endgültige Aufgabenzuordnung vorgenommen (vgl. Abbildung 1–1).

1.3.1 Unternehmensleitung

Die Frage, ob überhaupt Personalentwicklung betrieben werden soll und wenn ja, welche generellen Ziele damit verfolgt werden, muss von der Unternehmensleitung entschieden werden. Es handelt sich um eine unternehmerische Grundsatzentscheidung, mit der auch gleichzeitig eine Aussage über das finanzielle Volumen sowie eine Regelung der wichtigsten Zuständigkeiten verbunden sein müssen.

Die volle Unterstützung der Personalentwicklung sowie die Identifikation mit den verfolgten Zielen durch die Unternehmensleitung tragen wesentlich zum Erfolg bei. Durch eine Aufnahme in die Unternehmensgrundsätze kann die Einstellung der Unternehmensleitung in dieser Frage verdeutlicht werden. Dadurch können positive Einflüsse auf die Motivation aller Beteiligten erwartet werden.

Träger	Aufgaben
Unternehmensleitung	■ Grundsatzentscheidungen dafür oder dagegen ■ Regelung der Zuständigkeiten ■ Festlegung eines Budgetrahmens
Personal- oder Bildungsabteilung Personalentwicklungsbeauftragter	■ Beratung der Unternehmungsleitung ■ Beratung der Vorgesetzten und Mitarbeiter ■ Ermittlung/Analyse des Personalentwicklungsbedarfs ■ Führen der Personalentwicklungsdateien ■ Entwicklung von Aufstiegskonzeptionen (Laufbahnkonzepte/Nachfolgeplanung) ■ Mitwirken bei Fördergesprächen ■ Planung und Durchführung betrieblicher Bildungsmaßnahmen ■ Studium externer Bildungsangebote ■ Auswahl und Organisation externer Bildungsmaßnahmen ■ Erfolgskontrolle ■ Budgeterstellung und Kostenkontrolle ■ Bereitstellung des gesamten organisatorischen Instrumentariums ■ Koordination mit anderen Funktionsbereichen

Träger	Aufgaben
Vorgesetzte	■ Zusammenarbeit mit der Personalabteilung ■ Erkennen qualifizierter Mitarbeiter ■ Zielvereinbarungen ■ Mitarbeiterbeurteilung ■ Beratungs- und Fördergespräch ■ Empfehlung von Förder- und Bildungs-maßnahmen ■ Mitwirkung am Training-on-the-job ■ Erfolgskontrolle am Arbeitsplatz
Betriebsrat	■ Mitwirkung gemäß der gesetzlichen Rechte
Mitarbeiter	■ Nutzen der gebotenen Chancen ■ eigene Initiativen

Abb. 1–1: Träger und Aufgabenverteilung der Personalentwicklung

1.3.2 Personal- und Bildungsabteilung

Die Personalentwicklung zählt zu den grundlegenden Funktionen der betrieblichen Personalarbeit. Das bedeutet, dass die Gestaltung und Durchführung zahlreicher Maßnahmen in die Zuständigkeit der Personalabteilung fällt. Das Aufgabengebiet kann sich von der Beratung der Unternehmensleitung über die Ermittlung des Personalentwicklungsbedarfs bis zur Festlegung einzelner Entwicklungsmaßnahmen sowie der Überwachung und Kontrolle der Durchführung erstrecken. Je nach Betriebsgröße sowie der vorhandenen personellen und sachlichen Ausstattung wird diese Aufgabe in unterschiedlicher Weise wahrgenommen.

In kleineren Unternehmen sind alle personellen Funktionen in einer Hand vereinigt, so dass der Personalverantwortliche auch für die Personalentwicklung zuständig sein wird. In mittleren und größeren Unternehmen besteht häufig neben der Personalabteilung eine eigene Bildungsabteilung. In solchen Fällen ist es auch denkbar, dass Personalentwicklung in der Bildungsabteilung wahrgenommen wird. Auch eine Aufgabenteilung zwischen Personal- und Bildungsabteilung kommt vor. In größeren Unternehmungen ist auch häufig ein Spezialist für Personalentwicklung vorhanden. Dieser sogenannte Personalentwicklungsbeauftragte kann dem Personalleiter hierarchisch unterstellt oder mit ihm gleichgeordnet sein.

Die endgültige Zuordnung und Abgrenzung der Zuständigkeiten werden letztendlich von den betrieblichen Gegebenheiten und vom Stellenwert der Funktion Personalentwicklung bei der Unternehmensleitung abhängen. Unabhängig von der organisatorischen Abgrenzung ist sicherzustellen, dass sämtliche in Abbildung 1–1 zusammengefassten Aufgaben wahrgenommen werden.

1.3.3 Vorgesetzte

Die Beteiligung des Vorgesetzten erstreckt sich von der Ermittlung des Entwicklungsbedarfs über den Vollzug einzelner Entwicklungsmaßnahmen bis zur Kontrolle der erzielten Ergebnisse. Der Vorgesetzte kennt die Stärken und Schwächen seiner Mitarbeiter und weiß, inwieweit diese die Anforderungen der Arbeitsplätze erfüllen. Er hat darüber hinaus die Möglichkeit festzustellen, ob die Mitarbeiter über das erforderliche Entwicklungspotenzial und die notwendige Bereitschaft zur Übernahme weitergehender Aufgabenstellungen verfügen. Durch eine regelmäßige Beurteilung seiner Mitarbeiter ist er in der Lage, die für die Planung und Durchführung von Entwicklungsmaßnahmen notwendigen Informationen zu liefern. Soweit die Personalentwicklung am Arbeitsplatz stattfindet, ist der Vorgesetzte selbst für die Vermittlung von Fertigkeiten und Kenntnissen zuständig. Nach Abschluss einer Personalentwicklungsmaßnahme muss der Vorgesetzte kontrollieren, inwieweit das neu erworbene Können und Wissen nutzbringend eingesetzt werden. Bei sämtlichen Aufgaben kommt es zu einer ständigen Zusammenarbeit zwischen dem Vorgesetzten und den Funktionsträgern in der Personalabteilung.

> **Wichtig:**
>
> Dem Vorgesetzten fällt bei der Personalentwicklung eine Schlüsselrolle zu, denn er ist zu einem großen Teil für die Entwicklung seiner Mitarbeiter verantwortlich.

Bei manchen Vorgesetzten besteht die Auffassung, Personalentwicklung sei ausschließlich eine Angelegenheit des Personalbereichs.

Diese Auffassung ist falsch. Personalentwicklung ist eine Führungsaufgabe, die nur gelingt, wenn sie von den Vorgesetzten aller Hierarchieebenen wahrgenommen wird. Die Personalabteilung ist kaum in der Lage, die Förderungsnotwendigkeit und Förderungswürdigkeit einzelner Mitarbeiter zu erkennen. Es ist ihr auch nicht möglich, zuverlässige Aussage über die Effizienz der erworbenen Fertigkeiten und Kenntnisse am Arbeitsplatz zu machen. Die Personalabteilung ist immer auf die Mitarbeit der Vorgesetzten angewiesen. Sie kann die Vorgesetzten zwar durch ein entsprechendes Instrumentarium unterstützen, sie kann ihnen aber niemals die Verantwortung für die Entwicklung ihrer Mitarbeiter abnehmen.

Die Personalentwicklung ist ein Teil der Gesamtaufgabe jedes Vorgesetzten und muss in die Stellenbeschreibung aufgenommen werden. Das wird in der Praxis häufig versäumt. Bei der Beurteilung der Vorgesetzten selbst sollten diese auch immer daraufhin beurteilt werden, ob und wie sie ihrer Verantwortung für die Entwicklung ihrer Mitarbeiter nachgekommen sind.

Die Personalabteilung hat den Vorgesetzten die zur Erfüllung dieser Führungsaufgabe notwendige Unterstützung zu gewähren. Dazu gehören die Bereitstellung eines geeigneten personalwirtschaftlichen Instrumentariums (z. B. ein zuverlässiges Beurteilungssystem) und die Schaffung der notwendigen organisatorischen Grundlagen. Außerdem können die Vorgesetzten die Entwicklung ihrer Mitarbeiter nur dann richtig steuern, wenn sie rechtzeitig und ausreichend mit Informationen über die voraussichtlichen Entwicklungstendenzen und generellen Planungsziele des Unternehmens versorgt werden.

1.3.4 Betriebsrat

Das geltende Betriebsverfassungsgesetz gebietet eine vertrauensvolle Zusammenarbeit zwischen Arbeitgeber und Betriebsrat. Obwohl der Begriff Personalentwicklung im Betriebsverfassungsgesetz nicht ausdrücklich enthalten ist, hat der Betriebsrat aufgrund der engen Verknüpfung der Funktion Personalentwicklung mit anderen personalwirtschaftlichen Teilfunktionen zahlreiche Mitwirkungs- und Mitbestimmungsrechte. U. a. wirken sich die Beteiligungsrechte bei der Personalplanung, Mitarbeiterbeurteilung, Berufsbildung oder Stellenausschreibung auch auf die Personalentwicklung aus.

> **Wichtig:**
>
> Die aus dem Betriebsverfassungsgesetz erwachsenden Möglichkeiten einer direkten oder indirekten Einflussnahme des Betriebsrats auf die Personalentwicklung sind so umfassend, dass dieser mit Recht zu den Trägern der Personalentwicklung gezählt werden muss.

Die wichtigsten für die Personalentwicklung relevanten Regelungen des Betriebsverfassungsgesetzes sind im Kapitel 9.1 zusammengefasst.

1.3.5 Mitarbeiter

Auch die Mitarbeiter selbst müssen zu den Trägern der Personalentwicklung gezählt werden. Das attraktivste Entwicklungsangebot bleibt wertlos, wenn es von den Mitarbeitern nicht akzeptiert wird. Auch hier liegt es teilweise an den Personalverantwortlichen und den Vorgesetzten, die Mitarbeiter auf die Chancen hinzuweisen bzw. in Gesprächen die individuellen Wünsche auszuloten.

1.4 Konzept der Personalentwicklung

Die Personalentwicklung umfasst innerhalb der betrieblichen Personalarbeit ein sehr komplexes Aufgabengebiet. Die Einzelaufgaben reichen von der Feststellung des Personalentwicklungsbedarfs bis zur Kontrolle der erzielten Entwicklungserfolge. Die Ermittlung der Anforderungen der verschiedenen Arbeitsplätze, die Beurteilung der Leistungen und Fähigkeiten der Mitarbeiter, die Entwicklung von Aufstiegskonzeptionen (z. B. Laufbahnpläne), die Auswahl geeigneter Förder- und Bildungsmaßnahmen, die Organisation der Qualifikationsvermittlung sowie die Erfassung und Verrechnung der entstandenen Kosten zählen zu den Routinetätigkeiten der Personalentwicklung.

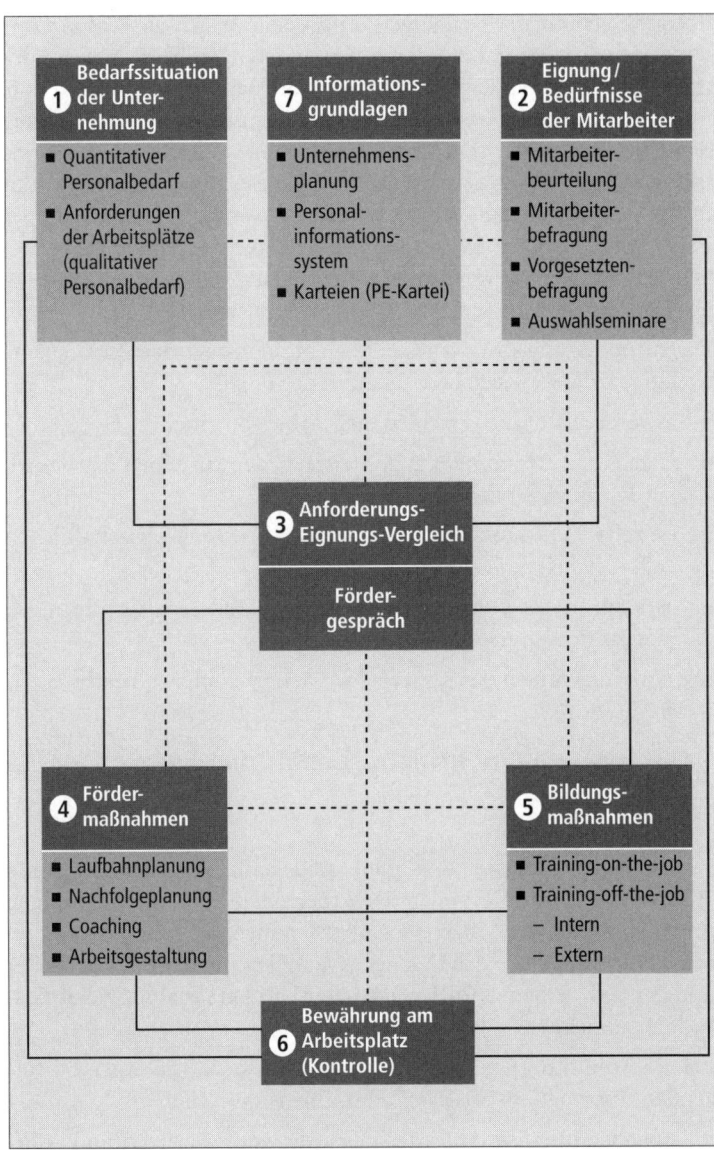

Abb. 1–2: Konzept der Personalentwicklung

Bei der Erfüllung der vielfältigen Aufgaben lässt sich die Personalentwicklung nicht immer eindeutig von anderen Teilbereichen des betrieblichen Personalwesens abgrenzen. Sie basiert auf den Erkenntnissen und Informationen anderer Bereiche und nutzt das dort vorhandene organisatorische Instrumentarium; umgekehrt reicht sie mit ihren Auswirkungen wiederum in diese Bereiche hinein. Das bringt den Vorteil mit sich, dass viele notwendige Instrumente bereits vorhanden sind, sodass es auch kleineren und mittleren Betrieben möglich sein sollte, mit relativ geringem Mehraufwand ein eigenes Konzept der Personalentwicklung zu verwirklichen.

Das in Abbildung 1–2 dargestellte Gesamtkonzept der Personalentwicklung orientiert sich am Ablauf in der Praxis:

- es verdeutlicht die verschiedenen Arbeitsschritte,

- es zeigt die Zusammenhänge zwischen den einzelnen Bausteinen der Personalentwicklung,

- es zeigt Verknüpfungen mit anderen personalwirtschaftlichen Teilbereichen auf und

- es kann es als „Wegweiser" durch die weiteren Ausführungen dieses Buches verstanden werden.

Die einzelnen Stufen des Konzepts werden nachfolgend beschrieben.

1.4.1 Personalentwicklungsbedarf und Eignungspotenzial

Personalentwicklungsmaßnahmen sind dann erforderlich, wenn zwischen den Anforderungen der Arbeitsplätze und den Leistungen und Fähigkeiten der Mitarbeiter Abweichungen bestehen. Die Differenz zwischen den vorhandenen Qualifikationen der Mitarbeiter und den Arbeitsplatzerfordernissen wird als **Personalentwicklungsbedarf** bezeichnet.

Bei der Ermittlung des Personalentwicklungsbedarfs können die folgenden Informationsbereiche unterschieden werden:

- Angaben über die Anforderungen der gegenwärtigen und künftigen Arbeitsplätze (qualitativer Personalbedarf),

- Kenntnisse über die derzeitige Qualifikation und das vorhandene Entwicklungspotenzial der Mitarbeiter und

- Kenntnisse über die Vorstellungen und Wünsche der Mitarbeiter hinsichtlich ihres weiteren beruflichen Werdegangs (individuelle Entwicklungsbedürfnisse).

Bedarfssituation der Unternehmung

Den Ausgangspunkt für eine planmäßige Personalentwicklung bildet der aktuelle und künftige Personalbedarf der Unternehmung (Abbildung 1–2, Stufe 1). Die Personalentwicklung knüpft dabei an die Ergebnisse der Personalbedarfsplanung an. Wenn der quantitative Personalbedarf feststeht, sind die an den derzeitigen und künftigen Arbeitsplätzen zu erfüllenden Arbeitsanforderungen zu ermitteln (qualitativer Personalbedarf).

Die gegenwärtigen Anforderungen der Arbeitsplätze können aus Stellenbeschreibungen und Anforderungsprofilen entnommen werden. Beide Instrumente können auch für die Festlegung der künftigen Arbeitsanforderungen herangezogen werden. Da beide Instrumente jedoch gegenwartsorientiert sind, müssen darüber hinaus auch die Daten der Unternehmensplanung und prognostische Aussagen über künftig zu erwartende Innovationen oder sonstige technische oder organisatorische Änderungen berücksichtigt werden.

Qualifikation und Entwicklungspotenzial der Mitarbeiter

Parallel zur Ermittlung der Anforderungen der Arbeitsplätze müssen das Eignungspotenzial und die Entwicklungsbedürfnisse der Mitarbeiter erfasst werden (Abbildung 1–2, Stufe 2). Die wichtigste Informationsgrundlage zur Ermittlung der erbrachten Leistungen der Mitarbeiter ist die Mitarbeiterbeurteilung. Die vergangenheitsbezogene Leistungsbeurteilung informiert über die Fähigkeiten, welche die Mitarbeiter zurzeit aufweisen bzw. in der Vergangenheit gezeigt haben. Die zukunftsorientierte Potenzialbeurteilung erstreckt sich auf Qualifikationen, die für künftige Arbeitseinsätze benötigt werden bzw. dem Unternehmen erschlossen werden sollen. Eine weitere Informationsquelle sind Mitarbeiterbefragungen. Dabei werden entweder die Mitarbeiter direkt aufgefordert, ihre Vorstellungen und Wünsche hinsichtlich ihrer weiteren beruflichen Entwicklung zu verdeutlichen, oder die Vorgesetzten werden angesprochen, die ihre Mitarbeiter im Allgemeinen recht gut einschätzen können. In mittleren und größeren Unternehmungen steht mit dem Assessment Center (Auswahlseminar) ein relativ zuverlässiges Instrument zur Einschätzung des vorhandenen Eignungspotenzials zur Verfügung. Schließlich vermitteln auch Bewerbungen auf innerbetriebliche Stellenausschreibungen wertvolle Hinweise auf die beruflichen Interessen der Mitarbeiter.

Die festgestellten Qualifikationsdefizite können nur gedeckt werden, wenn die Mitarbeiter über das notwendige Entwicklungspotenzial verfügen. Entwicklungspotenzial ist vorhanden, wenn die Mitarbeiter Qualifikationen aufweisen, die eine Eignung für geänderte, zusätzliche oder anspruchsvollere Aufgabenstellungen vermuten lassen. Als Potenzial bezeichnet man die Gesamtheit aller Fähigkeiten, Kenntnisse und Begabungen eines Mitarbeiters, die für seine Leistung oder sein Leistungsvermögen relevant sind. Auch zur Feststellung des Entwicklungspotenzials wird auf die Ergebnisse der Potenzialbeurteilung (Mitarbeiterbeurteilung) zurückgegriffen. Dabei ergibt sich die Schwierigkeit, dass von den Leistungen in der Vergangenheit auf die Eignung für künftig zu übernehmende andere, teilweise anspruchsvollere, Tätigkeiten geschlossen werden muss. Als Faustregel kann gelten, dass das notwendige Leistungsvermögen für anspruchsvolle Aufgabenstellungen umso eher vermutet werden kann, je häufiger ein Mitarbeiter die bisherigen Anforderungen übertrifft. Auch das Interesse und Engagement eines Mitarbeiters für seine bisherige Tätigkeit sowie der Verlauf der beruflichen Entwicklung vermitteln Hinweise auf ein mögliches Entwicklungspotenzial.

Entwicklungsbedürfnisse der Mitarbeiter

Neben dem vorhandenen Entwicklungspotenzial sind als weitere wesentliche Voraussetzung einer erfolgreichen Personalentwicklung unbedingt die Entwicklungsbedürfnisse der Mitarbeiter zu ermitteln. Sie ergeben sich aus den individuellen Wünschen und Vorstellungen des Einzelnen hinsichtlich seines weiteren beruflichen Fortkommens.

Das vermutete Potenzial eines Mitarbeiters für die Übernahme einer neuen Aufgabe darf allein nicht ausschlaggebend sein, wenn nicht auch die entsprechende Neigung vorhanden ist. Deshalb sollten die Verantwortlichen vor der Festlegung konkreter Entwicklungsmaßnahmen versuchen, die individuelle Bedürfnisstruktur der geförderten Mitarbeiter kennen zu lernen. Nicht alle Mitarbeiter streben nach anspruchsvolleren Aufgabenstellungen oder hierarchisch höher angesiedelten Positionen. Es ist ohne Weiteres denkbar, dass ein Mitarbeiter die Sicherheit seines angestammten Arbeitsplatzes, dessen Aufgaben er beherrscht und auf dem er sich wohl fühlt, einem Aufstieg vorzieht. Die Vertrautheit mit dem Gewohnten bietet manchem mehr Anreiz als ein neuer, unbekannter Arbeitsplatz, der ihn mit anderen Arbeitsanforderungen und Kollegen und einer Reihe sonstiger Imponderabilien konfrontieren würde.

Nur durch die zuverlässige Kenntnis der Entwicklungsbedürfnisse jedes einzelnen Mitarbeiters wird sichergestellt, dass die Personalentwicklung die angestrebten Ziele auch tatsächlich erreicht. Beobachtungen im betrieblichen Alltag bestätigen, dass bewährte Mitarbeiter neue Aufgaben übernehmen, weil sie dazu überredet oder gedrängt wurden, obwohl das im Grunde nicht ihren Vorstellungen entspricht. Die vermeintliche Verpflichtung, „bei einem solchen Angebot nicht nein sagen zu können", oder die Verlockung, „eine solche Chance nutzen zu müssen, weil sie möglicherweise nicht wiederkehrt", bestimmt kurzfristig die Entscheidung. Solche Mitarbeiter handeln gegen ihre wahren Neigungen. Die Stellenbesetzung mit einem Mitarbeiter, der zwar objektiv die Qualifikation dafür besitzt, sich aber subjektiv nicht damit identifiziert, ist auf lange Sicht keine geeignete Lösung. Hier erweist es sich für das Unternehmen und den Betroffenen als vorteilhafter, einem noch nicht voll qualifizierten Mitarbeiter, der sich für eine Aufgabe begeistert, die fehlenden Qualifikationen zu vermitteln.

Zur Ermittlung der Entwicklungsbedürfnisse eignet sich neben den schon erwähnten Mitarbeiterbefragungen besonders das Gespräch des Vorgesetzten mit seinen Mitarbeitern.

Endgültiger Entwicklungsbedarf

Der endgültige Entwicklungsbedarf ergibt sich durch den Vergleich zwischen der Qualifikation der Mitarbeiter und den Anforderungen der Arbeitsplätze. Dies geschieht durch eine Gegenüberstellung von Anforderungs- und Eignungsprofilen in einem Anforderungs-Eignungs-Vergleich (Abbildung 1–2, Stufe 3). Aus den in Abbildung 1–3 dargestellten Ausgangssituationen und Handlungsalternativen wird deutlich, dass ein Personalentwicklungsbedarf sowohl besteht, wenn die Mitarbeiter den Anforderungen ihres gegenwärtigen Aufgabenbereichs nicht gerecht werden, als auch, wenn sie mit zusätzlichen oder geänderten Anforderungen zu rechnen haben. Demgemäß kann zwischen dem gegenwärtigen und künftigen Personalentwicklungsbedarf einer Unternehmung unterschieden werden.

Anforderungs-Eignungs-Vergleich	Aufgaben der Personalentwicklung
Anforderungen und Eignung entsprechen sich	Kein unmittelbarer Personalentwicklungsbedarf; Maßnahmen zur Leistungserhaltung
Mitarbeiter erfüllen die gegenwärtigen Anforderungen unzureichend	Verbesserung der Leistungsfähigkeit durch Vermittlung zusätzlicher Qualifikationen oder Aufbau eines anderen Leistungsverhaltens
Änderungen der Aufgabeninhalte durch technisch-organisatorischen Wandel (Innovationen)	Anpassung der Qualifikationen an die wechselnden Arbeitsanforderungen
Übernahme neuer Aufgabenstellungen mit geänderten Anforderungen auf gleicher hierarchischer Ebene (Versetzung)	Vermittlung neuer, den geänderten Anforderungen entsprechender Qualifikationen
Aufstieg in anspruchsvollere Positionen mit gestiegenen Anforderungen (Beförderung)	Festlegung der den individuellen Fähigkeiten entsprechenden Aufstiegswege; Vermittlung neuer, anspruchsvollerer Qualifikationen

Abb. 1–3: Handlungsalternativen der Personalentwicklung

Ein Kernstück eines jeden Personalentwicklungskonzepts ist das Fördergespräch (Mitarbeiterentwicklungsgespräch), in dem die weitere berufliche Entwicklung der Mitarbeiter und die erforderlichen sonstigen Förder- und Bildungsmaßnahmen abgesprochen werden (Abbildung 1–2, Stufe 3).

1.4.2 Förder- und Bildungsmaßnahmen

An Fördermaßnahmen steht eine breite Palette zur Verfügung, aus der je nach Situation auszuwählen ist (Abbildung 1–2, Stufe 4). Im Rahmen einer individuellen Laufbahnplanung kann festgelegt werden, welche Positionen die Mitarbeiter im Verlauf ihrer künftigen Entwicklung noch einnehmen sollen. Für Klein- und Mittelbetriebe dürfte eine regelmäßige Nachfolgeplanung größere Bedeutung haben, durch welche die zur Besetzung vakanter Positionen geeigneten Mitarbeiter bestimmt werden. Außerdem sind in beiden Fällen die für eine endgültige Qualifizierung jeweils notwendigen Bildungsmaßnahmen zu ermitteln.

Als weitere Fördermöglichkeiten kommen Coaching und Outplacement infrage. Beim Coaching werden überwiegend Führungskräfte durch psychologisch geschulte Berater bei unterschiedlichen Anlässen (z. B. unzureichendes Leistungsverhalten, persönliche Entwicklung, Konfliktsituationen) betreut und unterstützt. Outplacement bedeutet eine faire Form der Trennung zwischen einem Unternehmen und einer Führungskraft, wobei unter Mithilfe eines externen Beraters eine möglichst problemlose Fortführung der beruflichen Tätigkeit in einem anderen Unternehmen sichergestellt werden soll. Schließlich kann die Förderung eines Mitarbeiters auch in einer Änderung der Arbeitsinhalte durch Job Enlargement (Arbeitserweiterung) oder Job Enrichment (Arbeitsbereicherung) erfolgen.

Ergänzend zu den jeweiligen Fördermaßnahmen sind die entsprechenden Bildungsmaßnahmen durchzuführen (Abbildung 1–2, Stufe 5). Sie können entweder in den Arbeitsprozess integriert sein (Training-on-the-job) oder als Sonderveranstaltung neben dem eigentlichen Arbeitsgeschehen herlaufen (Training-off-the-job). Bildungsmaßnahmen außerhalb des Arbeitsplatzes können inner- oder außerbetrieblich durchgeführt werden.

1.4.3 Evaluierung und Information

Nach Vollzug der vorgesehenen Förder- und Bildungsmaßnahmen muss festgestellt werden, ob der Transfer der neu erworbenen Qualifikationen auf den Arbeitsplatz gelingt und ob die Mitarbeiter die Qualifikation für eine weitere Förderung besitzen und inwieweit durch Änderungen der Arbeitsanforderungen neue Anpassungs- und Entwicklungsprozesse in Gang gesetzt werden (Abbildung 1–2, Stufe 6). Zur Kontrolle gehören auch Aussagen über Art und Umfang der entstandenen Kosten. Zwar können Entscheidungen über die Förderung und Bildung der Mitarbeiter nicht ausschließlich unter ökonomischen Kriterien getroffen werden, aber das schließt das Gebot der Wirtschaftlichkeit bei der Umsetzung der vereinbarten Entwicklungsziele nicht aus.

Die umfassenden Teilaufgaben der Personalentwicklung sind nur dann erfolgreich durchzuführen, wenn jederzeit die notwendigen Informationen zur Verfügung stehen. Deshalb sind entweder ein EDV-gestütztes Personalinformationssystem oder die üblichen bekannten Daten des Personalwesens, ergänzt um eine Personalentwicklungsdatei, unerlässlich. Letztere enthält für jeden Mitarbeiter alle für die Personalentwicklung relevanten Informationen.

2. Kapitel

Die richtigen Mitarbeiter am richtigen Arbeitsplatz (Personalentwicklungsbedarf der Unternehmung)

2.1 Einflussfaktoren auf die Personalentwicklung

Wer Personalentwicklung betreibt, muss deren Abhängigkeit von zahlreichen internen und externen Einflussfaktoren berücksichtigen. Andernfalls wird keine zuverlässige Planung der Personalentwicklung möglich sein. Die wichtigsten externen Einflussgrößen sind der Arbeitsmarkt, der technische Wandel und die gesellschaftspolitische Entwicklung.

2.1.1 Arbeitsmarkt

Auf dem Arbeitsmarkt treffen das Angebot und die Nachfrage nach Arbeitsleistung aufeinander. Die Nachfrage der Unternehmung nach Arbeitskräften wird vom Arbeitsmarkt dann in idealer Weise gedeckt, wenn die benötigten Mitarbeiter in ausreichender Zahl und Qualifikation zur Verfügung stehen. Das ist praktisch nie der Fall, denn der Arbeitsmarkt einer ganzen Volkswirtschaft ist sehr inhomogen und zerfällt in zahlreiche nach Branchen, Regionen und Qualifikationen differenzierte Teilmärkte. Das kann dazu führen, dass selbst in Zeiten eines Überangebots von Arbeitskräften der Personalbedarf mancher Unternehmen in qualitativer Hinsicht vom externen Arbeitsmarkt nicht oder nicht ausreichend gedeckt werden kann. In solchen Fällen wird die Vermittlung der benötigten Qualifikationen durch die Personalentwicklung zu einer unabdingbaren Notwendigkeit für die weitere Existenz der Unternehmung.

Noch krasser wird die Situation bei einem Arbeitskräftemangel, d. h. bei einem Übersteigen des quantitativen Angebots durch die Nachfrage nach Arbeitnehmern. Die in solchen Situationen gewonnenen Erfahrungen haben zu einer Aufwertung der Personalentwicklung beigetragen. Da eine wirkliche Auswahl der für eine zu besetzende Position benötigten Arbeitskräfte nicht mehr möglich ist, müssen die fehlenden Qualifikationen und Kompetenzen durch eigene Aus- und Weiterbildungsmaßnahmen vermittelt werden.

Diese grundsätzlichen Ausführungen werden durch den aktuellen Fachkräftemangel eindrucksvoll bestätigt. Nicht nur in IT-Berufen, sondern auch in vielen anderen Branchen wird immer lauter nach ausländischen Fachkräften und Spezialisten verlangt.

2.1.2 Technologischer Wandel

Wesentliche Impulse auf die Personalarbeit und speziell die Personalentwicklung gehen vom ständigen technologischen Wandel aus. Die Innovation neuer Technologien und neuer Produkte ist für ein rohstoffarmes und exportorientiertes Land wie die Bundesrepublik lebenswichtig. Das für die Schaffung neuer und für die Sicherung vorhandener Arbeitsplätze notwendige wirtschaftliche Wachstum ist nur durch ein ausreichendes Maß an technischem Fortschritt gewährleistet. Das bedeutet aber, dass auch die Nachteile des technischen Fortschritts in Kauf genommen werden müssen.

> **Wichtig:**
>
> Die Personalentwicklung bietet die Chance einer rechtzeitigen Umqualifizierung und Vermittlung auf andere (durch technischen Fortschritt neu zu schaffende) Arbeitsplätze.

Außerdem kommt es durch den technischen Wandel zu ständigen Veränderungen der Arbeitsmittel, Arbeitsanforderungen und Arbeitsinhalte. Um zusätzliche Belastungen durch eine verstärkte Arbeitsmonotonie und eine zunehmende Entfremdung des Arbeitnehmers von seiner Tätigkeit zu vermeiden, müssen die Arbeitsinhalte und Arbeitsanforderungen neu abgegrenzt werden. Auch hier kommt der Personalentwicklung wiederum die Aufgabe zu, die Mitarbeiter rechtzeitig und umfassend auf die neue Arbeitssituation vorzubereiten.

Neben den technologischen Änderungen stellen neue Erkenntnisse der Arbeits- und Sozialwissenschaften erhöhte Ansprüche an das Verhalten und die Einstellung des Einzelnen. Bei den Führungskräften steigt der Anteil der Führungsaufgaben auf Kosten der Sachaufgaben, wobei die Führungsfähigkeit in vielen Fällen erst entwickelt werden muss. Dieser Mangel geht zu einem großen Teil auf die einseitige, fachlich orientierte Ausbildung zurück. Sowohl in der praktischen Berufsausbildung als auch im Studium dominieren Fachkönnen und Fachwissen, während die sog. Schlüsselqualifikationen (vgl. Kapitel 6.1) häufig vernachlässigt werden. Dies gilt gleichermaßen für kaufmännische wie gewerbliche Berufe bzw. für wirtschaftswissenschaftliche wie ingenieurwissenschaftliche Studiengänge.

Das einmal in Schule und Ausbildung erworbene Wissen und Können reicht nicht mehr aus, um ein ganzes Berufsleben zu bestreiten. Der Zwang zu einer Anpassung der Qualifikationen durch ein „lebenslanges Lernen" steigt. Die regelmäßige Beobachtung und Analyse technologischer Trends und die Vorbereitung gezielter, auf Anpassung und Erweiterung der Qualifikationen der Mitarbeiter gerichteter Personalentwicklungsmaßnahmen gehören deshalb zu den Daueraufgaben der betrieblichen Personalarbeit.

2.1.3 Gesellschaftspolitik

Das Geschehen in den Betrieben und speziell im Personalbereich vollzieht sich nicht isoliert von der gesellschaftlichen Entwicklung. Personalpolitik und personalwirtschaftliches Handeln können ebenso Auswirkungen auf die Vorgänge außerhalb der Betriebe haben, wie umgekehrt von der Gesellschaft Rückwirkungen auf die Personalarbeit ausgehen. So haben sich z. B. die Einstellungen und Erwartungen der Mitarbeiter gegenüber ihrer beruflichen Tätigkeit in den letzten Jahrzehnten stark verändert. Anstelle der weitgehend abgesicherten materiellen Bedürfnisse ist das Streben nach mehr Verantwortung und größerer Selbstverwirklichung in der Arbeit getreten. Die zunehmende Demokratisierung und die erweiterten Mitspracherechte in allen Bereichen haben zu selbstbewussteren Mitarbeitern geführt, wodurch sich das Bedürfnis nach Mitwirkung bei der Gestaltung der Arbeitsplätze verstärkt hat. Außerdem wird das Geschehen in den Betrieben und speziell im Personalsektor viel mehr als früher von einer kritischen Öffentlichkeit verfolgt.

In diese Prozesse ist auch die Personalentwicklung einbezogen. Sie hat aus gesellschaftspolitischer und gesamtwirtschaftlicher Sicht in erster Linie einen Bildungsauftrag zu erfüllen. Über die Mitwirkung im Dualen System hinaus sorgt die Personalentwicklung ständig für die notwendige Anpassung der Fähigkeiten und Fertigkeiten der Mitarbeiter, die aufgrund des bereits erwähnten permanenten technischen, wirtschaftlichen und sozialen Wandels unerlässlich ist.

Wichtig:

Die Personalentwicklung unterstützt die öffentliche Bildungspolitik beim Aufbau eines Konzepts des lebenslangen Lernens. Durch den Einbezug aller entwicklungsfähigen und entwicklungswilligen Mitarbeiter in die Personalentwicklung trägt das Unternehmen zu einer Zunahme der gesamtwirtschaftlichen Mobilität der Arbeitskräfte sowie einer langfristigen Beschäftigungssicherung bei.

Ein weiterer Ausstrahlungseffekt auf das außerbetriebliche Geschehen kann in der besseren Planbarkeit der Arbeitsmarktentwicklung sowie einer Vermeidung gesellschaftlicher Belastungen durch unqualifizierte und damit schwer vermittelbare Arbeitskräfte gesehen werden. Die gesellschaftspolitische Aufgabenstellung der Personalentwicklung hat auch der Gesetzgeber erkannt und in verschiedenen Gesetzen berücksichtigt. So werden z. B. dem Betriebsrat umfassende Rechte bei der Personalplanung und Berufsbildung zugestanden (vgl. Kapitel 9.1).

2.1.4 Interne Einflussfaktoren

Zu den internen Einflussfaktoren zählen unternehmenspolitische Entscheidungen unterschiedlichster Art, wie z. B. Strategien am Absatzmarkt, Maßnahmen im Produktionsbereich, Innovations- und Investitionsentscheidungen oder Rationalisierungsvorhaben. Solche Entscheidungen schlagen sich zunächst in der allgemeinen Unternehmensplanung nieder, deren Auswirkungen wiederum die Personalplanung mitbestimmen. Außerdem wird die Personalplanung auch durch die jeweiligen betrieblichen Rahmenbedingungen wie Arbeitszeit- und Urlaubsregelungen, Fehlzeitenquote oder Fluktuationsrate bestimmt. Über diese Einflussfaktoren hinaus sind zahlreiche Verknüpfungen mit den übrigen personalwirtschaftlichen Teilfunktionen zu beachten, für welche die Personalentwicklung eine Art Dienstleistungsfunktion erfüllt.

2.2 Einbindung der Personalentwicklung in die betriebliche Personalwirtschaft

Die Personalbedarfsplanung bildet die Grundlage der gesamten Personalplanung, nach der sich alle übrigen Teilbereiche auszurichten haben. Auch die Ermittlung des Personalentwicklungsbedarfs hat sich zunächst an den quantitativen und qualitativen Rahmendaten der Personalbedarfsplanung zu orientieren. Der Personalbedarf ist nach Zahl und Art der zur Aufgabenerfüllung erforderlichen Mitarbeiter zu ermitteln. Der quantitative Personalbedarf sagt aus, wie viele Mitarbeiter benötigt werden, um zu einem bestimmten Zeitpunkt die anfallenden Aufgaben erfüllen zu können. Der qualitative Personalbedarf gibt an, über welche Qualifikationen die benötigten Mitarbeiter verfügen müssen.

2.2.1 Personalbedarfsermittlung

Ausgangspunkt der Personalbedarfsermittlung ist die Feststellung der zum gegenwärtigen Zeitpunkt benötigten personellen Kapazitäten. Dazu wird der Soll-Personalbestand mit dem aktuell vorhandenen Ist-Personalbestand verglichen. Der Soll-Personalbestand kann aus dem Stellenplan und der Ist-Personalbestand aus dem Stellenbesetzungsplan entnommen werden. Personelle Unterdeckungen sind durch Personalbeschaffungs- und/oder Personalentwicklungsmaßnahmen auszugleichen. Überdeckungen sind durch Freistellungsmaßnahmen oder Umqualifizierungen abzubauen.

Die Personalentwicklung knüpft unmittelbar an die Ergebnisse der Personalbedarfsermittlung an. Sie stellt fest, welche Qualifikationen den Mitarbeitern noch zu vermitteln sind und auf welche Weise das zu geschehen hat, damit die Mitarbeiter jederzeit in der Lage sind, die gestellten Anforderungen zu erfüllen.

2.2.2 Personalbeschaffung

Die Personalbeschaffung hat dafür zu sorgen, dass der durch die Personalbedarfsermittlung festgestellte Personalbedarf rechtzeitig durch geeignete Mitarbeiter gedeckt wird. Die Personalsuche kann sich an den internen oder externen Arbeitsmarkt richten. Es handelt sich um eine personelle Grundsatzentscheidung, ob der internen oder der externen Personalbeschaffung Vorrang eingeräumt wird. Der Betriebsrat kann allerdings verlangen, dass Arbeitsplätze, die besetzt werden sollen, vor ihrer Besetzung innerhalb des Betriebes ausgeschrieben werden müssen (§ 93 BetrVG). Einzelheiten zur internen Stellenausschreibung und zu deren Bedeutung für die Personalentwicklung werden in Kapitel 3.5 behandelt. In Abbildung 2–1 sind die wesentlichen Vor- und Nachteile der internen Personalbeschaffung zusammengestellt.

Vorteile der internen Personalbeschaffung:
■ Eröffnung von Aufstiegschancen für die vorhandenen Mitarbeiter
■ Geringere Personalbeschaffungskosten
■ Mitarbeiter mit Betriebskenntnis
■ Das Risiko von Fehlbesetzungen wird reduziert, da die Stärken und Schwächen der Mitarbeiter bereits bekannt sind
■ Einhaltung des gültigen Entgeltniveaus
■ Schnellere Stellenbesetzungsmöglichkeit
■ Eröffnung von Anfangsstellen für Nachwuchskräfte
■ Transparente Personalpolitik

Nachteile der internen Personalbeschaffung:

- Weniger Auswahlmöglichkeiten als am externen Arbeitsmarkt
- U.U. hohe Weiterbildungskosten
- Zu wenig neue Impulse (Betriebsblindheit)
- Enttäuschungen bei einzelnen Mitarbeitern (wenn interne Bewerbungen mehrmals abgelehnt wurden)
- Beförderungen „um des lieben Friedens willen"
- Der Personalbedarf wird nur qualitativ gedeckt; bei den abgebenden Stellen entsteht neuer Bedarf

Abb. 2–1: Vor- und Nachteile der internen Personalbeschaffung

Die Personalentwicklung stellt eine wichtige Ergänzung beider Beschaffungswege dar. Bei der externen Beschaffung kann nicht erwartet werden, dass die neu eingestellten Mitarbeiter sämtliche benötigten Qualifikationen mitbringen. Um einen anforderungsgerechten Arbeitseinsatz sicherzustellen, müssen die fehlenden Qualifikationen durch die Personalentwicklung vermittelt werden. Selbst wenn die neuen Mitarbeiter alle verlangten Qualifikationen mitbringen sollten, wird die Personalentwicklung durch Einführungs- und Einarbeitungsprogramme tätig.

Die interne Personalbeschaffung ist ohne eine gleichzeitige Personalentwicklung völlig undenkbar. Interne Personalbeschaffung heißt Versetzung oder Beförderung. In beiden Fällen werden die Mitarbeiter mit anderen und/oder anspruchsvolleren Aufgaben betraut. Auch hier hat die Personalentwicklung wiederum für eine ausreichende Qualifizierung zu sorgen, damit die Mitarbeiter die geänderten Arbeitsanforderungen erfüllen können.

2.2.3 Personalfreistellung

Zur Personalfreistellung (Personalabbau) zählen alle Maßnahmen, die unmittelbar oder mittelbar zu einer Verringerung der personellen Kapazitäten führen. Personalfreistellungen können entweder durch eine Verkürzung der Arbeitszeit oder durch eine Senkung des Personalbestandes erreicht werden. Arbeitszeitverkürzungen können durch den Abbau von Überstunden oder durch Kurzarbeit bewirkt werden. Eine Senkung des Personalbestandes lässt sich durch gezielte Entlassungen und in begrenztem Ausmaß ohne Kündigung durch

Einstellungssperren, Aufhebungsverträge und vorzeitige Pensionierung herbeiführen.

Die Verringerung des Personalbestandes durch Einstellungssperren kann im Rahmen der normalen Fluktuation oder durch eine bewusste Fluktuationsförderung erfolgen. Man unterscheidet zwischen der totalen Einstellungssperre, die keinerlei Ausnahmen zulässt, und einer gemilderten Form, die in Sonderfällen Ersatz- und Neueinstellungen für wichtige Positionen vorsieht. Eine totale Einstellungssperre ist kaum praktikabel, da sonst die Entwicklung der Personalstruktur völlig dem Zufall überlassen bliebe. Selbst bei einer gemilderten Einstellungssperre ist zu berücksichtigen, dass erfahrungsgemäß in Krisenzeiten qualifizierte und jüngere Mitarbeiter eher abwandern, wodurch unerwünschte Änderungen in der Personalstruktur zustande kommen. Durch einen Aufhebungsvertrag wird das Arbeitsverhältnis zwischen Arbeitgeber und Arbeitnehmer in gegenseitigem Einvernehmen aufgelöst. Der Verzicht auf bestehende Rechte des Arbeitnehmers wird durch Zahlung einer Abfindung ausgeglichen. Durch eine vorzeitige Pensionierung soll die gesetzliche Lebensarbeitszeit verkürzt werden. Eine vorzeitige Pensionierung kann durch Kündigung oder einvernehmlichen Abschluss eines Aufhebungsvertrags zu Stande kommen. Sämtliche Lösungen sind mit umfangreichen rechtlichen, wirtschaftlichen und sozialen Problemen verbunden.

Wichtig:

Viele durch Personalfreistellung verursachte Probleme können zumindest teilweise vermieden werden, wenn es durch eine rechtzeitige Personalbedarfsplanung und eine ergänzende Personalentwicklung gelingt, frei werdende personelle Kapazitäten durch Versetzung und Vermittlung neuer Qualifikationen (Umschulung, Anpassungsentwicklung) im Unternehmen wieder einzusetzen.

Die Personalentwicklung leistet in solchen Fällen einen Beitrag zur Minderung der mit anderen Freistellungsmaßnahmen, insbesondere mit einer Entlassung für die Mitarbeiter verbundenen sozialen Härten. Auch für das Unternehmen kann sich trotz der notwendigen Personalentwicklungsmaßnahmen (z. B. Umschulung) ein ökonomischer Vorteil ergeben, wenn dadurch die Kosten der Personalfreistellung und die Beschaffungskosten zur Besetzung des Arbeitsplatzes mit einem externen Mitarbeiter eingespart werden.

2.2.4 Personaleinsatz

Eine wesentliche Aufgabe des Personaleinsatzes besteht in der Zuordnung der Mitarbeiter zu den einzelnen Arbeitsplätzen. Ziel eines optimalen Personaleinsatzes ist es, die richtigen Mitarbeiter an den richtigen Arbeitsplätzen einzusetzen, so dass es zu einer bestmöglichen Übereinstimmung zwischen den Anforderungen der Arbeitsplätze und den Fähigkeiten der Mitarbeiter kommt. Je besser dies gelingt, umso größer wird die Zufriedenheit der Mitarbeiter sein. Diese Idealsituation liegt in der Praxis nicht immer vor; Mitarbeiter können über- oder unterqualifiziert sein.

Bei Unterqualifizierung muss entweder ein besser geeigneter Arbeitsplatz gefunden werden oder der Arbeitsplatz muss durch eine neue Aufgabenabgrenzung den Fähigkeiten der Mitarbeiter angepasst werden oder die fehlenden Qualifikationen sind durch Personalentwicklungsmaßnahmen zu vermitteln.

Bei Überqualifikation kann entweder der Arbeitsplatz an die Fähigkeiten des Mitarbeiters angepasst werden (Job Enlargement/Job Enrichment) oder der Mitarbeiter übernimmt ein anspruchsvolleres Aufgabengebiet. Im letzten Fall hat die Personalentwicklung die Aufgabe, die zusätzlich benötigten Qualifikationen zu vermitteln.

Die Personalzuordnung als Auslöser von Personalentwicklungsmaßnahmen ist eine Dauererscheinung der betrieblichen Personalarbeit. Die schon genannten externen Einflüsse (z. B. der technische und wirtschaftliche Wandel, Arbeitsmarkt, Konjunkturlage), aber auch geänderte unternehmerische Zielsetzungen (z. B. Innovationen) führen zu ständigen Änderungen im betrieblichen Stellengefüge und den Arbeitsplatzanforderungen.

2.3 Organisatorische Hilfsmittel der Personalentwicklung

Betriebliche Personalarbeit ist ohne ein Mindestmaß an organisatorischen Regelungen nicht möglich. Die Zuteilung der Aufgaben auf die einzelnen Stellen (Arbeitsplätze) wird durch Organisations- und Stellenpläne, Stellenbesetzungspläne und Stellenbeschreibungen geregelt. Die Personalentwicklung benötigt diese Instrumente bei der Ermittlung des Personalentwicklungsbedarfs und bei der Festlegung einzelner Förder- und Bildungsmaßnahmen.

2.3.1 Organisations- und Stellenpläne

Durch Organisations- und Stellenpläne werden die Stellengliederung sowie die bestehenden Beziehungen zwischen den verschiedenen Stellen (Über- und Unterordnungsverhältnisse) verdeutlicht. Der Organisationsplan (Organigramm) umfasst im Allgemeinen nur die Leitungsstellen (Instanzen) einer Unternehmung bzw. eines Unternehmensbereichs. Er vermittelt einen Gesamtüberblick über die bestehende Aufbauorganisation. Der **Stellenplan** enthält dagegen sämtliche Stellen und vermittelt einen vollständigen Überblick über das Verteilungssystem und die Zuordnung der Aufgaben auf Stellen. Durch Organisations- und Stellenpläne wird die bestehende Aufbauorganisation transparent; vorhandene Organisationsmängel (z. B. in der hierarchischen Zuordnung oder bei der Aufgabenverteilung) werden erkannt.

2.3.2 Stellenbesetzungspläne

Der Stellenbesetzungsplan führt den Stellenplan fort. Er enthält zusätzlich auch die Namen der jeweiligen Stelleninhaber. Durch den Vergleich zwischen dem Soll des Stellenplans und dem Ist des Stellenbesetzungsplans ergeben sich Hinweise auf personelle Unterdeckungen.

Der Stellenbesetzungsplan wird grafisch oder tabellarisch dargestellt. In die tabellarische Darstellung können je nach dem Verwendungszweck weitere Informationen aufgenommen werden. Das können organisatorische Angaben (z. B. Hierarchiestufe, Zahl der Untergebenen, Name des Stellvertreters des Stelleninhabers) oder persönliche Angaben zum Stelleninhaber (z. B. Alter oder Geburtsdatum; Verweildauer auf der Stelle, Eintrittsdatum in den Betrieb) sein. Durch derartige Zusatzinformationen wird zwar die Aussagekraft des Stellenbesetzungsplans erhöht, allerdings müssen auch immer häufiger notwendige Aktualisierungen durchgeführt werden.

2.3.3 Stellenbeschreibungen

Die endgültige Aufgabenverteilung wird in Stellenbeschreibungen dargestellt.

> **Wichtig:**
>
> Eine Stellenbeschreibung ist eine verbindliche, in schriftlicher Form abgefasste Zusammenfassung aller wesentlichen Merkmale einer Stelle. Sie liefert neben Hinweisen auf die Einordnung der Stelle in die Organisationsstruktur umfassende Angaben über die Stellenziele sowie die Aufgaben, Rechte und Pflichten des Stelleninhabers.

Die Stellenbeschreibung ist eine unerlässliche Informationsquelle der betrieblichen Personalarbeit. Die Zusammenfassung in Abbildung 2–2 zeigt, dass die Nutzungsmöglichkeiten über die Personalentwicklung hinaus nahezu alle Bereiche der Personalarbeit von der Personalplanung bis zur Personalfreisetzung umfassen. Auch bei externen Anlässen, wie z. B. Tarifverhandlungen, Betriebsvergleichen oder für die überbetriebliche Berufsforschung werden Stellenbeschreibungen herangezogen. Außerdem erfüllt die Stellenbeschreibung die nach § 81 BetrVG vorgeschriebene Unterrichtungspflicht der Arbeitnehmer durch den Arbeitgeber über ihre Aufgaben und Verantwortung sowie die Art ihrer Tätigkeit und deren Einordnung in den Arbeitsablauf. Schließlich werden auch Unternehmen, die eine Zertifizierung nach ISO 9001 anstreben, nicht daran vorbeikommen, zumindest die qualitätsrelevanten Stellen ausreichend zu beschreiben.

Verwendung bei der Personalorganisation

- Hilfsmittel zur Gestaltung der Organisationsstruktur
- Darstellung der Aufbauorganisation
- Festlegung von Funktionen und Verantwortungsbereichen
- Eindeutige Stellenabgrenzung
- Information über den Instanzenweg

Verwendung bei der Personalplanung

- Grundlage bei der quantitativen Personalbedarfsplanung
- Ermittlung des qualitativen Personalbedarfs

Einsatz bei der Personalbeschaffung

- Informationsquelle bei Stellenausschreibungen und -besetzungen
- Festlegung erwünschter Bewerberqualifikationen
- Informationshilfe für Bewerber im Vorstellungsgespräch
- Grundlage für die Bewerberauswahl
- Hilfsmittel bei der Einführung neuer Mitarbeiter

Verwendung beim Personaleinsatz

- Hilfsmittel bei der Arbeitsstrukturierung
- Grundlage einer anforderungsgerechten Ermittlung des Arbeitsentgelts
- Vorgabe von Zielen und Leistungserfordernissen an die Stelleninhaber
- Information der Stelleninhaber über Aufgaben, Rechte und Pflichten

Verwendung bei der Personalfreistellung

- Grundlage für Freisetzungsentscheidungen
- Orientierungshilfe bei der Abfassung von Zeugnissen
- Grundlage für Abgangsgespräche

Nutzung bei der Personalentwicklung

- Informationsquelle bei der Einweisung versetzter Mitarbeiter
- Grundlage für Eignungs-Anforderungs-Vergleiche (Profilvergleiche)
- Orientierungshilfe bei der Mitarbeiterbeurteilung
- Grundlage zur Ermittlung von Qualifikationslücken
- Orientierung bei der Festlegung von Förder- und Bildungsmaßnahmen
- Entwicklung von Aufstiegskonzepten (Laufbahn- und Nachfolgeplanung)

Abb. 2–2: Einsatzmöglichkeiten von Stellenbeschreibungen

Was gehört in eine Stellenbeschreibung?

Bei der Festlegung des Inhalts von Stellenbeschreibungen muss ein Kompromiss gefunden werden. Einerseits sollten definitionsgemäß alle wesentlichen Merkmale einer Stelle aufgenommen werden. Andererseits muss die Praktikabilität (Lesbarkeit, Aktualität, Änderungsdienst) gewährleistet sein. Deshalb sollte der Umfang einer Stellenbeschreibung nicht über zwei DIN-A4-Seiten hinausgehen.

Unabhängig von betriebsspezifischen Gegebenheiten sollte eine aussagekräftige Stellenbeschreibung mindestens die in Abbildung 2–3 genannten Kerninformationen enthalten. Am umfangreichsten ist dabei die Aufzählung der aus dem Stellenziel abgeleiteten Einzelaufgaben mit den zugehörigen Rechten und Pflichten. Hier sollten möglichst alle Aufgaben zusammengefasst werden, die dauerhaft an diesem Arbeitsplatz erledigt werden. Aber auch das Stellenziel sowie eindeutige Hinweise auf die organisatorische Zuordnung sowie die Regelung der aktiven und passiven Stellvertretung sollten unbedingt berücksichtigt werden.

(a) Kerninformationen

(1) Stellenbezeichnung und Stellennummer
(2) Einordnung der Stelle in die Unternehmensorganisation
   – Leitungsbereich, Abteilung
   – Unterstellungsverhältnisse
   – Nachgeordnete Stellen
(3) Regelung der Stellvertretung
   – Stelleninhaber wird vertreten von
   – Stelleninhaber vertritt
(4) Zielsetzung (Hauptaufgabe) der Stelle
(5) Aufgaben, Kompetenzen und Pflichten des Stelleninhabers im Einzelnen
(6) Sachlich-organisatorische Angaben (z. B. Verteiler, nächste Überprüfung, Unterschriften)

(b) Ergänzende Informationen

(1) Anforderungen an Stelleninhaber (z. B. Schulbildung, Berufserfahrung, spezielle Kenntnisse)
(2) Maßstäbe zur Leistungsbeurteilung des Stelleninhabers
(3) Spezielle Kompetenzen (z. B. Zeichnungsbefugnisse)
(4) Informationsbeziehungen
   – Wer informiert den Stelleninhaber? Welche Berichte erhält er regelmäßig?
   – Wen informiert der Stelleninhaber? Welche Berichte hat er zu erstellen?
(5) Name des derzeitigen Stelleninhabers

Abb. 2–3: Inhalt von Stellenbeschreibungen

Bei den über die Kerninformationen hinausgehenden Inhalten sollte der Nutzen zusätzlicher Angaben genau überprüft werden. Wenn z. B. zusätzlich Anforderungsprofile existieren, dann ist eine detaillierte Angabe der Anforderungen an die jeweiligen Stelleninhaber nicht erforderlich. Nur bei einer inhaltlichen Begrenzung haben auch Klein- und Mittelbetriebe ohne eigenen Spezialisten für Personalorganisation die Möglichkeit, dieses wichtige Instrument der Personalarbeit zu nutzen. Das in Abbildung 2–4 vorgestellte Beispiel enthält alle genannten Datenkomplexe.

Stellenbeschreibung	
Stellenbezeichnung:	**Stellennummer:**
Ausbilder(in) für kaufmännische Berufsausbildung	4132
Ressort:	**Abteilung:**
Kaufmännische Leitung	Personal- und Bildungswesen
Direkter Vorgesetzter:	**Zusätzliche Weisungen von:**
Personalleiter	Geschäftsleitung
Nachgeordnete Stellen:	**Zusätzliche Weisungen an:**
Keine	Keine
Stelleninhaber wird vertreten durch:	**Stelleninhaber vertritt:**
Ausbilder für gewerbliche Auszubildende	Ausbilder für gewerbliche Auszubildende
Ziel der Stelle:	
Sicherstellung einer qualifizierten Ausbildung in kaufmännischen Berufen; Vertretung des Unternehmens in Angelegenheiten der kaufmännischen Berufsausbildung; Beteiligung an Sonderaufgaben	
Aufgaben, Rechte und Pflichten im Rahmen der kaufmännischen Berufsausbildung: 85 %	

– Führen von Einstellungsgesprächen mit Bewerbern um Ausbildungsplätze
– Beratung von Bewerbern und Erziehungsberechtigten in Ausbildungsfragen
– Auswahl, Durchführung und Auswertung von Berufseignungstests
– Auswahl künftiger Auszubildenden in Zusammenarbeit mit dem Personalleiter und Betriebsrat
– Planung und Durchführung von Einführungsveranstaltungen für neue Auszubildende
– Regelmäßige Betreuung der kaufmännischen Auszubildenden
– Vorschlag der Auflösung von Ausbildungsverhältnissen bei Nichteignung
– Erstellung von Ausbildungsplänen und (in Zusammenarbeit mit den Fachabteilungen) Versetzungsplänen
– Erstellung von Ausbildungsplatzbeschreibungen
– Planung von und Beteiligung am innerbetrieblichen Unterricht; Erstellung von Stoffplänen und Unterrichtsmaterialien; Durchführung von Erfolgskontrollen
– Prüfungsvorbereitung der Auszubildenden
– Beratung und Training der Ausbildungsgehilfen in den Fachabteilungen

Stellenbeschreibung

- Kontrolle der Ausbildungsnachweise; Überprüfung und Besprechung der Abteilungs-
  beurteilungen
- Auswertung der Zwischenprüfungen; Maßnahmenplanung zur Beseitigung von
  Wissensmängeln
- Kontakte zur kaufmännischen Berufsschule, IHK, Erziehungsberechtigten
- Mitwirkung in Prüfungsausschüssen der IHK
- Organisation von Betriebsbesichtigung für Schulen
- Führen des internen und externen Schriftwechsels im Rahmen der kaufmännischen
  Berufsausbildung
- Erstellung von Ausbildungsstatistiken
- Erstellung von Berufsabschlusszeugnissen für kaufmännische Auszubildende
- Beratung von Fachabteilung und Auszubildenden bei der Übernahme in ein
  Angestelltenverhältnis

Sonderaufgaben: 15 %

- Betreuung von Praktikanten und Diplomanden in Zusammenarbeit mit den
  Fachabteilungen
- Mitwirkung bei der Planung und Durchführung von Sonderveranstaltungen im
  Bildungswesen

Spezielle Vollmachten:

i. A.

Stellenbeschreibung erstellt am:

Nächste Überarbeitung am:

Vorgesetzter:....................   **Stelleninhaber:....................**

Abb. 2–4: Stellenbeschreibung für einen Ausbilder im kaufmännischen
Bereich

Beobachtungen in der Praxis haben gezeigt, dass vor allem bei Führungskräften auf mittleren und unteren Ebenen zwar die Fachaufgaben detailliert aufgelistet sind, jedoch die aus der Personalführung
erwachsenden Aufgaben und Pflichten oft nur pauschal erwähnt
oder sogar völlig vergessen werden. Das gilt z. B. für das Führen von
Mitarbeitergesprächen oder Aufgaben im Rahmen der Personalentwicklung. Demgemäß beklagen sich die Mitarbeiter häufig, dass
sich die Vorgesetzten für die Personalführung und Mitarbeiterförde-
rung zu wenig Zeit nehmen. Nur wenn auch diese Aufgaben in der
Stellenbeschreibung vollständig aufgeführt sind und mit ihrem zeitlichen Anteil ausreichend berücksichtigt werden, kann ihre Durchführung von den Stelleninhabern verlangt werden.

Quantifizierung

Die verschiedenen Aufgaben oder Aufgabengruppen werden von ihren Trägern mit sehr unterschiedlicher Intensität ausgeführt. Dabei wird oft nach persönlicher Neigung oder auch nach dem Druck des Alltagsgeschehens entschieden. Das entspricht jedoch nicht immer der Bedeutung dieser Aufgaben im Rahmen der Gesamtaufgabe. Führungsaufgaben werden z. B. vielfach zugunsten von Fachaufgaben vernachlässigt. Ein Grund dafür kann in der im Vergleich zu den Fachkenntnissen unzureichenden Ausbildung im Bereich der Personalführung liegen. Durch eine Quantifizierung der wichtigsten Aufgabengruppen kann deren Gewicht verdeutlicht werden. Durch eine eindeutige Formulierung der Einzelaufgaben wird sichergestellt, dass die Kompetenzen des Stelleninhabers klar ausgedrückt werden.

BEISPIEL: Unklar ist z. B. die Formulierung „… wirkt an Einstellungen mit". Dagegen ist die Aussage „… entscheidet über Einstellungen" eindeutig.

Einführung von Stellenbeschreibungen

Wenn die grundlegende Entscheidung für Stellenbeschreibungen gefallen ist, empfiehlt sich ein stufenweises Vorgehen. Als Erstes ist zu klären, wer für die Erstellung zuständig ist. Neben den Personal- und Organisationsverantwortlichen besteht die Möglichkeit, eine Projektgruppe einzurichten oder einen externen Berater hinzuzuziehen. Bei der Datenaufnahme und endgültigen Abstimmung sollten immer die jeweiligen Stelleninhaber sowie deren Vorgesetzte beteiligt werden.

Bei einer erstmaligen Einführung ist zu klären, ob Stellenbeschreibungen sofort für alle Stellen oder nur für ausgewählte Schlüsselpositionen anzufertigen sind. Außerdem muss entschieden werden, ob alle vorgesehenen Stellenbeschreibungen gleichzeitig erstellt werden, oder ob die Einführung nacheinander abteilungsweise oder nach hierarchischen Ebenen geschieht. Die betroffenen Mitarbeiter sind rechtzeitig und umfassend über den Zweck des Vorhabens zu informieren. Ohne die Mitarbeit der betroffenen Stelleninhaber wird die Einführung kaum Erfolg haben. Außerdem kann es zu Unruhe und Unsicherheit unter den Mitarbeitern kommen, zumal nicht auszuschließen ist, dass durch die Einführung von Stellenbeschreibungen oft Organisationsmängel aufgedeckt werden oder neue Aufgabenabgrenzungen ausgelöst werden.

- Versuchen Sie, das Ziel Ihrer Stelle in wenigen Sätzen zu formulieren.
- Welche Aufgaben führen Sie regelmäßig aus?
- Welche unregelmäßig auftretenden Aufgaben führen Sie außerdem aus?
- Sollte sich an der derzeitigen Aufgabenverteilung etwas ändern?
- Über welche Vollmachten verfügen Sie?
- Für welche Aufgaben, die Sie nicht allein ausführen, tragen Sie die Verantwortung?
- Welche Entscheidungen treffen Sie nach Rücksprache mit Vorgesetzten?
- Sollte sich an der heutigen Kompetenzverteilung etwas ändern?
- Mit welchen anderen Stellen arbeiten Sie zusammen?
- Welche Aufgaben werden dabei wahrgenommen?
- Wer ist Ihr unmittelbarer Vorgesetzter?
- Erhalten Sie außer von Ihrem Vorgesetzten von anderen Stellen Anweisungen? (Wenn ja, welche und von wem?)
- Gegenüber wem sind Sie selbst anweisungsberechtigt?
- Soll sich an den bestehenden Unter- und Überstellungsverhältnissen etwas ändern?
- Wer vertritt Sie in Abwesenheitsfällen?
- Wen vertreten Sie bei dessen Abwesenheit
- Wie ist der Umfang der Vertretung?
- Sollte an den bestehenden Vertretungsregelungen etwas geändert werden?

Abb. 2–5: Fragen zur Ist-Aufnahme bei der Einführung von Stellenbeschreibungen

Der Ist-Zustand an jedem Arbeitsplatz wird in Gesprächen oder durch Selbstaufschreibung der Stelleninhaber oder mittels vorgegebener Fragebogen erfasst. Damit alle erforderlichen Angaben gemacht werden, muss zuvor eindeutig geklärt werden, welche Informationen in die künftigen Stellenbeschreibungen aufgenommen werden. Die Verwendung eines Fragebogens liefert genauere Informationen als Gespräche; außerdem liegen die Daten bereits entsprechend der gewünschten Gliederung vor. In Abbildung 2–5 sind mögliche Fragen für eine Ist-Aufnahme zusammengestellt, dabei können zusätzlich auch Änderungsvorschläge gegenüber dem derzeitigen Zustand eingebracht werden.

Auf der Grundlage der Ist-Aufnahme wird die bestehende Situation analysiert; danach werden erste Entwürfe für die künftigen Stellenbeschreibungen angefertigt. Dabei sind Aufgaben- und Kompetenzüberschneidungen, unklare Aufgabenabgrenzungen und unzweckmäßige Arbeitsabläufe auszuräumen. Die Änderungsvorschläge der Stelleninhaber werden überprüft und ggf. aufgenommen.

Bei der Neuformulierung der Stelleninhalte ist darauf zu achten, dass die zugeordneten Aufgaben der Arbeitskapazität eines Mitarbeiters entsprechen. Durch Abstimmung der Entwürfe untereinander und durch erneute Rücksprache mit Stelleninhabern und Vorgesetzten werden weitere Ungereimtheiten ausgeräumt und die endgültigen Stellenbeschreibungen erstellt. Den Abschluss bildet die Einführung der Stellenbeschreibungen, wobei durch eine nochmalige ausführliche Information sicherzustellen ist, dass mögliche Änderungen gegenüber dem bisherigen Zustand von den Mitarbeitern akzeptiert werden.

Eine Schwachstelle kann die Organisation des notwendigen Änderungsdienstes sein. Stellenbeschreibungen werden die ihnen zugedachten Aufgaben nur erfüllen, wenn eine laufende Überprüfung und Aktualisierung sichergestellt wird. Diese Aufgabe sollte nicht nur den für die Erstellung Verantwortlichen im Personalbereich überlassen werden, sondern auch in jeder Stellenbeschreibung selbst als Pflicht für die Stelleninhaber verankert werden. Die Aufnahme eines Termins für die nächste Überprüfung trägt dazu bei, dass diese wichtige Aufgabe wahrgenommen wird.

2.4 Ermittlung der Arbeitsanforderungen

Organisationspläne, Stellenpläne, Stellenbesetzungspläne und Stellenbeschreibungen sind wünschenswerte organisatorische Hilfsmittel der Personalentwicklung. Dagegen sind Anforderungsprofile unerlässlich. Nur bei Kenntnis der Anforderungen jedes Arbeitsplatzes ist eine optimale Stellenbesetzung möglich.

> **Wichtig:**
>
> Arbeitsanforderungen beschreiben notwendige Fähigkeiten und Eigenschaften, über die ein Mitarbeiter verfügen muss, um die Aufgaben einer bestimmten Stelle zu erfüllen. Sie leiten sich aus den Tätigkeiten der jeweiligen Stelle ab.

Durch einen Vergleich der Anforderungen mit den Fähigkeiten der Mitarbeiter können bestehende Qualifikationslücken festgestellt und geeignete Entwicklungsmaßnahmen eingeleitet werden.

Anforderungsprofile enthalten für jeden Arbeitsplatz die typischen Arbeitsanforderungen nach Art (z. B. Berufserfahrung in einem Industrieunternehmen oder innerhalb einer Branche) und Ausprägungsgrad (z. B. mindestens dreijährige Berufserfahrung in einem Industrieunternehmen in leitender Funktion). Als Führungsinstrument unterstützt das Anforderungsprofil den Vorgesetzten bei seiner täglichen Führungsaufgabe sowohl bei der Personalentwicklung als auch bei der Personalplanung, Personalwerbung und -auswahl und beim Personaleinsatz.

2.4.1 Inhalte von Anforderungsprofilen

Anforderungsprofile sind sehr individuelle Instrumente, welche die spezifische Situation eines Unternehmens und der jeweils zugrunde liegenden Stelle beschreiben. Folgende Merkmalsgruppen werden unterschieden:

- Stellenkennzeichnende Merkmale
  Diese Informationen werden zur eindeutigen Identifizierung der Stelle verwendet und korrespondieren mit den Kriterien der Stellenbeschreibung.

- Allgemeine Merkmale
  Diese Merkmalsgruppe stellt auf persönliche, grundsätzlich unabänderbare Eigenschaften des Stelleninhabers ab.

- Kenntnismerkmale (Ausbildung und Werdegang)
  Hierzu zählen die wichtigsten in Schule, Studium oder Ausbildung erworbenen Abschlüsse und Kenntnisse sowie in der Praxis angeeignete fachliche Fertigkeiten, Kenntnisse und Erfahrungen.

- Körperliche Anforderungen
  Mit dieser Anforderungsgruppe werden die Bedingungen bzw. Belastungen beschrieben, unter denen die Tätigkeiten ausgeführt werden. Körperliche Anforderungen werden vor allem bei der Erstellung von Anforderungsprofilen im gewerblichen Bereich verwendet. Im Verwaltungsbereich werden diese Anforderungsmerkmale lediglich im Hinblick auf Bildschirmarbeitsplätze berücksichtigt.

- Persönlichkeitsmerkmale
  Diese Anforderungskriterien beziehen sich auf die Persönlichkeit eines idealen Stelleninhabers.

In Abbildung 2–6 ist eine Auswahl von in der Praxis besonders häufig vorkommenden Anforderungsmerkmalen zusammengestellt.

Stellenkennzeichnende Merkmale
■ Stellenbezeichnung und Stellennummer ■ Abteilung/Kostenstelle ■ Ziele/Hauptaufgaben der Stelle ■ Evtl. Erstellungsdatum ■ Evtl. Name des Erstellers
Allgemeine Merkmale
■ Geschlecht ■ Alter ■ Nationalität ■ Gesundheitliche Erfordernisse ■ Mobilität ■ Führerschein
Kenntnismerkmale (Ausbildung und Werdegang)

■ Ausbildungsvoraussetzungen
  – Schulabschluss
  – Erlernter Beruf: Ausbildungsberuf und Fachrichtung
  – Hochschulabschluss: Art der Hochschule, Fachrichtung, Promotion

- Spezielle Abschlüsse, die z. B. aufgrund gesetzlicher Vorschriften für die Stelle zwingend erforderlich sind
- Stellenbezogene Fachkenntnisse
- Berufserfahrung
  - Ausprägung nach Art und Dauer
  - Erfahrungsgrad in einzelnen Positionen (z. B. Teammitglied, verantwortliche Leitung)
- Produkt- und Branchenkenntnisse

Körperliche Anforderungen

- Lärm (Stanzerei)
- Gerüche (Spritzerei)
- Körperlich schwere Tätigkeiten (Lager)
- Stehende Tätigkeit
- Gruppenarbeitsplatz
- Bildschirmarbeitsplatz

Persönlichkeitsmerkmale

- Geistige Anforderungen
- Arbeitsverhalten
- Soziale Kompetenzen
- Führungsverhalten

Abb. 2–6: Häufig vorkommende Anforderungskriterien

2.4.2 Auswahl der Anforderungskriterien

Bei der Erstellung von Anforderungsprofilen neigen viele Unternehmen dazu, die Anforderungen eines Arbeitsplatzes so umfassend wie möglich zu beschreiben. Die Folge ist, dass kaum ein Stelleninhaber sämtliche Anforderungen einer Stelle erfüllt. Folgende Grundsätze sollten bei der Auswahl beachtet werden:

- Die Anzahl der Anforderungsmerkmale muss begrenzt werden, damit die Übersichtlichkeit und Praktikabilität gewahrt bleibt.

- Es dürfen nur Anforderungsmerkmale aufgenommen werden, die mit dem Arbeitsplatz und den dort ausgeführten Tätigkeiten in Zusammenhang stehen.

- Die Anforderungsmerkmale müssen eindeutig voneinander abgrenzbar sein.

- Die Anforderungsmerkmale müssen aussagekräftig formuliert werden, damit eine Überprüfung möglich wird.

Notwendige und wünschenswerte Anforderungen

Da es unwahrscheinlich ist, dass ein Bewerber alle Anforderungen einer Stelle, noch dazu in dem jeweiligen Ausprägungsgrad, erfüllt, sollten die ausgewählten Anforderungskriterien in notwendig und wünschenswert differenziert werden.

Notwendige Anforderungskriterien sind unerlässlich, um die Anforderungen der Stelle erfüllen zu können (z. B. Führerschein bei LKW-Fahrern). Ist nur ein Merkmal dieser Anforderungskriterien nicht erfüllt, ist der Mitarbeiter für diese Stelle nicht geeignet. Mit wünschenswerten Kriterien sind Fähigkeiten der Mitarbeiter gemeint, die zwar auch für den Arbeitsplatz typisch sind, die jedoch mit unterschiedlicher Ausprägung erfüllt sein können bzw. deren Erwerb oder Vertiefung auch bereits aktive Stelleninhaber noch nachholen können.

Enge oder weite Qualifizierung

Vor der Erstellung von Anforderungsprofilen muss entschieden werden, ob die Anforderungsmerkmale nur für eine bestimmte Stelle (enge Definition) oder für ein Stellenbündel, d. h. eine Reihe ähnlicher Arbeitsplätze (weite Definition) gelten sollen. Argumente gibt es für beide Alternativen. Für eine enge Formulierung spricht, dass die Mitarbeiter enttäuscht sind, wenn sie mit einem breiten Anforderungsprofil eingestellt wurden und dann nur einen Teil dieser Fähigkeiten einsetzen können.

BEISPIEL: Es werden Sprachkenntnisse verlangt, die in der jeweiligen Position nicht benötigt werden.

Außerdem ist es eine Kostenfrage, ob Mitarbeiter, die ein breites Anforderungsprofil erfüllen, eingestellt oder die vorhandenen Mitarbeiter auf dieses breite Profil hin qualifiziert werden. Für eine breite Formulierung spricht, dass sich die Mitarbeiter flexibler innerhalb des Unternehmens einsetzen lassen, insbesondere wenn sich die Aufgabenstellungen innerhalb des Unternehmens rasch ändern. Breit qualifizierte Mitarbeiter blicken über den Tellerrand ihres eigenen Arbeitsplatzes hinaus und verstehen die unternehmerischen

Zusammenhänge eher. Sie sind stärker motiviert, da sie ein höheres Qualifikationsprofil besitzen, auch mit Blick auf ihre Chancen am Arbeitsmarkt.

Eine extreme Variante, von der abzuraten ist, ist die Formulierung von nur einem einzigen Anforderungsprofil für sämtliche Mitarbeiter. Damit würde ein Basisprofil definiert, das jeder Bewerber erfüllen muss, um im Unternehmen – gleichgültig in welcher Position – erfolgreich arbeiten zu können. Ein Kompromiss könnte sein, zunächst einmal grundlegend zu definieren, welche Anforderungen alle Mitarbeiter erfüllen müssen, um im Unternehmen beschäftigt zu werden. Darauf aufbauend würden dann die speziellen Anforderungen einzelner Stellen definiert.

In der betrieblichen Praxis findet sich eine Vielfalt von Persönlichkeitsmerkmalen. Um für einen bestimmten Arbeitsplatz zu einer überschaubaren Anzahl zu kommen, erscheint folgende Vorgehensweise als sinnvoll: Unabhängig von einzelnen Positionen sollte auf der Managementebene definiert werden, welche Persönlichkeitsmerkmale für besonders wichtig angesehen werden, um in diesem speziellen Unternehmen erfolgreich sein zu können. Auf diese Weise entsteht ein umfassender Katalog von Anforderungsdimensionen, aus dem dann die jeweils wichtigsten Kriterien für einzelne Stellen ausgewählt werden können (vgl. Abbildung 2–7).

Auswahl	Merkmal	Ausprägung		
		hoch	mittel	gering
(a) Geistige Anforderungen				
	Analytisches Denkvermögen Denkt logisch und präzise; erkennt das Wesentliche; kann komplexes Material gliedern			
	Auffassungsvermögen Erkennt Zusammenhänge; kann sich in neue Situationen schnell hineindenken; denkt flexibel			
	Kreativität/Innovationsverhalten Denkt unkonventionell; produziert ungewöhnliche Einfälle; setzt neue Gedanken um			

Auswahl	Merkmal	Ausprägung		
		hoch	mittel	gering
	Lernbereitschaft Passt seine Qualifikationen neuen Entwicklungen an; ist Neuem gegenüber aufgeschlossen; klebt nicht an Traditionen			
	Sprachliches Ausdrucksvermögen Kann sich klar und überzeugend ausdrücken; stellt komplizierte Sachverhalte verständlich dar			
(b) Arbeitsverhalten				
	Belastbarkeit Behält auch in Krisensituationen die Nerven; erträgt auch Drucksituationen; kann Misserfolge schnell verkraften			
	Einsatzbereitschaft Engagiert sich auch in Belastungssituationen; setzt sich jederzeit für seine Aufgabe und Mitarbeiter ein			
	Entscheidungsvermögen Trifft Entscheidungen rechtzeitig und selbstständig; entscheidet eindeutig; beachtet alle relevanten Faktoren; wälzt Entscheidungen nicht ab			
	Interne/externe Kundenorientierung Stellt den Kunden an die erste Stelle; erkennt Erwartungen und Wünsche; erledigt Zusagen termingerecht; übernimmt Verantwortung			
	Selbstständigkeit/Initiative Bearbeitet Aufgaben ohne fremde Hilfe; ergreift selbst Initiativen; sucht nach neuen Aufgaben/Zielen			
	Verhandlungsgeschick Verhandelt zielgerichtet; wägt Eigeninteressen und Fremdinteressen fair ab; argumentiert psychologisch überzeugend			
	Zuverlässigkeit Arbeitet genau und zügig; hält vereinbarte Ziele und Zusagen ein; macht verlässliche Aussagen			

Auswahl	Merkmal	Ausprägung		
		hoch	mittel	gering
(c) Soziale Kompetenzen				
	Anpassungsvermögen Kann sich auf unterschiedliche, neue Situationen einstellen; ist flexibel im Umgang mit Menschen unterschiedlicher Herkunft			
	Auftreten Tritt sicher, überzeugend und gewinnend auf; macht einen gepflegten Eindruck			
	Durchsetzungsvermögen Vermag seine Ziele auch gegen Widerstände verbindlich durchzusetzen; geht Schwierigkeiten mit anderen nicht aus dem Weg			
	Kommunikationsvermögen Kann positive Beziehungen herstellen; fördert den Gedanken- und Ideenaustausch; bringt Wertschätzung gegenüber anderen zum Ausdruck			
	Kooperation Arbeitet mit anderen zusammen; teilt Erfolgserlebnisse mit anderen; hilft anderen bei Problemen; unterstützt die Vorschläge anderer			
	Kontaktfähigkeit Ist freundlich und aufgeschlossen; geht auf andere zu; kann gut zuhören; bringt Gespräche in Gang			
	Teamfähigkeit Arbeitet kooperativ mit anderen zusammen; akzeptiert auch andere Meinungen; unterstützt andere; fördert Kollegialität			
(d) Führungsverhalten				
	Delegationsvermögen Überträgt Aufgaben an andere; wählt geeignete Mitarbeiter aus; erteilt eindeutige Anweisungen; stellt Aufgabenerfüllung sicher			
	Förderung der Mitarbeiter Berät seine Mitarbeiter über ihre berufliche Entwicklung; weist auf Qualifikationsdefizite hin und unterstützt Weiterbildung			

Auswahl	Merkmal	Ausprägung		
		hoch	mittel	gering
	Führungsvermögen Kann Mitarbeiter motivieren, sich für seine Ziele einzusetzen; setzt zeitgemäße Führungsinstrumente ein; genießt Autorität			
	Informationsbereitschaft Informiert regelmäßig über alles Wesentliche; nimmt sich ausreichend Zeit			
	Organisatorische und planerische Fähigkeiten Geht Aufgaben rational und systematisch an; setzt richtige Prioritäten; kann organisieren			
	Unternehmerisches Denken Behält das Unternehmensziel im Auge; handelt effizient und kostenbewusst			

Abb. 2–7: Persönlichkeitsmerkmale im Anforderungsprofil

Die Gruppen **geistige Anforderungen, Arbeitsverhalten** und **Sozialverhalten** gelten für alle Mitarbeiter. Für Mitarbeiter mit Führungsverantwortung kommt die Gruppe **Führungsverhalten** hinzu. Durch Ankreuzen in der Spalte Auswahl können die Verantwortlichen kennzeichnen, welche Merkmale für die jeweilige Stelle zutreffen; das den einzelnen Merkmalen zugeordnete Gewicht wird in der Spalte Ausprägung gekennzeichnet. Wichtig ist, dass nicht bei jedem Merkmal der höchste Ausprägungsgrad verlangt wird; auch wenn eine Einschränkung schwer fällt, sollte man sich darüber im klaren sein, dass es keinen Mitarbeiter gibt, der alle Anforderungen maximal erfüllt.

Zukünftige Anforderungen

Mit der Aufnahme von **zukünftigen Anforderungsmerkmalen** werden schon heute die Arbeitsplatzanforderungen von morgen beschrieben. Bei der Erstellung von Anforderungsprofilen sollten bereits Faktoren berücksichtigt werden, welche die Entwicklung der Arbeitsplätze und die zukünftigen Anforderungen an den idealen Stelleninhaber nachhaltig beeinflussen:

- Mit dem Wertewandel in der Arbeitswelt gehen der Abbau von Hierarchien und die Verlagerung der Verantwortung auf den einzelnen Mitarbeiter einher. Eine höhere Verantwortungsbereitschaft und Selbstständigkeit werden erwartet.

- Der technologische Fortschritt fordert von allen Mitarbeitern die Bereitschaft zum „lebenslangen Lernen".

- Die zunehmende Internationalisierung der Märkte führt dazu, dass Sprachkenntnisse in der betrieblichen Praxis immer häufiger als ein unerlässliches Merkmal definiert werden. Zusätzlich erhält auch die Mobilität einen höheren Stellenwert.

- Der zunehmende Wettbewerbsdruck fordert eine steigende Kundenorientierung. Die Fähigkeit, die Bedürfnisse der Kunden frühzeitig zu erkennen, gewinnt immer mehr an Bedeutung.

- Der zunehmende Kostendruck zielt auf das verstärkte unternehmerische Denken und Handeln der Mitarbeiter im Sinne eines Mit-Unternehmers.

Vor diesem Hintergrund gewinnen insbesondere die zukünftigen Anforderungen an den idealen Stelleninhaber an Bedeutung. Dazu zählen u. a.:

- Methodenkompetenz
- Kommunikative Fähigkeiten
- Sprachkenntnisse
- Kundenorientierung
- Soziale Kompetenz
- Strategische Kompetenz
- Teamorientierung

Ein Beispiel für ein Anforderungsprofil ist in Abbildung 2–8 abgedruckt.

Anforderungsprofil	
Stellenbezeichnung:	Personalleiter
Vorgesetzter:	...
Abteilung:	Personalabteilung

Ziele/Hauptaufgaben: Verantwortung für sämtliche Personalfunktionen; Verhandlungen mit dem Betriebsrat; Vertretung in Personalangelegenheiten nach außen.

Anforderungskriterien – Teil I		zwingend erforderlich	wünschens- wert
Allgemeine Merkmale:			
■ Geschlecht:	o weiblich o männlich o egal		
■ Alter:	zwischen 30 und 40		x
■ Nationalität:	europäisch		x
■ Mobilität:	innerhalb Deutschlands		x
■ Betriebszugehörigkeit:	o nicht erforderlich		
	o erforderlich		
■ Führerschein:	o Klasse 3	x	
Berufsausbildung:			
Kaufmännische Ausbildung			x
Studium:	o FH o Universität		x
Fachrichtung: BWL		x	
Promotion:	o ja o nein		
Spezielle Abschlüsse:			
Ausbildereignungsprüfung		x	
Stellenbezogene Fachkenntnisse:			
Sehr gute Kenntnisse des Arbeits- und Tarifrechts		x	
Berufserfahrung:			
■ als Personalleiter / Referent:	Dauer: mind. 2 Jahre		x
als			
Produktkenntnisse:	o ja o nein		x
Branchenkenntnisse:	o ja o nein		x
Unternehmenskenntnisse:	o ja o nein		
Körperliche Anforderungen:	keine		

Anforderungskriterien – Teil II	Ausprägung		
	hoch	mittel	gering
Analytisches Denkvermögen	x		
Auffassungsvermögen	x		
Entscheidungsvermögen			x
interne / externe Kundenorientierung	x		
Verhandlungsgeschick	x		
Kommunikationsvermögen		x	
Förderung der Mitarbeiter	x		
Führungsvermögen		x	
Organisatorische und planerische Fähigkeiten		x	
Unternehmerisches Denken		x	

Abb. 2–8: Anforderungsprofil

2.4.3 Einführung von Anforderungsprofilen

Bei der Einführung von Anforderungsprofilen ist zunächst die Frage nach der Verantwortlichkeit und Zuständigkeit eindeutig zu klären. In der Regel kommt es zu einer Zusammenarbeit zwischen Personalabteilung und Fachabteilungen. Die Personalabteilung koordiniert alle personalwirtschaftlichen Aspekte, während die Fachabteilungen die stellenspezifischen Kenntnisse beitragen.

In einem nächsten Schritt sollten sich die Personalverantwortlichen auf die grundsätzliche Vorgehensweise verständigen, d. h.

- wer wird beteiligt,
- wie werden die einzelnen Informationen gewonnen,
- welche Methoden sollen eingesetzt werden usw.

Wichtig ist es, bei diesem Schritt sicherzustellen, dass es für alle Profile ein einheitliches Grundschema gibt und es sich um ein einfaches und praktikables Instrument handelt. Beide Aspekte vereinfachen die spätere Handhabung.

Da die Einführung von Anforderungsprofilen Arbeit für eine Reihe von Mitarbeitern mit sich bringt, ist eine klare Kommunikationsstrategie erforderlich. Zu Beginn des Prozesses sollten alle Beteiligten informiert werden,

- über den konkreten Anlass für die Einführung dieses neuen Instruments,
- was sich hinter dem Begriff Anforderungsprofil verbirgt,
- welchen Nutzen jeder Einzelne von diesem Instrument haben wird,
- wer in welcher Art und Weise beteiligt wird.

Da es sich bei Anforderungsprofilen lediglich um Sollvorstellungen des Unternehmens hinsichtlich des idealen Stelleninhabers handelt, hat der Betriebsrat kein Mitbestimmungsrecht. Da ihm gemäß § 92 BetrVG jedoch ein Informations-, Beratungs- und Vorschlagsrecht zusteht, sollte er frühzeitig einbezogen werden.

2.4.4 Profilvergleich

Die endgültige Gegenüberstellung der Anforderungen der Arbeitsplätze mit den korrespondierenden Fähigkeiten der Mitarbeiter geschieht im Profilvergleich. Hinweise auf die Fähigkeiten der Mitarbeiter ergeben sich aus den vorhandenen Personalakten und Personalkarteien, durch Mitarbeiterbeurteilung, über Zielvereinbarungen oder durch eigene Befragungen und Beurteilungsseminare.

Je besser die Fähigkeiten der Mitarbeiter mit den Anforderungen der Arbeitsplätze übereinstimmen, umso besser ist die Personalzuordnungsaufgabe gelöst. Da jedoch eine volle Deckungsgleichheit nur in Ausnahmefällen erreicht wird, muss festgelegt werden, welche Toleranzgrenzen noch akzeptabel sind. Abweichungen, die über das als zulässig erkannte Maß hinausgehen, müssen durch gezielte Entwicklungs- und Bildungsmaßnahmen behoben werden. Unter Berücksichtigung der notwendigen organisatorischen Vorarbeiten ergeben sich für den Profilvergleich folgende Arbeitsschritte:

- Eindeutige Abgrenzung der Arbeitsplätze anhand von Organisationsplänen, Stellenplänen und Stellenbeschreibungen

- Festlegung der in den Vergleich einzubeziehenden Anforderungs- und Fähigkeitsmerkmale

- Gewichtung der Anforderungs- und Fähigkeitsmerkmale

- Ermittlung des Anforderungsprofils

- Erstellung des Fähigkeitenprofils

- eigentlicher Profilvergleich

Abbildung 2–9 enthält ein Formular, das eine tabellarische Gegenüberstellung der Anforderungs- und Eignungsmerkmale vorsieht.

Profilvergleich			
Stelleninhaber:	Personalnummer:		
Stellenbezeichnung:	Stellennummer:		
Anforderungen	**Eignung des Stelleninhabers**		
	voll	einge-schränkt	nicht aus-reichend
Ausbildung und Berufserfahrung:			
Berufsausbildung: Kaufmännische Ausbildung			
Studium: FH-Abschluss			
Spezielle Abschlüsse: Ausbildereignungsprüfung			
Stellenbezogene Fachkenntnisse: Arbeits- und Tarifrecht			
Berufserfahrung: 2 Jahre im Personalwesen			

Persönlichkeitsmerkmale	hoch	mittel	gering			
Analytisches Denkvermögen	X					
Auffassungsvermögen	X					
Entscheidungsvermögen			X			
Kundenorientierung	X					
Verhandlungsgeschick	X					
Kommunikationsvermögen		X				
Förderung der Mitarbeiter	X					
Führungsvermögen		X				
Organisation/Planung		X				
Unternehmerisches Denken		X				

Abb. 2–9: Profilvergleich

3. Kapitel

Eignungspotenzial und Entwicklungs-
bedürfnisse der Mitarbeiter

3.1 Personalakten und Personaldateien

Nach den Arbeitsanforderungen werden die Eignung und die Entwicklungsbedürfnisse der Mitarbeiter festgestellt. Dazu gilt es zu prüfen, wie gut die Mitarbeiter ihre derzeitigen Aufgaben erfüllen und ob sie in der Lage sind, weitergehende Aufgabenstellungen zu übernehmen.

Erste Aussagen zur Mitarbeiterqualifikation ergeben sich bereits bei der Einstellung. Sie werden ebenso wie die im Verlauf der weiteren Betriebszugehörigkeit dazukommenden Informationen in Personalakten und Personaldateien festgehalten. Personalakten und Personaldateien sind zwei sich ergänzende Instrumente der Personalverwaltung, aus denen bei richtiger Führung wertvolle Aussagen für die Personalentwicklung gewonnen werden können. Aus der **Personalakte** können folgende Informationen abgeleitet werden:

- schulische und berufliche Ausbildung,
- berufliche Weiterbildung (vor und während der Betriebszugehörigkeit),
- besondere Kenntnisse und Fertigkeiten,
- berufliche Tätigkeiten bis zum Eintritt ins Unternehmen,
- berufliche Entwicklung im Unternehmen,
- besondere Interessengebiete,
- Angaben zur Qualifikation und Leistung (Beurteilung).

Die unhandlichen Personalakten werden durch praktischere Dateien ergänzt. Die **Personalstammdatei** stellt eine verdichtete Wiedergabe der wesentlichen Inhalte der Personalakte dar. Sie enthält neben den Grunddaten (persönliche Daten, Schul- und Berufsausbildung, betriebliche Funktion usw.) sämtliche Veränderungsmeldungen (z. B. Versetzungen, Änderung der Tarifgruppe und Bezüge, Angaben über besondere Leistungen usw.).

Die **Personalentwicklungsdatei** (Förderdatei) dient der vollständigen Erfassung sämtlicher förderungswürdiger Mitarbeiter sowie der über sie vorhandenen Informationen. Sie bildet damit die Grundlage zur Durchführung der als notwendig erachteten Förder- und Bildungsmaßnahmen und wird zum zentralen Informationsinstrument der Personalentwicklung.

Die Personalentwicklungsdatei wird auf allen Stufen der Personalentwicklung und teilweise auch in anderen personalwirtschaftlichen Aufgabenbereichen verwendet. Sie kann je nach Inhalt und Gestaltung folgenden Zwecken dienen:

- Überblick über die entwicklungsfähigen Mitarbeiter,

- Auswahl der zu fördernden Mitarbeiter,

- Entscheidungshilfe bei der Festlegung von Entwicklungsmaßnahmen,

- Koordination der Förder- und Bildungsmaßnahmen,

- Überwachung und Kontrolle vereinbarter Maßnahmen,

- Hilfsmittel bei der Personalzuordnung (Stellenbesetzung),

- Kostenplanung.

Die aufzunehmenden Daten richten sich danach, für welche der genannten Aufgaben die Datei herangezogen werden soll. Neben den grundlegenden Angaben zur Person des Mitarbeiters sollte die Personalentwicklungsdatei mindestens folgende Informationen enthalten:

- Schulbildung und Studium,

- Berufsausbildung,

- berufliche Entwicklung,

- Entwicklung nach Eintritt ins Unternehmen,

- bisherige Teilnahme an Weiterbildungsmaßnahmen,
- Leistungs- und Potenzialbeurteilung,
- Entwicklungswünsche und -ziele,
- vorgesehene Fördermaßnahmen,
- vorgesehene Bildungsmaßnahmen.

Statt einer sämtliche entwicklungsfähigen Mitarbeiter umfassenden Personalentwicklungskartei wird in vielen Unternehmen lediglich eine sog. **Nachwuchskräftedatei** geführt. Diese Einschränkung wird mit dem hohen Arbeitsaufwand für eine alle Mitarbeiter einbeziehende Datei begründet. Beim Einsatz eines computergestützten Personalinformationssystem sollte die Personalentwicklungsdatei ein fester Bestandteil sein.

3.2 Leistungs- und Potenzialerfassung durch Mitarbeiterbeurteilungen

Das wichtigste Instrument zur Feststellung des Qualifikationspotenzials ist die Mitarbeiterbeurteilung. Personalentwicklung ohne eine regelmäßige Beurteilung der Mitarbeiter durch den jeweiligen Vorgesetzten ist kaum denkbar, weshalb auch in Klein- und Mittelbetrieben auf dieses Instrument nicht verzichtet werden sollte.

3.2.1 Aufgaben, Dimensionen und Zuständigkeiten

Die systematische Mitarbeiterbeurteilung ist ein formalisiertes und standardisiertes Verfahren, durch das die Vorgesetzten veranlasst werden, ihre Mitarbeiter in regelmäßigen Zeitabständen unter Berücksichtigung bestimmter Kriterien zu beurteilen. Richtig eingesetzt wird die Mitarbeiterbeurteilung zur wichtigsten Informationsgrundlage für eine qualifizierte Analyse des vorhandenen Mitarbeiterpotenzials. Sie liefert einen umfassenden Überblick über die fachlichen Kenntnisse und persönlichen Fähigkeiten des Mitarbeiters, um zu überprüfen, ob die Mitarbeiter den Anforderungen ihrer Arbeitsplätze entsprechen.

> ### Wichtig:
>
> Eine systematische Mitarbeiterbeurteilung führt an Stelle der subjektiven Einschätzung der Mitarbeiter durch ihre Vorgesetzten zu einer weitgehenden Objektivierung des Beurteilungsprozesses. Damit wird sie zu einer unerlässlichen Voraussetzung bei vielen personalpolitischen Entscheidungen.

Für den Vorgesetzten ist die Mitarbeiterbeurteilung eine wichtige Orientierungshilfe bei der Mitarbeiterführung; für die Mitarbeiter kann sie Antrieb zu Motivation und Leistungssteigerung sein. Allerdings birgt die Beurteilung auch Risiken. Fehlerhaft eingesetzt oder von den Mitarbeitern falsch verstanden, kann sie zu Frustration und Leistungsabbau führen und damit dem Unternehmen einen erheblichen Schaden zufügen.

Wozu werden Mitarbeiterbeurteilungen durchgeführt?

Die Mitarbeiterbeurteilung liefert aussagekräftige und zuverlässige Informationen von der Einstellung über die Förderung und Entwicklung bis zur Freisetzung von Personal. Ihre Bedeutung spiegelt sich auch durch eine zunehmende Berücksichtigung in Tarifabkommen wider (z. B. Chemie). Die wichtigsten Aufgaben und Zielsetzungen sind in Abbildung 3–1 zusammengefasst.

Aufgaben	Zielsetzung
Instrument der Personalführung	
Wie schätzt der Vorgesetzte seinen Mitarbeiter im Hinblick auf seine Leistung ein?	Intensivierung der Kommunikation zwischen Vorgesetztem und Mitarbeiter
Wo liegen die Stärken und Schwächen des Mitarbeiters?	Anerkennung der Leistung des Mitarbeiters
Aufzeigen von Verbesserungsmöglichkeiten	Steigerung der Leistung des Mitarbeiters
	Verbesserung der Führungsqualität des Vorgesetzten
Instrument der Personaleinsatzplanung	
Entscheid vor der Übernahme von Mitarbeitern in ein unbefristetes Arbeitsverhältnis vor Ablauf der Probezeit	Optimierung des Personaleinsatzes „Die richtigen Mitarbeiter am richtigen Platz"

Aufgaben	Zielsetzung
Innerbetriebliche Versetzung	Kontrolle personalwirtschaftlicher Maßnahmen
Bildung von Arbeitsgruppen oder Projektteams	
Erstellung von Arbeitszeugnissen	
Freisetzung von Mitarbeitern	
Instrument zur Lohn- und Gehaltsfindung	
Förderung einer größeren Leistungsgerechtigkeit	Leistungsgerechte Vergütungssysteme für Mitarbeiter
Schaffung monetärer Leistungsanreize	
Instrument der Personalentwicklung	
Auswahl förderungswürdiger Mitarbeiter	Motivation der Mitarbeiter durch Nutzung des vorhandenen Potentials
Feststellung von Qualifikationsdefiziten	
Festlegung des Bildungsbedarfs	

Abb. 3–1: Aufgaben und Ziele der Mitarbeiterbeurteilung

Dimensionen der Mitarbeiterbeurteilung

Nach dem Inhalt der Beurteilung können drei verschiedene Dimensionen unterschieden werden. Im Mittelpunkt der Leistungsbeurteilung steht die in der Vergangenheit in einer bestimmten Periode erbrachte Leistung eines Mitarbeiters (= Ist-Leistung). Dabei wird neben dem reinen Leistungsergebnis zusätzlich berücksichtigt, auf welche Art und Weise und mit welchem Verhalten dieses Ergebnis erreicht wurde. Diesen weiterführenden Aspekten liegt die Annahme zugrunde, dass sich das Verhalten eines Mitarbeiters nachhaltig auf das Leistungsergebnis auswirken kann. Leistungsbeurteilungen werden in der Praxis häufig als Hilfsmittel einer „gerechten" Lohn- und Gehaltsfindung eingesetzt.

Für die Personalentwicklung interessiert besonders die **Potenzialbeurteilung**. Sie richtet sich auf die Eignung eines Mitarbeiters für zukünftige Aufgaben und die Möglichkeiten seiner individuellen beruflichen Weiterentwicklung. Sie ist zukunftsorientiert, d. h., auf der Basis der in der Vergangenheit erbrachten Leistungen wird eine

Prognose über zukünftige Leistungen und Verhaltensweisen erstellt. Potenzialbeurteilungen werden bei der innerbetrieblichen Besetzung vakanter Stellen, zur Nachwuchsplanung der Fach- und Führungskräfte, zur individuellen Laufbahnplanung sowie zur Bildungsbedarfsermittlung eingesetzt.

Zur Potenzialermittlung werden in der betrieblichen Praxis besonders häufig folgende Kriterien herangezogen:

- Auffassungsgabe
- Belastbarkeit
- Durchsetzungsvermögen
- Initiative
- Kooperationsfähigkeit
- Lernfähigkeit
- Selbstständigkeit
- Unternehmerisches Denken und Handeln
- Urteilsfähigkeit

Die **Persönlichkeitsbeurteilung** stellt auf die Bewertung der Persönlichkeit eines Mitarbeiters ab. Diese Form der Beurteilung findet in der Praxis wenig Anwendung, da ein ursächlicher Zusammenhang zwischen der Persönlichkeit eines Mitarbeiters und seiner Leistungserfüllung nicht nachgewiesen ist.

In der gegenwärtigen Beurteilungspraxis dominieren die Leistungs- und Potenzialbeurteilung entweder getrennt oder in Kombination miteinander. Beide Verfahren werden auch in den weiteren Ausführungen angesprochen.

Zuständigkeiten

Die Mitarbeiterbeurteilung im klassischen Sinn ist die Beurteilung von Mitarbeitern durch ihre direkten Vorgesetzten. Nur der direkte Vorgesetzte kann ein zuverlässiges Urteil abgeben, wie ein Mitarbeiter seine ihm übertragenen Aufgaben erfüllt. Dem direkten Vorgesetzten sind sowohl die Aufgabeninhalte und Leistungsziele bekannt als auch die Art und Weise, wie die Mitarbeiter an die Aufgabenerfüllung herangehen und welche Ergebnisse sie erreichen. Durch die Beurteilung sollen Aussagen über die Leistung eines Mitarbeiters an seinem Arbeitsplatz getroffen bzw. das Potenzial für die gegenwärtigen oder zukünftigen Aufgaben ermittelt werden.

In der Regel wird die Beurteilung durch den direkten Vorgesetzten dem nächst höheren Vorgesetzten vorgelegt. Dieser gewinnt einerseits einen Überblick über alle Beurteilungen in seinem Verantwortungsbereich und kann andererseits bei Meinungsverschiedenheiten zwischen dem Vorgesetzten und dem Mitarbeiter als Vermittler auftreten. Außerdem sollte er in der Lage sein zu prüfen, ob das Beurteilungsverfahren durch die direkten Vorgesetzten richtig angewendet wurde.

Die Häufigkeit der Mitarbeiterbeurteilung hängt von der jeweils verfolgten Zielsetzung ab. Im Allgemeinen wird zwischen periodisch bedingter und anlassbedingter Beurteilung unterschieden. Die periodisch bedingte Mitarbeiterbeurteilung wird kontinuierlich und in regelmäßigen Zeitabständen (jährlich, zweijährlich) durchgeführt. Ihr liegt in der Regel ein einheitliches Beurteilungsverfahren zugrunde. Die wichtigsten Anlässe sind Gehaltsgespräche, Entwicklungsgespräche, Zielvereinbarungsgespräche und Jahresgespräche. Die anlassbedingte Beurteilung wird nur durchgeführt, wenn sie aus einem bestimmten Grund erforderlich ist. Zu den geläufigsten Anlässen zählen die Probezeitbeurteilung, die Beurteilung von Auszubildenden, Versetzungen oder Beförderungen und das Erstellen von Zeugnissen.

3.2.2 Verfahren der Beurteilung

Die Vorgabe eines Beurteilungsverfahrens zielt auf einen einheitlichen Bewertungsmaßstab, der den subjektiven Einfluss des Beurteilers auf das Beurteilungsergebnis weitgehend minimiert. In der betrieblichen Praxis werden daher überwiegend analytische Beurteilungsverfahren eingesetzt. Ihre Anwendung erleichtert dem Beurteiler die Vorgehensweise und stellt ein höheres Maß an Objektivität sicher.

Freie Beurteilung

Die freie Beurteilung überlässt dem Beurteiler in allen Punkten die Wahl des Beurteilungsverfahrens. Dieser ist somit an keine inhaltlichen Vorgaben gebunden und kann die aufgenommenen Beurteilungskriterien und deren Gewichtung individuell auf die Aufgabeninhalte des Mitarbeiters abstimmen und damit gezielt dessen Stärken und Schwächen erfassen. Die Ergebnisse werden im Allgemeinen verbal in Stichworten festgehalten.

> **BEISPIEL:** Ein Teamleiter beurteilt ein Teammitglied. Er beurteilt nach den Kriterien „Information", „Kommunikationsfähigkeit" und „Fähigkeit zur Integration", indem er diese Kriterien verbal beschreibt.

Die subjektive und meist unvollständige Wahl der Beurteilungskriterien durch den jeweiligen Beurteiler machen die Vergleichbarkeit mit anderen Beurteilungen unmöglich. Die freie Beurteilung zieht in der Regel eine unkontrollierbare Beurteilungspraxis nach sich, da sie stark durch die Person des Beurteilers geprägt ist. Die Ergebnisse liefern keine zuverlässige Entscheidungsgrundlage für die Einleitung personalpolitischer Maßnahmen. In der betrieblichen Praxis wird sie daher kaum eingesetzt.

Rangordnungsverfahren

Durch dieses Verfahren werden die Beurteiler veranlasst, Rangordnungen der Mitarbeiter hinsichtlich ihrer Gesamtleistung oder einzelner Beurteilungskriterien zu bilden. Die Rangordnung kennzeichnet die relative Stellung eines Beurteilten zu den anderen Beurteilten. Diese Vorgehensweise erweist sich als sehr zuverlässig.

> **BEISPIEL:** Der Beurteiler wählt ein Beurteilungskriterium aus und bringt die zu beurteilenden Mitarbeiter hinsichtlich dieses Kriteriums in eine Rangfolge.
> **Kriterium: Kontaktfähigkeit**
> Rangordnung:
> Frau Schulz
> Herr Schmidt
> Frau Klein
> Herr Grün

Das Rangordnungsverfahren wird in der Regel nicht als eigenständiges Instrument eingesetzt, sondern als Unterstützung oder Ergänzung anderer Verfahren. Bei der Anwendung sollte beachtet werden, dass die Ergebnisse nicht absolut gesehen werden. Rangplätze liefern lediglich relative Ergebnisse, da Differenzen zwischen den einzelnen Rangplätzen aufgrund unterschiedlich großer Leistungsdifferenzen entstehen. Eine Vergleichbarkeit unter den Rangordnungen verschiedener Arbeitsgruppen ist nicht möglich. Außerdem ist die Bildung von Rangordnungen sehr zeitaufwändig und daher als Hilfsmittel nur bei kleinen Arbeitsgruppen geeignet. Wenn das Verfahren eingesetzt wird, dann müssen die Mitarbeiter rechtzeitig informiert werden, da Rangordnungen innerhalb einer Arbeitsgruppe dem Teamgeist und der Zusammenarbeit eher schaden als fördern.

Einstufungsverfahren

In der heutigen Beurteilungspraxis dominiert das Einstufungsverfahren. Dabei werden die Beurteilungskriterien und die Skalierung vorgegeben. Der Beurteiler erfasst die meist qualitativen Merkmale mithilfe von verbal oder numerisch definierten Kategorien, die auf einer Skala verschiedene Ausprägungsgrade des Merkmals repräsentieren. (vgl. Abbildung 3–4, Kapitel 3.2.4).

Durch das Einstufungsverfahren wird der Beurteiler veranlasst, sich intensiv mit jedem einzelnen Beurteilungskriterium auseinander zu setzen. Diese Vorgehensweise führt zu einer hohen Praktikabilität und großen Objektivität, da das Verfahren Fehlerrisiken, die auf die Person des Beurteilers zurückzuführen sind, weitestgehend ausschaltet. Ein weiterer Vorteil des Einstufungsverfahrens ist die hohe Vergleichbarkeit unter den Beurteilungen. Außerdem ist das Verfahren leicht zu standardisieren. Das Einstufungsverfahren wird im Folgenden näher beschrieben.

3.2.3 Beurteilungskriterien, Gewichtung, Skalierung

Die Auswahl geeigneter Beurteilungskriterien stellt hohe Anforderungen an die Entwicklung des Verfahrens. Für die Festlegung von individuellen Beurteilungskatalogen kann die jeweilige Stellenbeschreibung herangezogen werden. Sie beinhaltet die Zielsetzung der Stelle und der daraus abgeleiteten Einzelaufgaben des Stelleninhabers sowie seine Kompetenzen und Pflichten. Der Hauptnachteil des individuellen Kriterienkataloges besteht in dem hohen Arbeitsaufwand, der mit der Abstimmung der Anforderungen der einzelnen Arbeitsplätze verbunden ist. Außerdem wird wegen der Vielzahl von Kriterienkatalogen die Vergleichbarkeit unter den Beurteilungen stark reduziert.

Deshalb verzichten die meisten Verfahren auf eine exakte Abstimmung der Beurteilungskriterien mit den Anforderungen der jeweiligen Arbeitsplätze. Dafür werden generelle Kriterienkataloge eingesetzt, die für alle oder zumindest eine große Zahl von Arbeitsplätzen angewandt werden. Auf diese Weise steigt die Vergleichbarkeit unter den Beurteilungen.

Wichtig:

Gruppenspezifische Beurteilungskataloge sind eine Möglichkeit, die Beurteilungskriterien auf einzelne Mitarbeitergruppen (z. B. Führungskräfte, Mitarbeiter in der Verwaltung, Mitarbeiter in der Produktion) abzustimmen. Damit werden die Spezifika einzelner Mitarbeitergruppen berücksichtigt und es wird eine hohe Vergleichbarkeit innerhalb der jeweiligen Gruppe erreicht.

Abbildung 3–2 umfasst Beurteilungskriterien, die in der betrieblichen Praxis häufig verwendet werden. Die Kriterien beziehen sich überwiegend auf die Arbeitsleistung und das Arbeitsverhalten. Auf Merkmale, welche die persönlichen Eigenschaften des Mitarbeiters betreffen, wird weitgehend verzichtet.

Kriterien für alle Mitarbeiter:	
■ Arbeitsmenge	■ Lernbereitschaft
■ Arbeitsqualität	■ Lernfähigkeit
■ Ausdrucksfähigkeit	■ Motivation
■ Belastbarkeit	■ Organisation
■ Durchsetzungsfähigkeit	■ Pünktlichkeit
■ Engagement	■ Qualitätsbewusstsein
■ Entscheidungsfreude	■ Sauberkeit
■ Fachkönnen	■ Sorgfalt
■ Fachwissen	■ Teamfähigkeit
■ Flexibilität	■ Termineinhaltung
■ Initiative	■ Verantwortungsfreude
■ Kollegialität	■ Verantwortungsfähigkeit
■ Kommunikationsfähigkeit	■ Weiterbildungsverhalten
■ Kooperationsfähigkeit	■ Zielstrebigkeit
■ Kostenbewusstsein	■ Zusammenarbeit
■ Kundenorientierung	■ Zuverlässigkeit
Zusätzliche Kriterien für Mitarbeiter mit Führungsverantwortung:	
■ Delegationsbereitschaft	■ Kontrolle
■ Entscheidungsfreude	■ Mitarbeiterförderung
■ Führungsverhalten	■ Planung und Organisation
■ Information und Anleitung	■ Überzeugungsfähigkeit

Abb. 3–2: Häufig verwendete Beurteilungskriterien

Bei der Entwicklung eines Kriterienkataloges besteht die Tendenz, die Leistung und das Verhalten eines Mitarbeiters so vollständig wie möglich über Beurteilungskriterien abzubilden. Das führt zu völlig überfrachteten Kriterienkatalogen, die den Beurteiler demotivieren und zu mangelnder Sorgfalt veranlassen. Der Beurteiler ist überfordert und das Beurteilungsverfahren von Anfang an zum Scheitern verurteilt. Mit 10 bis 20 Kriterien lässt sich eine aussagekräftige Beurteilung erstellen. Die folgende Checkliste enthält die bei der Auswahl geeigneter Beurteilungskriterien zu beachtenden Grundsätze.

Checkliste: Auswahl geeigneter Beurteilungskriterien

■ Die ausgewählten Beurteilungskriterien müssen sich auf beobachtbares Verhalten beziehen.

■ Die Beurteilungskriterien sind mit den Anforderungen der einzelnen Arbeitsplätze abzustimmen. Beurteilungskriterien müssen in unmittelbarem Zusammenhang mit der Leistungserbringung am Arbeitsplatz stehen und am Arbeitsplatz auch tatsächlich vorkommen.

- Die Kriterien sollten die wichtigsten für die Tätigkeit relevanten Merkmale erfassen.
- Persönlichkeitsorientierte Beurteilungskriterien sind zu vermeiden. Sie können vom Beurteiler nicht beobachtet werden.
- Die Beurteilungskriterien sind so zu formulieren, dass keine psychologischen Fachkenntnisse erforderlich sind.
- Die Beurteilungskriterien müssen eindeutig beschrieben und klar voneinander abgegrenzt werden.
- Die Anzahl der Beurteilungskriterien muss begrenzt werden, damit die Übersichtlichkeit gewahrt wird.

Es hat sich bewährt, die Beurteiler schon frühzeitig bei der Entwicklung des Kriterienkataloges in das Beurteilungsverfahren einzubinden. Die Beurteiler sind mit den Leistungsergebnissen und dem Leistungsverhalten der zu Beurteilenden bestens vertraut und können wertvolle Hinweise geben. Zusätzlich führt eine solche Vorgehensweise zu einem einheitlichen Verständnis der Beurteilungskriterien und schließt Fehlinterpretationen aus.

Gewichtung

Nach der Auswahl der Beurteilungskriterien ist zu prüfen, welche Bedeutung die einzelnen Kriterien in der Gesamtbeurteilung haben. Das Gewicht folgt aus dem Umfang, in dem die Leistung des Mitarbeiters durch das Merkmal beeinflusst wird. Eine Gewichtung kann aufgrund der unternehmensspezifischen Situation und/oder der gewählten Zielsetzung vorgenommen werden. Bei Beurteilungen im Produktionsbereich werden leistungsorientierte oder das Leistungsergebnis unmittelbar beeinflussende Kriterien manchmal stärker gewichtet als die anderen Kriterien. Bei der Beurteilung von Führungskräften bietet sich eine stärkere Gewichtung der Führungseigenschaften an.

BEISPIEL: In einen Beurteilungsbogen für gewerbliche Arbeitnehmer wurden die folgenden Kriterien aufgenommen:
- Arbeitsmenge
- Arbeitsgüte
- Arbeitseinsatz/Initiative/Selbstständigkeit

- Kostenbewusstsein
- Zusammenarbeit
- Sicherheitsverhalten

Dabei wurden die beiden leistungsorientierten Kriterien „Arbeitsmenge" und „Arbeitsgüte" im Vergleich zu den restlichen Kriterien mit dem doppelten Gewicht versehen.

In der heutigen Beurteilungspraxis spielt die Gewichtung eine eher untergeordnete Rolle. In den meisten Beurteilungssystemen wird ein einheitlicher Gewichtungsschlüssel verwendet, der zentral für alle Mitarbeiter festgelegt wird. Dies geschieht insbesondere dann, wenn die Anzahl der Beurteilungskriterien auf die unbedingt erforderliche Mindestzahl reduziert wird.

Skalierung

Um die unterschiedlichen Leistungsgrade der Beurteilten zu erfassen, kann der Beurteiler verbal den Ausprägungsgrad jedes einzelnen Merkmals beschreiben. Diese Vorgehensweise stellt hohe Anforderungen an die sprachliche Ausdrucksfähigkeit des Beurteilers.

Für den Beurteiler wird es einfacher, wenn ihm eine bestimmte Anzahl von Bewertungsstufen (Skalierung) vorgegeben wird. Eine vorgegebene Skalierung stellt eine einheitliche Vorgehensweise sicher und gewährleistet die Vergleichbarkeit unter den Beurteilungen. Die in der Praxis anzutreffenden Beurteilungsbogen beinhalten in der Regel vorgegebene Bewertungsskalen. Die Bewertung des Beurteilungskriteriums erfolgt lediglich durch Ankreuzen des Ausprägungsgrades.

Die Praxis kennt Beurteilungsskalen unterschiedlichen Spannbreiten. Die Zahl der Skalenstufen variiert von drei bis neun. In der Vergangenheit wurde am häufigsten die Fünfer-Skala eingesetzt. In den letzten Jahren ist eine verstärkte Tendenz zur Siebener-Skala erkennbar.

Entscheidungshilfe bei der Wahl der Skalierungsstufen:

- Dreier-Skala: Sie bietet nicht genügend Differenzierungsmöglichkeiten.
- Fünfer-Skala: Diese und die Siebener-Skala sind am geläufigsten. Allerdings besteht bei nur fünf Stufen die Gefahr, dass die beiden Endstufen nicht berücksichtigt werden, so dass nur eine Dreier-Skala vorliegt.
- Siebener-Skala: Sie bietet in dem häufig genutzten Mittelfeld ausreichend Möglichkeiten, die Leistungen sinnvoll zu differenzieren.
- Neuner-Skala: Sie gilt als überfrachtet. Die Unterschiede zwischen den einzelnen Bewertungsstufen sind nicht mehr eindeutig abgrenzbar.

3.2.4 Beurteilungsbogen

Bei der gebundenen Beurteilung werden dem Beurteiler die Bewertungsmaßstäbe und die Beurteilungskriterien in einem Beurteilungsbogen vorgegeben. Der Beurteiler hat auf diese Vorgaben keinen Einfluss. In der Regel wird die Skala der Fertigkeiten und Kenntnisse auf einige wenige Grundbereiche reduziert. Dem Beurteiler wird damit der Vorgang des Beurteilens erleichtert. Ein Hauptvorteil der gebundenen Beurteilung liegt in der einheitlichen Vorgehensweise, die zusätzlich die Vergleichbarkeit verschiedener Beurteilungen sicherstellt. Dadurch können die Ergebnisse der Beurteilungen zu statistischen Auswertungen, z. B. Strukturuntersuchungen oder der Ermittlung unternehmensspezifischer Durchschnittswerte herangezogen werden. Außerdem können auf Grundlage der gewonnenen Daten kurzfristig Entscheidungen entsprechend der mit der Mitarbeiterbeurteilung verfolgten Zielsetzung herbeigeführt werden.

Je nach Art des praktizierten Verfahrens wird der Beurteilungsbogen entweder vom Vorgesetzten allein ausgefüllt oder teilweise bzw. ganz im Beisein des Mitarbeiters während des Beurteilungsgesprächs. Der Beurteilungsbogen kann außerdem als Orientierungshilfe bei der Vorbereitung des Beurteilungsgesprächs herangezogen werden.

In Abbildung 3–3 sind die möglichen Inhalte eines Beurteilungsbogens zusammengefasst.

- **Angaben zur Person des Beurteilten**
  (Name/Personalnummer)

- **Angaben zur Funktion des Beurteilten**
  (Abteilung/Stellenbezeichnung/kurze Funktionsbeschreibung)

- **Beurteiler und Beurteilungszeitraum**

- **Leistungsbeurteilung**
  Vorgabe der Beurteilungskriterien und Bewertungsskalen. Um eine einheitliche Interpretation der Beurteilungskriterien sicherzustellen, können Hinweise zu ihrem Verständnis in einer separaten Handanweisung aufgenommen werden.

- **Potenzialbeurteilung/-einschätzung**
  Sie ist zukunftsorientiert. Der Beurteiler ist aufgefordert, die Eignung und Neigung des Mitarbeiters für die Übernahme zusätzlicher Aufgaben in der Zukunft zu bewerten.

- **Gesamtbeurteilung**
  Auf Grundlage der Beurteilungskriterien wird eine zusammenfassende Darstellung der Gesamtleistung verbal formuliert. Dadurch hat der Beurteiler die Möglichkeit, seine Erläuterungen gezielt auf die besonders ausgeprägten Eigenschaften des Beurteilten abzustellen.

- **Zielvereinbarung**
  Zielvereinbarungen können sich sowohl auf jetzige als auch auf zukünftige Aufgabeninhalte beziehen. Sie können konkrete Leistungsziele oder geeignete Weiterbildungsmaßnahmen umfassen.

- **Stellungnahme des Mitarbeiters**
  Durch Berücksichtigung der persönlichen Meinung des Beurteilten kann dieser eine von der Beurteilung abweichende Auffassung dokumentieren oder auf vorhandene Fertigkeiten und Kenntnisse, Stärken und Schwächen hinweisen und die notwendigen Fördermaßnahmen darlegen.

- **Abschließende Angaben**
  Datum der Beurteilung/Unterschrift des Beurteilers/Unterschrift des Beurteilten

Abb. 3–3: Mögliche Inhalte eines Beurteilungsbogens

In Abbildung 3–4 ist ein Beurteilungsbogen abgedruckt, der sowohl für Mitarbeiter im Angestelltenbereich als auch für gewerbliche Arbeitnehmer eingesetzt wird. Die einheitliche Interpretation der Beurteilungskriterien durch die Beurteiler und die Beurteilten wird durch die Zuordnung konkreter Beispiele in einer separaten Handanweisung (Abbildung 3–5) sichergestellt.

Mitarbeiterbeurteilung		Datum:
Mitarbeiter(in) Personalnummer	Abteilung – Kostenstelle	Vorgesetzter

Leistungsverhalten

Merkmale / Kriterien	Ausprägung: 1 sehr stark 4 schwach 2 stark 5 sehr schwach 3 befriedigend					Bemerkungen
	1	2	3	4	5	
Fachwissen	☐	☐	☐	☐	☐	
Selbstständigkeit	☐	☐	☐	☐	☐	
Zuverlässigkeit	☐	☐	☐	☐	☐	
Qualitätsbewusstsein	☐	☐	☐	☐	☐	
Kostenverhalten	☐	☐	☐	☐	☐	
Aktivität / Initiative	☐	☐	☐	☐	☐	
Weiterbildungsverhalten	☐	☐	☐	☐	☐	
Information	☐	☐	☐	☐	☐	
Teamfähigkeit	☐	☐	☐	☐	☐	
Nur bei Führungskräften:						
Entscheidungsfreude	☐	☐	☐	☐	☐	
Delegationsbereitschaft	☐	☐	☐	☐	☐	
Mitarbeiterförderung	☐	☐	☐	☐	☐	
Weitere Merkmale nach **eigener Wahl:**						
....	☐	☐	☐	☐	☐	
....	☐	☐	☐	☐	☐	
....	☐	☐	☐	☐	☐	

Potenzialeinschätzung

Entwicklungsziele:	Eigenschaften und Fähigkeiten:
❶ Wollen Sie sich weiterentwickeln? ☐ ja ☐ nein	....
❷ Wenn ja, in welchem Zeitraum? ☐ ja ☐ nein	....
❸ Welche Funktionen streben Sie an?	....

Zielvereinbarungen

_____	_____
Datum, Unterschrift, Vorgesetzter	Datum, Unterschrift, Mitarbeiter(in)

Abb. 3–4: Beurteilungsbogen

Handanweisung zur Mitarbeiterbeurteilung		
Erläuterungen zum Leistungsverhalten		
Beurteilungs-merkmal	Definition	Beispiel
Fachwissen	Die zur Erfüllung der Aufgaben erforderlichen Kenntnisse und Fähigkeiten.	Ist in seinem Fachgebiet auf dem Laufenden.
Selbstständig-keit	Die Fähigkeit, sein Arbeitspensum ohne die Hilfe durch Vorgesetzte bzw. Kollegen zu erledigen.	Versucht die Probleme zuerst selbst zu lösen.
Zuverlässigkeit	Die Gewissheit, auf die sorgfältige und termingerechte Erledigung der Aufgaben durch den Mitarbeiter vertrauen zu können.	Die Arbeitsergebnisse können ungeprüft übernommen werden.
Qualitäts-bewusstsein	Das Bestreben des Mitarbeiters, seine Arbeit frei von Fehlern zu erledigen	Legt Wert auf einwandfreie Arbeitsergebnisse.
Kostenverhalten	Der rationelle und sparsame Umgang mit Betriebsmitteln und Material.	Achtet bei seiner Tätigkeit stets auf die kostengünstigste Variante.
Aktivität/ Initiative	Fähigkeit, sich auf unterschiedliche Anforderungen rasch einzustellen und die übertragenen Aufgaben zügig zu erledigen. Ausführen von Arbeitsaufgaben aus eigenem Antrieb.	Braucht auf neue Aufgaben nicht erst vom Vorgesetzten eingestimmt zu werden. Wartet nicht, bis er förmlich aufgefordert wird.
Weiterbildungs-verhalten	Die Aufgeschlossenheit gegenüber den betrieblichen Angeboten einschließlich der Bereitschaft, Zeit und Energie in die eigene Weiterbildung zu investieren.	Nimmt die betrieblichen Angebote wahr und informiert über die Inhalte und die Art der Präsentation.
Information	Die Weitergabe der zur Ausübung der Tätigkeit erforderlichen Fakten.	Beschränkt sich auf sachliche Informationen und holt diese gegebenenfalls selbst ein.
Teamfähigkeit	Die Befähigung, seine Fachkenntnisse in ein Team einzubringen und sich persönlich in dieses zu integrieren.	Drängt sich nicht in den Vordergrund, lässt andere ausreden und sucht Fehler zuerst bei sich selbst.
Entscheidungs-freude	Die zum reibungslosen Fortgang der anstehenden Aufgaben erforderlichen Entschlüsse rasch zu fassen und zu verwirklichen.	Sieht das Problem und löst es, indem er seinen Entscheidungsspielraum voll ausnutzt.

Handanweisung zur Mitarbeiterbeurteilung		
Erläuterungen zum Leistungsverhalten		
Beurteilungs-merkmal	Definition	Beispiel
Delegations-bereitschaft	Die Mitarbeiter durch Übertragung qualifizierter Arbeiten zur eigen-verantwortlichen Tätigkeit zu ver-anlassen.	Macht nicht alles selbst, son-dern bindet die Mitarbeiter aktiv ein.
Mitarbeiter-förderung	Das Ausschöpfen der betrieblichen Möglichkeiten, die Mitarbeiter persönlich und fachlich weiter-zuentwickeln.	Führt Mitarbeitergespräche, um die Bedürfnisse und Wünsche zu erfahren und geeignete Maßnahmen zu veranlassen.

Abb. 3–5: Handanweisung zum Beurteilungsbogen

3.2.5 Ablauf der Mitarbeiterbeurteilung

Bei der Mitarbeiterbeurteilungkönnen drei typische Ablaufschritte unterschieden werden:

- Beobachten und Beschreiben
- Bewerten
- Besprechen.

Eine solche systematische Vorgehensweise erhöht die Akzeptanz bei Vorgesetzten und Mitarbeitern und hilft, Beurteilungsfehler weitgehend zu vermeiden.

Beobachten und Beschreiben

Die Beobachtung ist eine Daueraufgabe des Vorgesetzten. Sie ist regelmäßig und fortlaufend während des gesamten Beurteilungszeitraums durchzuführen. Gegenstand der Beobachtung sind die Arbeitsleistung und das Arbeitsverhalten des Mitarbeiters unter Berücksichtigung vorgegebener Beurteilungskriterien. Eine Beobachtung ist erst dann als zuverlässig anzusehen, wenn ihr Ergebnis auf einer Vielzahl von Einzelbeobachtungen beruht und Beurteilungsfehler weitestgehend auszuschließen sind.

Die Beobachtung als Grundlage der Mitarbeiterbeurteilung darf allerdings nicht mit einer systematischen Fehlersuche verwechselt werden. In dieser Stufe geht es lediglich um eine wertfreie Feststellung des Arbeits- und Leistungsverhaltens eines Mitarbeiters. Die in der folgenden Checkliste enthaltenen Regeln sollten beachtet werden.

Checkliste: Regeln zur Beobachtung bei der Mitarbeiterbeurteilung

- **Was soll beobachtet werden?**
  Der Beurteiler soll, so diskret wie möglich, die regelmäßige Arbeitsleistung und das regelmäßige Arbeitsverhalten des Mitarbeiters im natürlichen Arbeitsprozess erfassen. Die Beobachtung darf den Mitarbeiter weder zu einer intensiveren Arbeitsleistung als üblich veranlassen noch zu einem Versagen unter Stressbelastung führen.

- **Wo soll beobachtet werden?**
  Der Beurteiler soll leistungsbezogene Beurteilungskriterien (Arbeitstempo, Genauigkeit, Fertigkeiten) am Arbeitsplatz des Mitarbeiters beobachten. Verhaltensbezogene Kriterien (Kontaktvermögen, Kollegialität, Gruppenverhalten) können auch außerhalb des engeren Arbeitsbereiches z. B. bei Besprechungen beobachtet werden.

- **Wann soll beobachtet werden?**
  Der Beurteiler soll zu unterschiedlichen Zeitpunkten beobachten. Die Leistungsfähigkeit eines Menschen unterliegt aufgrund seines „Biorhythmus" dem gesetzmäßigen Wechsel seiner Leistungskurve. Leistungshöchstwerte sind in der Zeit von 9 Uhr bis 11 Uhr beobachtbar; Leistungstäler zeigen sich hingegen am frühen Nachmittag. Gleiche Beobachtungszeitpunkte führen folglich zu einem einseitigen und unvollständigen Bild des Mitarbeiters

- **Wie soll beobachtet werden?**
  Der Beobachter darf sich nicht nur auf negative Erscheinungen konzentrieren; negative und positive Beobachtungen müssen gleichermaßen berücksichtigt werden. Da positive Eindrücke schneller vergessen werden als negative, sollten alle Beobachtungen unbedingt schriftlich festgehalten werden. Die Beobachtungsergebnisse sind zunächst wertfrei festzuhalten.

Erst wenn zahlreiche Einzelbeobachtungen vorliegen, ist eine zuverlässige Grundlage vorhanden, die ein endgültiges Urteil über das Arbeitsergebnis und das Arbeitsverhalten eines Mitarbeiters erlaubt. Dadurch wird die Bewertung für den Mitarbeiter nachvollziehbar und transparent. Manche Vorgesetzten halten eine regelmäßige Beobachtung für überflüssig, da sie doch ihre Mitarbeiter kennen. Solche Kenntnisse fließen dann auch in die Beurteilung ein und diese fällt so ähnlich aus, wie beim letzten Mal. Verbesserungen oder Verschlechterungen im Leistungsverhalten während der laufenden Beurteilungsperiode bleiben unberücksichtigt.

Bewerten

In dieser Phase stellt sich für den Beurteiler die Problematik, geeignete Bewertungsmaßstäbe festzustellen. Häufig besteht die Gefahr, allgemeine Werturteile abzugeben bzw. die eigenen Idealvorstellungen der Bewertung zugrunde zu legen. Beurteilt werden soll die Eignung eines Mitarbeiters für einen bestimmten Arbeitsplatz bzw. eine bestimmte Aufgabenstellung. Dabei kann die endgültige Urteilsfindung durch vorgegebene Formulierungshilfen im Beurteilungsbogen oder in einer separaten Handanweisung erleichtert werden.

Besprechen

Das Beurteilungsgespräch bildet den Abschluss des Verfahrens. Es ist eine wesentliche Voraussetzung für die Akzeptanz der Beurteilung durch die Beurteilten. Beurteiler und Beurteilte tauschen gegenseitig ihre Bewertungen hinsichtlich des Leistungsergebnisses und des Leistungsverhaltens aus. Sie lernen die Erwartungen der jeweils anderen Seite kennen und verständigen sich darüber. Dadurch werden die Transparenz und die Nachvollziehbarkeit des Verfahrens für den Mitarbeiter sichergestellt.

Das Beurteilungsgespräch stellt hohe Anforderungen an die Beteiligten. Unterschiedliche Sichtweisen müssen akzeptiert werden, woraus ggf. eine Korrektur der Beurteilung resultieren kann. Die Bereitschaft hierzu darf nicht als Schwäche empfunden werden. Wenn diese Einstellung bei den Beteiligten vorhanden ist, dann bietet das Beurteilungsgespräch eine reelle Chance auf Verbesserung der Zusammenarbeit und damit höhere Zufriedenheit auf beiden Seiten. Einzelheiten zum Beurteilungsgespräch sind in Kapitel 4.4.2 dargestellt.

3.2.6 Beurteilungsfehler

Der Nutzen jeder Mitarbeiterbeurteilung kann durch Beurteilungsfehler infrage gestellt werden. Beurteilungsfehler beruhen auf Fehleinschätzungen gegenüber Sachverhalten, Personen oder Situationen. Sie lassen sich niemals völlig verhindern, weil in jede Beurteilung subjektive Momente einfließen, die von der Person und Situation des Beurteilers abhängen. Kein Mensch ist frei von Vorurteilen und Fehleinstellungen, sodass auch das beste Beurteilungssystem nicht absolut fehlerfrei praktiziert werden kann. Wer mögliche Fehlerquellen bei der Mitarbeiterbeurteilung kennt, dem wird es leichter fallen, sich darauf einzustellen, um sie zumindest teilweise zu vermeiden.

Nach ihrem Ursprung lassen sich verschiedene Gruppen von Beurteilungsfehlern unterscheiden:

- Persönlichkeitsbedingte Fehler,
- Wahrnehmungsverzerrungen,
- Beurteilungsverfälschungen,
- Verfahrensfehler.

Persönlichkeitsbedingte Fehler liegen in der Person des Beurteilers begründet (vgl. Abbildung 3–6). Neben den genannten Fehlerquellen ist auch zu berücksichtigen, welchem Beurteilertyp der Beurteiler zuzurechnen ist:

- Der **objektive Beurteiler** wägt fair zwischen den Anforderungen des Arbeitsplatzes und den erbrachten Leistungen und Verhaltensweisen des Mitarbeiters ab. Soweit es die gezeigten Leistungen rechtfertigen, scheut er auch nicht davor zurück, die höchsten oder niedrigsten Bewertungsstufen zu vergeben. Bei einer genügend großen Zahl von Fällen wird sich eine Streuung der Bewertungen des objektiven Beurteilers nach der Gauß'schen Normalverteilung ergeben.

- Die Darstellung der Beurteilungsergebnisse des **nachsichtigen Beurteilers** zeigt eine deutliche Verschiebung zum Positiven. Das kann entweder daran liegen, dass er die Anforderungen zu niedrig setzt oder dass er nicht den Mut hat, schwächere Mitarbeiter gemäß ihren Leistungen zu beurteilen.

- Dem **scharfen Beurteiler** rutscht die Kurve im Vergleich zur Normalverteilung ins Negative ab. Er hält gute Leistungen für selbstverständlich, sodass mittlere und schwächere Leistungen im Wesentlichen das Bild seiner Verteilung bestimmen.

■ Dem **vorsichtigen Beurteiler** fehlt es am notwendigen Mut, sich festzulegen. Bei der Verteilung seiner Urteile ist eine deutliche Tendenz zur Mitte, zum Durchschnittlichen, festzustellen.

Fehler	Gegenmaßnahmen
Erster Eindruck: Jeder Mensch zieht voreilig, innerhalb weniger Sekunden Rückschlüsse auf die Persönlichkeit seines Mitmenschen. In der Regel findet dieser Ersteindruck unter einer verstärkten Gefühlsbeteiligung statt, die insbesondere durch die äußeren Merkmale eines Menschen verursacht werden (z. B. „Dicke sind gemütlich!").	Die Regeln der Beobachtung einhalten. Ersteindruck oder Vorurteile vermeiden, indem ein Mitarbeiter stets über einen langen Zeitraum in den unterschiedlichsten Situationen beobachtet wird. Beobachtetes Verhalten des Mitarbeiters stets schriftlich festhalten. Beobachtungsprotokolle kontinuierlich führen.
Vorurteile: Kein Mensch ist frei von Vorurteilen. Vorurteile verkörpern Verallgemeinerungen und stellen folglich nicht auf die individuelle Persönlichkeit des Beurteilten ab. Sie entstehen durch die Meinungsbildung Dritter, aufgrund vorangegangener Beurteilungen oder aufgrund der Zuordnung bestimmter Eigenschaften auf Mitarbeitergruppen, Abteilungen, Nationalitäten usw. (z. B. „Mitarbeiter in der Produktion sind weniger gebildet!")	
Sympathie und Antipathie: Sympathie oder Antipathie des Vorgesetzten gegenüber seinem Mitarbeiter werden sich niemals völlig ausschließen lassen; sie wirken aus dem Unbewussten auf das Urteil ein und führen zu einer unkontrollierbaren Beurteilungspraxis.	Der Beobachter muss für sich selbst feststellen, wer ihm aus welchem Grund sympathisch oder unsympathisch ist. Er muss sich ständig fragen, ob er sich in seinem Urteil dadurch beeinflussen lässt.
Projektionsfehler: Der Beurteiler projiziert seine eigenen Fähigkeiten, Stärken oder Schwächen in den Mitarbeiter hinein. Er legt damit der Beurteilung seinen persönlichen Maßstab zugrunde. Der Beurteiler wird folglich den Mitarbeiter besser bewerten, dessen Eigenschaften seinen eigenen entsprechen.	Der Beurteiler muss sich der eigenen Stärken und Schwächen bewusst werden. Er darf diese nicht beim Mitarbeiter suchen.
Bezugspersoneneffekt: Der Beurteiler übernimmt die Beurteilung seines Vorgesetzten. Er orientiert seine Beurteilung bewusst oder unbewusst an der Einstellung seines Vorgesetzten und verfälscht somit sein eigenes Urteil.	Führungsstil des eigenen Vorgesetzten und das Klima in der Abteilung analysieren.

Abb. 3–6: Persönlichkeitsbedingte Beurteilungsfehler

Wahrnehmungsverzerrungen entstehen bei der Aufnahme und Verarbeitung der Informationen durch den Beurteiler (vgl. Abbildung 3–7).

Fehler	Gegenmaßnahmen
Überstrahlung (Halo-Effekt): Der Beurteiler bewertet einen Mitarbeiter hinsichtlich eines Merkmals besonders positiv oder besonders negativ und zieht aufgrund dieser Einzelbewertung den Rückschluss auf das Gesamtbild des Mitarbeiters. Diese Gefahr tritt insbesondere dann auf, wenn der Mitarbeiter über stark ausgeprägte Eigenschaften verfügt.	Zunächst werden alle Mitarbeiter hinsichtlich des ersten Beurteilungskriteriums, dann hinsichtlich des zweiten Beurteilungskriteriums usw. beobachtet.
Rezenz- und Nikolaus-Effekt: Der Beurteiler legt seinem Urteil die erst kürzlich erbrachte Leistung des Mitarbeiters zugrunde. Damit wird die während der gesamten Beurteilungsperiode erbrachte Leistung unterbewertet. Leistungssteigerungen und Verhaltensänderungen der Mitarbeiter gegen Ende der Beurteilungsperiode sind mögliche Konsequenzen, die ihrerseits zu einer Überbewertung der Leistung eines Mitarbeiters führen.	Mitarbeiter regelmäßig und fortlaufend während der gesamten Beurteilungsperiode beobachten. Regeln der Beobachtung einhalten und das beobachtete Verhalten schriftlich festhalten.
Kleber-Effekt: Der Beurteiler orientiert seine Beurteilung an der bisherigen Laufbahn des Mitarbeiters und „klebt" folglich an vorangegangenen Beurteilungen.	Eine neue Beurteilung verlangt nach einem neuen Bild von der Leistung und dem Verhalten eines Mitarbeiters.
Hierarchieeffekt (Statusfehler): Mitarbeiter der oberen hierarchischen Ebenen werden tendenziell besser beurteilt als Mitarbeiter niederer Ebenen. Auch das Vorhandensein oder Fehlen von Titeln, akademischen Graden oder anderen Auszeichnungen kann sich in gleicher Richtung auswirken.	Der Beurteiler muss sich bewusst machen, dass die erbrachte Leistung eines Mitarbeiters nicht in unmittelbarem Zusammenhang zu seiner Hierarchieebene steht
Selektive Wahrnehmung: Der Beurteiler nimmt nur einen Teil des Geschehens seiner Umwelt wahr. Aufgrund seiner persönlichen Situation, seiner Interessen, Einstellungen oder Bedürfnisse wählt der Beurteiler aus der Vielzahl möglicher Daten immer nur eine begrenzte Anzahl aus und macht sie zur Grundlage seines Urteils. Diese Selektion geschieht unbewusst und kann zu einer Verfälschung des Urteils führen.	Positive wie negative Eigenschaften gleichermaßen berücksichtigen und schriftlich auf dem Beobachtungsprotokoll festhalten.

Abb. 3–7: Beurteilungsfehler durch Wahrnehmungsverzerrungen

Beurteilungsverfälschungen entstehen, wenn der Beurteiler bewusst sein Urteil manipuliert. Mögliche Ansatzpunkte für solche Beurteilungsverfälschungen sind:

- Der Beurteiler hat die Absicht, einen Mitarbeiter aufgrund gemeinsamer Interessen zu begünstigen oder wegen persönlicher Schwierigkeiten zu benachteiligen.

- Der Beurteiler verwehrt einem Mitarbeiter vorsätzlich die Möglichkeit der beruflichen Weiterentwicklung, damit er der Abteilung erhalten bleibt.

- Der Beurteiler beabsichtigt, einen Mitarbeiter für eine andere vakante Stelle „wegzuloben", um seine eigene Position nicht zu gefährden.

- Der Beurteiler hat Angst vor den möglichen Konsequenzen, die aus der Beurteilung resultieren. Er scheut schlechte Beurteilungen, um Mitarbeiter nicht zu demotivieren, und neigt absichtlich zu ausgewogenen Beurteilungen, um eine möglichst konfliktfreie Atmosphäre zu schaffen.

- Der Beurteiler hat die Absicht, dem Image eines „guten" Vorgesetzten gerecht zu werden.

Fehlerhafte Beurteilungsverfahren stellen eine weitere mögliche Fehlerquelle dar. Ursachen können z. B. die Auswahl der falschen Beurteilungskriterien oder schwerwiegende Fehler bei der Einführung des Verfahrens sein.

Schließlich kann auch das Verhalten des beurteilten Mitarbeiters selbst Ursache für Beurteilungsfehler sein. Das Wissen, von einem anderen beurteilt zu werden, kann den Betroffenen bewusst oder unbewusst veranlassen, sein Verhalten durch Anpassung an beim Beurteiler vermutete Verhaltenserwartungen zu modifizieren. Falls dies vom Vorgesetzten nicht erkannt wird, können daraus Beurteilungsfehler resultieren.

3.3 Leistungs- und Potenzialermittlung über Zielvereinbarungen

Die Zielvereinbarung ist ein Instrument des Management-by-objectives. Sie trägt zur Verbesserung der Kommunikation und Verständigung bei, da die gegenseitigen Erwartungen zwischen dem Vorgesetzten und seinen Mitarbeitern klar definiert sind.

Wichtig:

Zielvereinbarungen sind Übereinkünfte zwischen einem Vorgesetzten und seinem Mitarbeiter über die während eines vorgegebenen Zeitraums zu erreichenden operativen Ziele (Arbeitsergebnisse oder Leistungen).

3.3.1 Führen durch Zielvereinbarungen

Der Vorgesetzte und der Mitarbeiter vereinbaren, welche Anforderungen innerhalb einer bestimmten Zeitspanne auf den Arbeitsplatz des Mitarbeiters zukommen, welche Aufgaben daraus erwachsen werden und welche Erwartungen der Vorgesetzte und der Mitarbeiter an die Erledigung dieser Aufgaben haben. In der Hektik des Tagesgeschäftes helfen Ziele, Prioritäten zu setzen, sodass nutzlose Aktivitäten vermieden werden.

Ziele sind außerdem ein Maßstab zur Messung der Leistung der Mitarbeiter. Wenn der Mitarbeiter weiß, was von ihm erwartet wird und woran er gemessen wird, dann kann er sich und seine Leistung eigenständig einschätzen und kontinuierlich verbessern. Zielvereinbarungen bilden damit eine ideale Grundlage für die Mitarbeiterbeurteilung. Das Maß der Zielerreichung fließt als Bewertungskomponente in die Beurteilung ein. Das Führen durch Zielvereinbarungen bringt für alle Beteiligten – Unternehmen als Ganzes, Führungskräfte und Mitarbeiter – zahlreiche Vorteile mit sich (vgl. Abbildung 3–8).

Vorteile für das Unternehmen:

- Zwang zur Entwicklung einer strategischen Unternehmensplanung (strategische Ziele), die von allen getragen wird
- Größere Sicherheit hinsichtlich künftiger Entwicklungen
- Engpässe werden rechtzeitig (frühzeitig) erkannt
- Gezielte Auswahl der notwendigen Mittel zur Erreichung der Unternehmensziele
- Aufbau einer einheitlichen Führungskultur (wenn sich alle Führungskräfte mit dem Konzept identifizieren)
- Freisetzung kreativer Kräfte durch Beteiligung der Mitarbeiter am Zielfindungsprozess
- Konzentration auf Aufgaben mit hoher Priorität

Vorteile für die Führungskräfte:

- Klarheit über die (vorrangigen) Unternehmensziele
- Einsicht in die Zusammenhänge von Unternehmens-, Bereichs- und Abteilungszielen
- Bessere Abstimmung mit anderen Bereichen
- Verhinderung eines (schädlichen) Übermaßes an Improvisation
- Einschränkung von improvisationsbedingten Reibungsverlusten
- Mehr Verantwortung durch Beteiligung an unternehmerischen Grundsatzentscheidungen
- Befreiung von Routineaufgaben durch Delegation auf nachfolgende Einheiten (Mitarbeiter)
- Die „Kontrolle" reduziert sich auf eine Überprüfung der Zielerreichung und Abweichungsanalysen
- Maßstab für eine objektive Kontrolle der Leistungen der Mitarbeiter anhand der Zielvorgaben
- Sachliche Lösung von Konflikten durch Orientierung an gemeinsamen übergeordneten Zielen

Vorteile für die Mitarbeiter:

- Kenntnis (und Verständnis) der Unternehmensziele
- Einsatz des vorhandenen kreativen Potenzials bei der Zielvereinbarung
- Größere Zufriedenheit und höhere Motivation durch Beteiligung am Zielfindungsprozess
- Aufwertung des Mitarbeiters, dadurch mehr Verantwortung und Verantwortungsbereitschaft
- Durch Mitwirkung bei der Zielvereinbarung geringere Gefahr der Überforderung
- Maßstab zur Einschätzung der eigenen Leistungsfähigkeit

Vorteile für die Mitarbeiter:

- Kontrollen auf dem Weg zum Ziel können eigenverantwortlich durchgeführt werden
- Weniger improvisationsbedingte Reibungsverluste
- Größerer Freiheitsgrad bei der Aufgabendurchführung; unabhängige Organisation (Zeit, Mittel) der eigenen Aufgaben
- Erfolgserlebnisse, wenn die Ziele erreicht werden

Abb. 3–8: Vorteile des Führens mit Zielvereinbarungen

3.3.2 Arten von Zielen

Im Rahmen der Unternehmensführung werden auf allen Ebenen Ziele gebildet. Der Prozess der Zielfindung beginnt bei der Unternehmensleitung. Führungskräfte, die mit Zielvereinbarungen arbeiten, sollten zunächst wissen, welche Ziele vom Unternehmen insgesamt verfolgt werden.

An den übergeordneten Unternehmenszielen (Visionen und Strategien) orientieren sich die Ziele der einzelnen Bereiche (Abteilungen) und daran wieder die Ziele der einzelnen Mitarbeiter. In diesem Kontext agieren die Führungskräfte als eine Art Übersetzer, d. h., aus den strategischen Zielen der Unternehmung werden die operativen Ziele für die verschiedenen Abteilungen abgeleitet und daraus wiederum die individuellen Ziele der einzelnen Mitarbeiter. Es ist Aufgabe des Vorgesetzten, den Zusammenhang zwischen den Unternehmens- und Ressortzielen und den Zielen des einzelnen Mitarbeiters aufzuzeigen. Nur wenn der Mitarbeiter weiß, wofür er arbeitet, wird er sich engagieren.

Quantitative und qualitative Ziele

In den Vertriebsabteilungen sind Zielvereinbarungen Routine. Das liegt sicherlich daran, dass die Steigerung von Umsatz und Rentabilität schon immer zu den Zielen eines Unternehmens zählen. Dabei handelt es sich um quantitative Ziele, die relativ einfach zu formulieren und zu kontrollieren sind.

BEISPIELE:
- Steigerung des Umsatzes um 5 % innerhalb der nächsten 12 Monate.
- Einhaltung eines bestimmten Budgets.

Schwieriger wird es mit qualitativen Zielen, die nicht unmittelbar an Zahlen orientiert werden können. Sie müssen durch Ersatzmaßstäbe quantifizierbar gemacht werden.

BEISPIELE:
– Das Ziel „Steigerung der Kundenzufriedenheit" kann durch die Maßstäbe Anzahl der Kundenbesuche, Bearbeitungsfrist für Kundenanfragen usw. konkretisiert werden.
– Das Führungskonzept „Zielvereinbarungen" ist bis spätestens 6/2013 eingeführt (zeitlicher Maßstab).

Standardziele, Problemlösungsziele und Innovationsziele

Nach dem Inhalt der angestrebten Ergebnisse werden mehrere Zielkategorien unterschieden. **Standard- oder Routineziele** legen die Ergebnisse der regelmäßigen Aufgabenerfüllung fest. Sie wiederholen sich in jedem Zielvereinbarungszyklus. Sie werden unterteilt in Standardziele bei den zu erreichenden quantitativen und qualitativen Arbeitsergebnissen und Standardziele bezüglich des Verhaltens (z. B. Regeln im Umgang miteinander, Konfliktverhalten, Betriebsklima). Bei der regelmäßigen Zielvereinbarung sollte darauf geachtet werden, dass mindestens ein Ziel die Erfüllung der operativen Aufgaben des Tagesgeschäfts mit ausreichendem Gewicht berücksichtigt.

Ein **Problemlösungsziel** enthält das Ergebnis eines Problemlösungsprozesses. Ein Problem ist eine Abweichung vom Normalfall. Etwas ist nicht so, wie es sein soll; Ziel ist die Beseitigung des Problems.

BEISPIELE:
– Eine hohe Ausschussquote in einer bestimmten Produktionslinie kann das Problem sein. Das Ziel könnte hier lauten: Senkung der Ausschussquote von derzeit 7 % auf höchstens 5 % bis spätestens 6/2013.
– Andere Ansatzpunkte für Problemlösungsziele könnten der Abbau von Reklamationen, die Erhöhung der Kundenzufriedenheit oder die Senkung des Krankenstandes sein.

Innovative (kreative) Ziele beziehen sich auf die Ergebnisse von neuen Vorhaben, die aus dem Rahmen des bisherigen Erfahrungsbereichs fallen. Sie sollen die Mitarbeiter veranlassen, selbst kreativ zu denken und zu handeln. Wegen ihres hohen Anspruchsniveaus erfordern sie besondere Anstrengungen und außergewöhnliche Aktivitäten.

BEISPIELE:
- Einführung des Konzepts „Führen durch Zielvereinbarungen" bis 12/2013
- Entwicklung eines Projektplans zur Einführung von SAP HR bis 4/2013

Persönliche Entwicklungsziele

Bei den bisher genannten Zielarten handelt es sich um Ziele des Unternehmens. Darüber hinaus verfolgt jeder Mitarbeiter auch persönliche Ziele, die sich weitgehend mit den schon an anderer Stelle genannten Zielen der Personalentwicklung decken. So kann es den Mitarbeitern darum gehen,

- interessante und innovative Aufgaben zu übernehmen, um sich weiterzuentwickeln,

- die Arbeit so zu verrichten, dass auf die eigene Gesundheit Rücksicht genommen werden kann,

- sich fachlich auf dem Laufenden zu halten oder

- eine bestimmte berufliche Position zu erreichen.

3.3.3 Kriterien für eine Zielvereinbarung

Die Formulierung von Zielvereinbarungen ist nicht einfach. Vielfach werden lediglich reine Tätigkeitsbeschreibungen formuliert, wie sie bereits in Stellenbeschreibungen enthalten sind. Bei der Vereinbarung von Zielen geht es aber nicht in erster Linie darum, was ein Mitarbeiter zu tun hat, sondern welches Ergebnis am Ende einer vereinbarten Zeitspanne erreicht werden soll. Ziele sind also eindeutig definierte Endpunkte einer gewollten und planbaren Entwicklung.

> **Wichtig:**
>
> Gut formulierte Zielvereinbarungen beschreiben einen zu einem bestimmten Zeitpunkt zu erreichenden Endzustand, der dem Mitarbeiter ausreichend Gestaltungsspielraum auf dem Weg dorthin einräumt.

Über diese grundsätzlichen Anforderungen an eine Zielvereinbarung hinaus sind weitere Kriterien zu beachten.

Ziele müssen bedeutungsvoll und herausfordernd, aber erreichbar sein

Zielvereinbarungen sollen dazu beitragen, den Mitarbeiter und sein Aufgabengebiet im Sinne des Unternehmenszieles weiterzuentwickeln. Wer sich nicht anstrengen muss, um das vereinbarte Ziel zu erreichen, für den wird die Zielerreichung kein Erfolgserlebnis sein. Eine gewisse Anstrengung muss eine gute Zielvereinbarung enthalten, um das Gefühl zu haben, etwas Besonderes geleistet, hinzugelernt und wertvolle neue Erfahrungen gesammelt zu haben.

Auf der anderen Seite darf die Messlatte nicht so hoch angelegt sein, dass der Mitarbeiter von Beginn an zweifelt, die Ziele überhaupt erreichen zu können. Wenn ihm die Aufgabenstellung zu schwierig erscheint, wird er sie immer vor sich herschieben oder nur halbherzig beginnen. Spätestens im Zielvereinbarungsgespräch muss der Vorgesetzte die Eignung des Mitarbeiters für eine bestimmte Aufgabenstellung beurteilen und das richtige Maß finden.

Ziele müssen präzise formuliert und messbar sein

Ziele müssen so eindeutig formuliert werden, dass der Mitarbeiter zum einen genau weiß,

- was ein Ziel beinhaltet (Zielinhalt),
- anhand welcher Kriterien die Zielerreichung gemessen wird (Maßstab)
- und in welcher Zeit bzw. zu welchem Zeitpunkt es erreicht sein muss (Zeitbezug).

BEISPIEL:

Inhalt:	Eine Umsatzsteigerung soll erreicht werden…
Maßstab:	… um mindestens 5 %…
Zeitbezug:	… im folgenden Geschäftsjahr.

Relativ einfach ist die Bewertung quantitativer Ziele. Sie können durch Kennzahlen und absolute Werte gemessen werden.

BEISPIELE:
- Die Fluktuationsquote sinkt auf maximal 5 % bis Ende 6/2013.
- Das Personalkostenbudget (Gehälter, Reisen, Fortbildung) der Abteilung überschreitet im Planungszeitraum den genehmigten Betrag von……… Euro nicht.

Etwas schwieriger ist die Formulierung qualitativer Ziele. Hierfür müssen beschreibende Kriterien festgelegt werden, anhand derer der Vorgesetzte gemeinsam mit dem Mitarbeiter die Zielerreichung überprüft. Maßstäbe für die Zielerreichung können beispielsweise sein:

- Qualität,
- Einhaltung von Terminen,
- Häufigkeit von Rücksprachen,
- Rückmeldungen von Kunden,
- beobachtbare Veränderungen, wie weit ein angestrebter Zustand erreicht ist.

BEISPIEL: Für die Einarbeitung in das Erstellen, Interpretieren und Präsentieren von Statistiken könnten die beschreibenden Kriterien wie folgt lauten:
- der Mitarbeiter beschafft sich eigenständig die notwendigen Daten und Fakten und bereitet diese auf,
- er bespricht seine Interpretation mit dem Vorgesetzten und stimmt diese mit ihm ab,
- danach bereitet er die Präsentation der wichtigsten Statistiken für die Geschäftsleitung vor.

Zielvereinbarungen verlangen nach Konstanz

Grundsätzlich sollen sich Ziele an einer mittel- bis langfristigen Unternehmensausrichtung orientieren. Die Ziele müssen logisch aufeinander aufbauen und mit der angestrebten Unternehmensentwicklung einhergehen. Diese Konstanz benötigt der Mitarbeiter als Orientierungshilfe; sie gewährt ihm außerdem die notwendige Zeit, Erfahrung und Routine zu erwerben, um das Ziel zu erreichen. Verschiedene Ziele dürfen einander nicht widersprechen oder zulasten anderer Bereiche gehen. Bei der Zielerreichung darf der Mitarbeiter nicht zu sehr von anderen Mitarbeitern oder sogar vom Vorgesetzten selbst abhängig sein. Einerseits macht dies die Zielerreichung für ihn schwieriger und andererseits hat er schnell eine Entschuldigung, wenn ein Ziel nicht erreicht wurde.

Wenn trotz des Bemühens um Konstanz in einer bestimmten Situation einmal ein Zielwechsel erforderlich ist (z. B. als Reaktion auf neue Entwicklungen am Markt), dann muss dieser schnell erfolgen, damit die Mitarbeiter nicht zu lange an überholten Zielvorgaben arbeiten. Den Mitarbeitern müssen die Hintergründe für diesen Wechsel erklärt werden. Weniger ist mehr, dies gilt auch für Zielvereinbarungen. Die Ziele sollten sich auf das Wesentliche konzentrieren; bewährt haben sich drei bis fünf Ziele pro Zielvereinbarungszyklus.

Die vereinbarten Ziele werden schriftlich festgehalten. Alles, was aufgeschrieben wird, ist besser durchdacht, als wenn es nur gedanklich abgehandelt wird. Schriftlichkeit fördert darüber hinaus die Verbindlichkeit, d. h., der Mitarbeiter wird sich der Zielerreichung stärker verbunden fühlen. Letztlich dient die schriftliche Zielvereinbarung dem Vorgesetzten als Arbeitsgrundlage für das Leistungsmanagement seines Mitarbeiters (vgl. Abbildung 3–9).

Zielvereinbarung	
Mitarbeiter:.......................... Vorgesetzter:......................... Periode:...............................	Personalnummer:............. Bereich:....................... Gesprächsdatum:.............
Vereinbarte Ziele/Aufgabenschwer-punkte mit Maßnahmen zur Realisierung (nach Priorität geordnet): (1) (2) (3) (4) (5)	Termin/Maßstab:
.... (Vorgesetzter)	.... (Mitarbeiter)

Abb. 3–9: Formular zur Zielvereinbarung

3.3.4 Zielvereinbarungsgespräch und Kontrolle

Ziele werden vereinbart, nicht vorgegeben, deshalb findet die endgültige Zielvereinbarung im Rahmen eines Mitarbeitergesprächs statt. Dieses kann entweder nur die Vereinbarung von Zielen umfassen oder auch die Beurteilung und die weitere Förderung des Mitarbeiters einbeziehen. Einzelheiten zum Zielvereinbarungsgespräch werden in Kapitel 4.4.3 behandelt. Zielvereinbarungsgespräche dürfen keine Alibigespräche sein. Die Mitarbeiter kennen ihren Aufgabenbereich am besten und können daher wertvolle Informationen beitragen.

Das Arbeiten mit Zielvereinbarungen wird erst dann erfolgreich sein, wenn das Erreichen der Ziele auch überprüft wird. Die Kontrolle besteht weitgehend nur aus Ergebniskontrollen, das bedeutet, dass die Mitarbeiter die laufenden Arbeitsfortschritte selbst überprüfen und nur das Ergebnis vom Vorgesetzten kontrolliert wird.

3.3.5 Zielorientierte Beurteilung

Bei der zielorientierten Mitarbeiterbeurteilung treten anstelle der arbeitsplatzabhängigen Beurteilungskriterien die vereinbarten Ziele. Diese werden zur praktischen Umsetzung in einem individuellen

Leistungsplan beschrieben. Dieser sollte grundsätzlich folgende Angaben enthalten:

■ Vollständige Auflistung der Aufgabeninhalte einer Stelle (Stellenbeschreibung),

■ Beschreibung der vereinbarten Ziele,

■ Festlegung von Gewichtungsfaktoren für die einzelnen Ziele durch die Vergabe von Prioritäten oder Prozentanteilen,

■ Beschreibung der persönlichen Entwicklungsziele des Mitarbeiters.

Die betroffenen Mitarbeiter sollten an der Erstellung und Ausgestaltung des Leistungsplans beteiligt werden, da dieser die Grundlage der späteren Beurteilung bildet. Für die Mitarbeiter wird dadurch das Verfahren transparent und nachvollziehbar.

In einem weiteren Schritt müssen die Leistungsstandards festgelegt werden. Diese ergänzen den individuellen Leistungsplan und verdeutlichen darüber hinaus, in welchem Ausmaß ein Mitarbeiter die Zielvereinbarungen zu erfüllen hat. Mithilfe der Leistungsstandards werden die unterschiedlichen Leistungsniveaus abgebildet.

> **BEISPIEL:** Der Personalreferent löst seine Aufgabe gut, wenn er
> – die krankheitsbedingten Fehlzeiten auf 3,5 % senkt (quantitatives Ziel)
> – ein Konzept zur Reduzierung krankheitsbedingter Fehlzeiten vorlegt (qualitatives Ziel).

Die Bewertung der tatsächlich erbrachten Leistung des Mitarbeiters erfolgt durch den Vergleich der vereinbarten Ziele mit den festgelegten Leistungsstandards. In diesem Schritt wird ermittelt, in welchem Ausmaß der Mitarbeiter das Ziel erreicht hat. Abweichungen werden im Beurteilungs- oder Zielvereinbarungsgespräch besprochen, um gemeinsam mit dem Mitarbeiter die möglichen Ursachen für die Nichterreichung der Ziele festzustellen. Der Mitarbeiter erhält ein Feedback über seine erbrachte Leistung auf der Basis der individuell vereinbarten Ziele und Leistungsstandards. Bei der Bewertung muss beachtet werden, dass der Grad der Zielerreichung nicht ausschließlich vom Mitarbeiter abhängt, sondern durch eine Vielzahl betriebsinterner und betriebsexterner Faktoren nachhaltig beeinflusst werden kann.

Wenn mit dem Mitarbeiter bereits innerhalb der Beurteilungsperiode regelmäßig Gespräche über seinen Zielfortschritt geführt werden, dann erhält dieser rechtzeitig eine Rückmeldung. Falls schwerwiegende Einflüsse die Zielerreichung behindern, können notwendige Zielkorrekturen eingeleitet werden.

Die zielorientierte Mitarbeiterbeurteilung hat zahlreiche Vorteile:

- Die Beurteilungen sind aufgabenbezogen.

- Die eindeutig formulierten Ziele und Leistungsstandards geben dem Beurteiler einen festen Bezugspunkt. Er kann die Leistung des Mitarbeiters objektiv einstufen.

- Der Mitarbeiter kennt die Anforderungen, die an ihn gestellt werden.

- Die Ausgestaltung der Leistungspläne und die Festlegung der Leistungsstandards beziehen sich inhaltlich exakt auf die zu erfüllenden Aufgaben einer Stelle.

- Die präzise Formulierung der Leistungsstandards setzt eindeutige Maßstäbe.

- Zielorientierte Beurteilungen liefern zuverlässige arbeitsplatzbezogene Informationen und lassen außerdem die Stärken und Schwächen der Mitarbeiter erkennen.

- Die Kommunikation zwischen dem Vorgesetzten und dem Mitarbeiter wird durch die regelmäßig stattfindenden Gespräche intensiviert. Dadurch wird auch die Führungsqualität des Vorgesetzten positiv beeinflusst.

3.4 Potenzialerhebung durch Befragungen und Beurteilungsseminare

Mit der Befragung und dem Beurteilungsseminar werden zwei Instrumente eingesetzt, die primär auf die Erfassung der Entwicklungsbedürfnisse und des Eignungspotenzials der Mitarbeiter für künftige Aufgabenstellungen ausgerichtet sind. Befragungen können sich an die Mitarbeiter selbst oder an die Vorgesetzten richten.

3.4.1 Befragung der Mitarbeiter

Mitarbeiterbefragungen werden mündlich oder schriftlich durchgeführt. Gelegenheit für mündliche Befragungen zu den weiteren beruflichen Zielen bieten grundsätzlich alle Gespräche des Vorgesetzten mit seinen Mitarbeitern, insbesondere aber Beurteilungs-, Förder- und Zielvereinbarungsgespräche.

Schriftliche Mitarbeiterbefragungen können sich entweder an alle Mitarbeiter oder an bestimmte Mitarbeitergruppen (z. B. Führungskräfte) richten und geben den Befragten die Möglichkeit, ihre persönlichen Ansichten über ihre weitere berufliche Entwicklung darzustellen. Es sollte den einzelnen Mitarbeitern überlassen bleiben, ob sie an der Befragung teilnehmen. Die erhaltenen Informationen werden systematisch ausgewertet und erlauben bei konkretem Bedarf einen raschen Überblick über die im Unternehmen vorhandenen potenziellen Interessenten. Außerdem können die Befragungsergebnisse bei Gesprächen mit den Mitarbeitern herangezogen werden. Die von den Mitarbeitern selbst geäußerten Interessen und Entwicklungswünsche sind zumeist sehr konkret und zuverlässig. Die durch die Befragung ausgelöste Beschäftigung des Einzelnen mit seiner Situation, seinen Wünschen und deren Realisierungschancen stellt eine gute Voraussetzung für künftige Gespräche und Förderentscheidungen dar.

Das in Abbildung 3–10 enthaltene Beispiel kann noch durch erläuternde Hinweise ergänzt werden. Um Enttäuschungen zu vermeiden, sollte mit der Übersendung der Unterlagen ausdrücklich darauf hingewiesen werden, dass durch die Teilnahme die Chancen für einen Einsatz entsprechend der geäußerten Wünsche zwar steigen, ohne dass allerdings eine Versetzungsgarantie in der erwünschten Richtung gegeben werden kann.

Befragung zur weiteren beruflichen Entwicklung
Name, Vorname: ....
Geburtsdatum: Eintrittsdatum: Personalnummer:
Abteilung:......................... Stellenbezeichnung:....................................
Ausbildung (Schule/Lehre/Studium/Praktika):
Berufspraxis:
Weiterbildung (Schulungen/Seminare/zusätzliche Abschlüsse):
Spezielle Erfahrungen/Kenntnisse/Publikationen:
Wie zufrieden sind Sie mit Ihrer derzeitigen Aufgabe?
Haben Sie bestimmte Interessen:
Bevorzugen Sie bestimmte Funktionen:
Sind Sie an einer Tätigkeit im Ausland interessiert?
Wie stellen Sie sich Ihre weitere Entwicklung in unserem Unternehmen vor?
Wo sehen Sie Ihre besonderen Stärken (Fähigkeiten, Kenntnisse, Erfahrungen)?
Welchen Weiterbildungsbedarf sehen Sie (a) hinsichtlich Ihrer derzeitigen Funktion: (b) hinsichtlich einer gewünschten Funktion:
Möchten Sie über diese Befragung ein Gespräch führen?   Ja [ ]   Nein [ ]

Abb. 3–10: Befragung zur weiteren beruflichen Entwicklung

3.4.2 Befragung der Vorgesetzten

Die wichtige Rolle des Vorgesetzten bei der Personalentwicklung wurde schon an anderer Stelle angesprochen. Durch den regelmäßigen Umgang mit seinen Mitarbeitern kann der Vorgesetzte besser als jeder andere Hinweise zur Aufgabenerfüllung in der gegenwärtigen Position und zur Eignung und Bereitschaft für weitergehende Aufgabenstellungen geben. Diese Tatsache nutzen manche Unternehmen für eine schriftliche Befragung der Vorgesetzten in regelmäßigen oder unregelmäßigen Abständen. Solche Potenzialerhebungen knüpfen zwar häufig an die Ergebnisse der Mitarbeiterbeurteilung an, sie sind jedoch nicht unmittelbar mit ihr gekoppelt.

Die Vorgesetztenbefragungen können sich auf alle Mitarbeiterkategorien erstrecken, um rechtzeitig Informationen über sämtliche vorhandenen entwicklungsfähigen Mitarbeiter zu erhalten. Dabei werden die Vorgesetzten aufgefordert, unabhängig von der heutigen oder einer möglichen künftigen Funktion Mitarbeiter zu benennen, die sie zum Befragungszeitpunkt für besonders leistungs- und entwicklungsfähig halten.

Vielfach beschränken sich solche Erhebungen auf Mitarbeiter, die über die Entwicklungsfähigkeit zur mittleren und oberen Führungskraft verfügen. Neben den Daten zur Person werden u. a. folgende Angaben erfragt:

- Ausbildung, bisheriger Werdegang,

- Gegenwärtige Tätigkeit (besondere Anforderungen und Aufgaben),

- vom Mitarbeiter geäußerte berufliche Absichten,

- besondere, ausbaufähige Fähigkeiten und Kenntnisse,

- eigentliche Potenzial- und Entwicklungseinschätzung,

  - nach Funktionsstufen (nächste oder darüber hinausgehende Stufe),

  - in zeitlicher Hinsicht (sofort, in den nächsten zwei Jahren, in den nächsten fünf Jahren)

- Begründung der Einschätzung (z. B. fachliche und persönliche Eignung),

- Aussagen zum Führungsverhalten (Stärken, Defizite),

- mögliche Einschränkungen in der beruflichen Entwicklung,

- bisherige Fördermaßnahmen,

- notwendige Förder- und Bildungsmaßnahmen.

Die Vorgesetzten werden durch solche Befragungen veranlasst, sich im Sinne der personellen Vorsorge rechtzeitig Gedanken über die Qualifikation und die Entwicklungsmöglichkeiten der künftigen Fach- und Führungskräfte zu machen. Derartige Erhebungen sind in Unternehmen jeder Größenordnung möglich.

3.4.3 Beurteilungsseminare (Assessment Centers)

Bei der Mitarbeiterbeurteilung handelt es sich um eine Einzelbeurteilung des Mitarbeiters durch den jeweiligen Vorgesetzten. Diese Beurteilungsform dominiert in der täglichen Praxis und wird bei allen Mitarbeiterkategorien und in Betrieben jeder Größenordnung praktiziert. Daneben gibt es mit dem Assessment Center eine Form der Gruppenbeurteilung, die wesentlich zeit- und kostenintensiver ist und deshalb überwiegend nur für Führungs- und Führungsnachwuchskräfte sowie für Spezialisten angewandt wird.

> **Wichtig:**
>
> Das Assessment Center ist ein systematisches Verfahren zur qualifizierten Feststellung von Verhaltensleistungen bzw. Verhaltensdefiziten. Dabei werden mehrere Teilnehmer von mehreren Beobachtern gleichzeitig hinsichtlich vorher genau definierter situationsspezifischer Anforderungen beurteilt.

Beurteilungsseminare werden bei der Auswahl externer und interner Bewerber, bei Beförderungsentscheidungen und bei der Ermittlung von Weiterbildungsbedürfnissen eingesetzt. Im Rahmen der Personalentwicklung dient das Assessment Center zwei Hauptzielen:

- Erkennen des vorhandenen Fach- und Führungspotenzials.

- Festlegen der zur Entwicklung dieses Potenzials notwendigen Förder- und Bildungsmaßnahmen.

Durchführung des Assessment Centers

Im Assessment Center wird die Simulationsmethode eingesetzt; dabei werden Teile der künftigen Arbeitssituation der Teilnehmer vorweggenommen und in einer sog. Laborsituation praktisch durchgeführt Die Beurteilung bezieht sich auf das Verhalten in der Labor-situation, in der Aufgaben durchgeführt (simuliert) werden, wie sie den Teilnehmern in ihrer künftigen Position (Bewährungssituation) voraussichtlich begegnen werden. Die Übungssituation soll die Bewährungssituation so realistisch wie möglich wiedergeben. Das Verhalten der Teilnehmer bildet dann die Grundlage für eine Prognose ihrer künftigen Eignung. Gleichzeitig werden vorhandene Schwächen und notwendige Entwicklungsmaßnahmen erkannt.

Die Dauer eines Assessment Centers erstreckt sich von mehreren Stunden bis zu einer Woche. Es können bis zu zwölf Kandidaten teilnehmen, denen vier bis sechs Beobachter (Assessoren) gegenüberstehen. Die Beobachter müssen zuvor selbst ausreichend trainiert werden. Als Beobachter eignen sich erfahrene Führungskräfte oder Mitarbeiter aus dem Personalbereich. Außerdem werden vielfach externe Spezialisten (z. B. Berater) hinzugezogen. Hinsichtlich der Akzeptanz müssen eine unvoreingenommene Beobachtung menschlicher Verhaltensweisen und eine vorurteilsfreie Beurteilung sichergestellt sein. Die verschiedenen Ablaufstufen sind in Abbildung 3–11 dargestellt.

Eine unerlässliche Voraussetzung für ein erfolgreiches Assessment Center ist eine eindeutige Definition der Anforderungen an die Kandidaten. Dabei sollten die betroffenen Führungskräfte einbezogen und geklärt werden, wie sich positive und negative Ausprägungen der Anforderungen bei der Ausübung darstellen können. Auf der Grundlage des zuvor festgelegten Anforderungsprofils werden die durchzuführenden Übungen zusammengestellt. Die Beobachter wirken bei der Auswahl der Übungen mit; sie sind durch ein spezielles Training mit deren Verlauf und Auswertung vertraut zu machen. Die Teilnehmer sollten bereits mit der Einladung genau informiert werden, was auf sie zukommt und welche Folgen mit der Teilnahme verbunden sein können. Weitere Informationen über die Ziele und den Ablauf des Verfahrens werden zu Beginn des Seminars gegeben. Um eine faire Beurteilung sicherzustellen, wechselt während der Übungen die Zuordnung zwischen Beobachtern und Teilnehmern ständig. Nach Abschluss der Übungen formulieren die Beobachter ein gemeinsames Urteil, das von allen Beteiligten getragen wird. Jeder Teilnehmer wird in einem ausführlichen Gespräch über sein

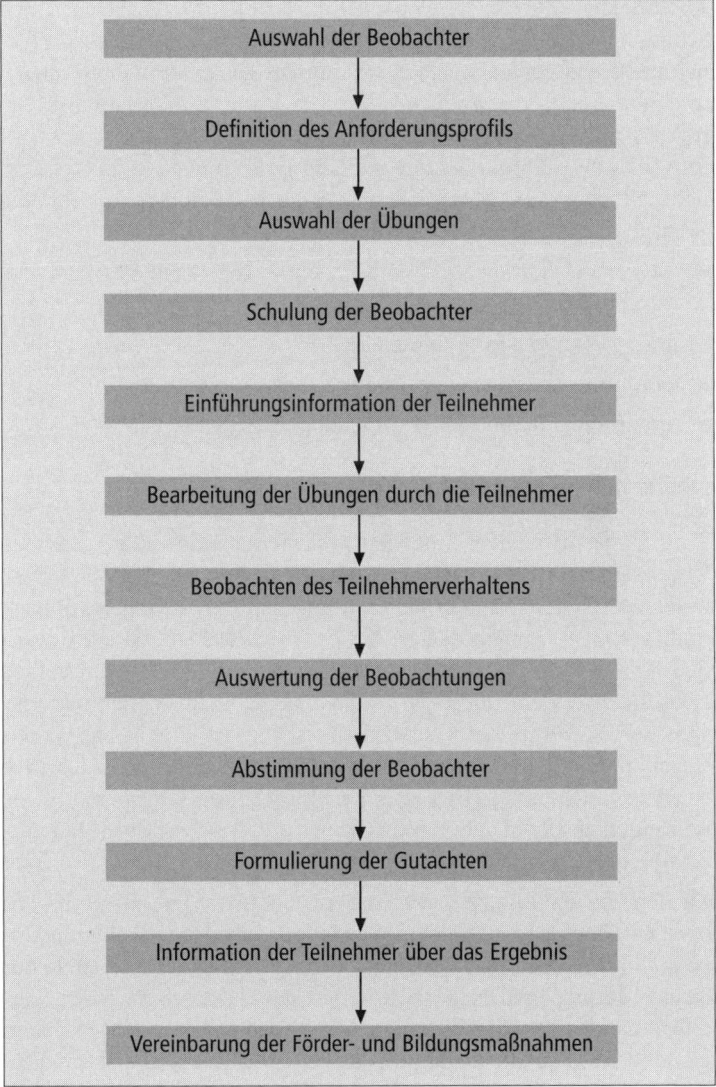

Abb. 3–11: Ablauf eines Assessment Centers

Abschneiden informiert, wobei sämtliche offenbarten Stärken und Schwächen angesprochen werden. Auf diese Weise erhält jeder Teilnehmer ein zuverlässiges Bild, wie ihn das Unternehmen einschätzt und was er für die Zukunft erwarten kann. Im Verlauf des Gesprächs sollte es zu einer Abstimmung über die künftige berufliche Entwicklung des Kandidaten und die notwendigen Bildungsmaßnahmen kommen. Abschließend wird ein Gutachten erstellt, das Aussagen zu folgenden Bereichen enthalten kann:

- Besondere Stärken und Schwächen, bezogen auf das Anforderungsprofil,
- weitere Entwicklungsfähigkeit,
- empfohlene Förder- und Bildungsmaßnahmen und
- eventuelle Themen für ein Rückkoppelungsgespräch.

Inhalte des Assessment Centers

Die zu überprüfenden Anforderungskriterien und die eingesetzten Übungen sind in Abhängigkeit von den zu besetzenden Positionen festzulegen. Die Übungen stellen immer eine Mischung aus Einzel- und Gruppenübungen dar. Sie sind so auszuwählen, dass die zuvor definierten Anforderungen prüfbar werden. Alle Übungen sollten grundsätzlich den Bildungsvoraussetzungen der Teilnehmer entsprechen und durch ein ausreichendes Maß an Praxisnähe sicherstellen, dass sich die Teilnehmer damit identifizieren können. Durch einen geschickten Wechsel zwischen Einzel- und Gruppenübungen und einen flexiblen Übungseinsatz wird die notwendige Dynamik im Ablauf sichergestellt.

Zu den Einzelübungen zählt zumeist ein **Interview**, das mit zwei oder drei Beobachtern durchgeführt wird. Es vermittelt einen ersten persönlichen Eindruck vom Teilnehmer. Durch eine feststehende Strukturierung wird sichergestellt, dass das Gespräch für jeden Kandidaten unter gleichen Bedingungen abläuft. Das Interview liefert Aufschlüsse über die kommunikativen Fähigkeiten und das Selbstbild des Kandidaten. Gesprächsinhalt können u. a. die Bereiche Erziehung, Ausbildung, beruflicher Werdegang, Hobbys oder berufliche Motivation sein.

Eine weitere häufig eingesetzte Einzelübung ist die **Postkorbübung** (Manager-in-basket), bei der ein simulierter Posteingang (etwa 25 bis 30 Probleme) unter Zeitdruck aufgearbeitet wird. Das Postkorbspiel vermittelt Hinweise auf die Organisations- und Delegationsfähigkeit des Kandidaten, auf sein Entscheidungsvermögen und seine Fähigkeit, Prioritäten zu setzen sowie sein Verhalten in Stress-Situationen.

Die **Fallmethode** ist eine schriftlich zu bearbeitende Einzelübung; sie liefert Aufschlüsse über die Arbeitssystematik und die Entscheidungsfähigkeit des Bearbeiters. Eine andere Einzelübung ist ein **Vortrag** bzw. eine **Präsentation** über ein vorgegebenes Thema (z. B. soll die eigene Arbeit in Form eines Tätigkeitsberichts in fünf Minuten vorgestellt werden). Auch die Ergebnisse einer vorher bearbeiteten Fallstudie können in Form einer Präsentation dargeboten werden. Vortrag und Präsentation lassen Rückschlüsse auf die kommunikativen Fähigkeiten der Kandidaten zu.

In den **Gruppenübungen** (Gruppendiskussionen, Planspiel, Managementspiel) werden verschiedene typische Managementsituationen nachvollzogen. Dazu zählen z. B. die Entwicklung eines Planungskonzepts, die Kandidatenauswahl für eine offene Position oder die Entscheidung über mehrere alternative Vorschläge. Je nach vorliegender Situation muss die Gruppe gemeinsam tätig werden, so dass das Kooperationsverhalten getestet werden kann, oder die Teilnehmer müssen gegeneinander agieren, um ihre Ziele zu erreichen. In diesem Fall werden Informationen über das Durchsetzungsvermögen und das Konkurrenzverhalten gewonnen.

Eine beliebte Übung ist das **Rollenspiel** im Entscheidungsprozess, das Hinweise auf die geistige Flexibilität, auf das Durchsetzungsvermögen und das Selbstbewusstsein der Kandidaten vermittelt. Alle Gruppenübungen vermitteln zuverlässige Aussagen über die sozialen Kompetenzen der Kandidaten.

Ein weiterer Bestandteil vieler Assessment Centers sind **Tests**. Durch Testverfahren werden quantitative Aussagen über den Grad der individuellen Merkmalsausprägung eines oder mehrerer empirisch abgrenzbarer Persönlichkeitsmerkmale gewonnen. Beim **Intelligenztest** wird ein Komplex logisch zusammenhängender Fähigkeiten

(Intelligenzstruktur) untersucht. Man unterscheidet in der Regel die Intelligenzfaktoren Sprachbeherrschung, Rechengewandtheit, Denkfähigkeit, Kombinationsvermögen und Raumvorstellung. **Leistungstests** können zur Messung einzelner zur Erfüllung bestimmter Anforderungen erbrachter Funktionsleistungen herangezogen werden. Nach Art der getesteten Fähigkeiten wird zwischen Leistungstests im motorischen Bereich (z. B. Handgeschicklichkeit), im sensorischen Bereich (z. B. Farbempfinden) und im psychischen Bereich (z. B. Ausdauer, Belastungsfähigkeit) unterschieden. Durch **Persönlichkeitstest** (Charaktertests) soll festgestellt werden, wie sich ein Kandidat in einer bestimmten Situation verhält. Es werden künstliche Situationen geschaffen, die den Probanden veranlassen sollen, möglichst seiner Eigenart entsprechend zu reagieren. Dadurch kann auf individuelle Einstellungen, Interessen oder Charaktereigenschaften rückgeschlossen werden. Ein Problem bei der Anwendung aller Testverfahren liegt in der richtigen Handhabung. Persönlichkeitstest sollten nur von einem geschulten Psychologen durchgeführt werden.

3.5 Innerbetriebliche Stellenausschreibung

Die innerbetriebliche Stellenausschreibung dient der Erschließung der im Unternehmen vorhandenen Arbeitskräftereserven und der Förderung der internen Mobilität. Sie vermittelt häufig Hinweise auf bisher nicht genutzte Fähigkeiten der Mitarbeiter und ermöglicht einen neigungsgerechten Arbeitseinsatz. Die Reaktionen auf interne Ausschreibungen lassen Rückschlüsse auf die Qualifikation der Bewerber zu. Nach § 93 BetrVG kann der Betriebsrat verlangen, dass Arbeitsplätze, die besetzt werden sollen, vor ihrer Besetzung zunächst innerhalb des Betriebes ausgeschrieben werden müssen.

3.5.1 Bedeutung für die Personalentwicklung

Unabhängig vom Erfolg einer Bewerbung auf eine interne Ausschreibung kann unterstellt werden, dass es sich bei den Bewerbern um Mitarbeiter mit Initiative handelt, die weiterkommen möchten und deshalb hinsichtlich ihrer Entwicklungsfähigkeit überprüft werden sollten. Mitarbeiter, deren Entwicklungspotenzial bis dahin vielleicht noch nicht erkannt wurde, können auf dem Umweg über die innerbetriebliche Stellenausschreibung auf sich aufmerksam machen.

Unternehmen, die bereits regelmäßige Mitarbeitergespräche, Mitarbeiterbeurteilungen oder Potenzialerhebungen durchführen, können geeignete Kandidaten meist direkt identifizieren. In diesen Fällen ist die Ausschreibung, falls sie überhaupt durchgeführt wird, nur noch eine formale Angelegenheit mit Blick auf das Betriebsverfassungsgesetz. Dennoch sind innerbetriebliche Stellenausschreibungen auch für solche Unternehmen wichtig,

- da die vorgenannten Informationen meist nicht für alle Arbeitsplätze vorliegen,

- weil durch interne Ausschreibungen Interessen und Neigungen einzelner Mitarbeiter identifiziert werden können und

- weil den Mitarbeitern eine Chance zur Selbststeuerung eingeräumt wird, d. h. dass sie bei ihrer weiteren beruflichen Entwicklung selbst Initiative ergreifen können.

3.5.2 Ablauf der innerbetrieblichen Stellenausschreibung

Für manche Mitarbeiter ist es nicht einfach, sich auf eine intern ausgeschriebene Stelle zu bewerben. Bedenken darüber, wer von der Bewerbung erfährt, wie der eigene Vorgesetzte reagiert und was im Falle einer Ablehnung geschieht, können dazu führen, dass auf eine Bewerbung verzichtet wird. Um ein Mindestmaß an Vertrauen sicherzustellen, hat es sich bewährt, die wichtigsten Modalitäten in einer Richtlinie oder einer Betriebsvereinbarung festzuschreiben. In Abbildung 3–12 sind die regelungsfähigen Tatbestände zusammengefasst.

- Form und Art der Ausschreibung (z. B. Anschlag am schwarzen Brett, Rundschreiben, Intranet)
- Inhalt der Ausschreibung
  - Bezeichnung der Position und suchenden Abteilung
  - Beschreibung der Hauptaufgaben
  - Wesentliche Anforderungskriterien (z. B. Ausbildung, Erfahrungen, Spezialkenntnisse)
  - Ggf. Hinweis auf weitere unverbindliche Informationsquellen (z. B. Anforderungsprofile, Stellenbeschreibungen oder Ansprechpartner)
  - Hinweise auf das Arbeitsentgelt
  - Zeitpunkt der Stellenbesetzung
- Allgemeine Anforderungen an die Bewerbung
  - Form (z. B. Verwendung eines Formblattes)
  - Einzureichende Unterlagen
  - Bewerbungsanschrift
- Bewerbungsvoraussetzungen
  - Mindestbetriebszugehörigkeit
  - Zeitpunkt der letzten Versetzung/Beförderung
- Vertrauliche Behandlung der Bewerbungen
  - Schriftwechsel nur über die Privatadresse der Bewerber
  - Information des derzeitigen Vorgesetzten frühestens dann, wenn der Bewerber in die engere Wahl gekommen ist
- Klärung der Auswahlkriterien
  - Auswahl nach fachlicher und persönlicher Eignung
  - Bei gleicher Qualifikation Vorrang interner vor externen Bewerbern
- Behandlung von abgelehnten Bewerbungen
  - Schriftliche Benachrichtigung
  - Ausschluss von Nachteilen aufgrund der internen Bewerbung
- Regelung der Übernahme (Freigabe und Einarbeitungszeit)
- Information des Betriebsrats

Abb. 3–12: Regelungsbedürftige Aspekte bei internen Stellenausschreibungen

Durch die Verwendung einheitlicher Formulare (Abbildungen 3–13 und 3–14) wird sichergestellt, dass alle wesentlichen Details berücksichtigt werden. Außerdem wird die Vergleichbarkeit interner Bewerbungen erleichtert.

Innerbetriebliche Stellenausschreibung Nr............
Zu besetzende Stelle: ....
Abteilung: ....
Termin: ....
Aufgabenstellung:
Einstufung:
Anforderungen:
Ausbildung:
Berufserfahrung:
Spezielle Kenntnisse:
Sonstiges:
Mitarbeiterinnen und Mitarbeiter, die an dieser Stelle interessiert sind und die vorstehenden Anforderungen erfüllen, können sich bis zum .... bewerben, wenn sie dem Unternehmen schon mindestens zwölf Monate angehören. Bei gleicher Qualifikation haben interne Bewerber Vorrang vor externen Bewerbern. Richten Sie Ihre Bewerbung unter Verwendung des Formblattes „Innerbetriebliche Bewerbung" an die Personalabteilung. Eine vertrauliche Behandlung der Bewerbung wird zugesichert.
.... Ort, Datum   Personalabteilung

Abb. 3–13: Formular für die interne Stellenausschreibung

Innerbetriebliche Bewerbung
Zur Stellenausschreibung Nr. .... Stelle: ....

Vertraulich
An Personalabteilung

Name, Vorname:
....

Personal-Nr. .... **Abteilung:** ....
Geb.-Datum:................................. **Eintritt ins Unternehmen:**...............

Aufgabenstellung:

Privatanschrift:

Die ausgeschriebene Stelle interessiert mich aus folgenden Gründen:

Die gestellten Anforderungen erfülle ich in folgendem Umfang:

Ausbildung:

Berufserfahrung:

Spezielle Kenntnisse:

Sonstiges:

Bemerkungen:
....
Ort, Datum   Unterschrift

Abb. 3–14: Formular für die interne Bewerbung

3.5.3 Behandlung interner Bewerbungen

Der Eingang einer internen Bewerbung wird dem Mitarbeiter mit einem Zwischenbescheid (an die Privatanschrift) bestätigt. Ein Problem ist sicherlich die Einhaltung der zugesicherten Vertraulichkeit. Sobald eine Bewerbung mit der Fachabteilung diskutiert und möglicherweise ein Gesprächstermin vereinbart wird, kann die Vertraulichkeit oft nicht mehr gewahrt werden. Bewerber, deren Bewerbung nicht in die engere Wahl gezogen wurde, müssen über die Ablehnungsgründe informiert werden. Vor allem ist darauf zu achten, dass abgelehnte Bewerber keine Nachteile erleiden und dass sie trotz der Ablehnung weiterhin motiviert bleiben, sich bei künftigen Ausschreibungen erneut zu bewerben.

Hinsichtlich der Verwertbarkeit interner Bewerbungen bei der Personalentwicklung können grundsätzlich zwei Alternativen unterschieden werden:

- Die Bewerbung ist erfolgreich und der Mitarbeiter wird auf die ausgeschriebene Stelle übernommen. Fallweise sind zusätzliche Qualifizierungsmaßnahmen durchzuführen. Außerdem sollte geprüft werden, ob solche Bewerber über das Potenzial für eine weitere Förderung verfügen.

- Bei abgelehnten Bewerbern kann zunächst überprüft werden, ob sie sich für eine andere zu besetzende Stelle eignen. In jedem Fall sollte beachtet werden, dass solche Mitarbeiter durch die interne Bewerbung bewiesen haben, dass sie weiterkommen möchten. Sie unterscheiden sich dadurch von vielen anderen Kollegen mit weniger Initiative. Deshalb bietet es sich an, auch für abgelehnte Bewerber zu prüfen, inwieweit sie für eine zusätzliche Förderung geeignet sind.

Soweit über die Förderung im Einzelfall noch Zweifel bestehen sollten, kann durch Aufnahme in eine „Liste interner Bewerbungen" sichergestellt werden, dass die weitere Entwicklung des Mitarbeiters beobachtet wird.

4. Kapitel

Weichenstellung im Fördergespräch

4.1 Das Mitarbeitergespräch als Instrument der Personalentwicklung

Die endgültige Absprache der weiteren beruflichen Entwicklung und der begleitenden Bildungsmaßnahmen erfolgt in einem Gespräch mit dem betroffenen Mitarbeiter. Das ist entweder das eigens zu diesem Zweck stattfindende Fördergespräch oder ein anderes Mitarbeitergespräch wird um die entwicklungsbezogenen Inhalte ergänzt. Wegen seiner Bedeutung wird das **Fördergespräch** (Personalentwicklungsgespräch) in vielen Unternehmen in regelmäßigem Turnus (z. B. alle zwei Jahre) durchgeführt. Zusätzlich kann es auch anlassabhängig (z. B. im Rahmen einer Nachfolgeentscheidung) oder auf Wunsch der betroffenen Mitarbeiter stattfinden. Das **Beurteilungsgespräch** wird zum Entwicklungsgespräch ausgebaut, wenn durch die Beurteilung neben den Leistungen der Vergangenheit auch das Potenzial für künftige Aufgaben erfasst wird. Auch im **Zielvereinbarungsgespräch** wird neben der Zielerreichung und der Vereinbarung neuer Ziele zumeist über die dafür erforderlichen Förder- und Bildungsmaßnahmen gesprochen. Der Begriff **Jahresmitarbeitergespräch** wird verwendet, wenn die drei zuvor genannten Anlässe in einem Gespräch zusammengefasst werden.

Wichtig:

Im Fördergespräch wird die weitere berufliche Entwicklung des Mitarbeiters besprochen und es werden die zur Realisierung dieser Pläne notwendigen Förder- und Bildungsmaßnahmen festgelegt.

In dieser Phase kommt es weniger darauf an, dass schon über konkrete Bildungsmaßnahmen gesprochen wird, sondern es geht in erster Linie darum festzulegen, welche Förder- und Bildungsziele erreicht werden sollen. Wenn über die anzustrebenden Entwicklungsziele Übereinstimmung besteht, dann dürfte die spätere Gestaltung keine Schwierigkeiten mehr bereiten. Die Modalitäten der Durchführung sind von den zuständigen Organen in der Personal- oder Bildungsabteilung zu klären.

Nach der Ausrichtung der vereinbarten Fördermaßnahmen kann zwischen potenzial- und positionsorientierter Förderung unterschieden werden. Die **potenzialorientierte Förderung** hat eine Weiterentwicklung des vorhandenen Qualifikationspotenzials der Mitarbeiter zum Ziel, ohne dass bereits definitiv feststeht, welche Position die Betreffenden künftig einnehmen werden. Durch eine rechtzeitige Entwicklung bestimmter, in der Zukunft als notwendig erachteter Fähigkeiten (u. a. der sog. Schlüsselqualifikationen, vgl. Kapitel 6.2) wird auf diese Weise ein ausreichendes Reservoir an qualifizierten Mitarbeitern aufgebaut, auf das bei kommenden Stellenbesetzungen zurückgegriffen werden kann. Obwohl sich die potenzialorientierte Förderung grundsätzlich für Mitarbeiter aller hierarchischen Ebenen eignet, zeigt die Erfahrung, dass sie in der betrieblichen Praxis vorwiegend für Führungs- und Führungsnachwuchskräfte praktiziert wird. Zu den wichtigsten Maßnahmen der potenzialorientierten Förderung zählen:

- Job Rotation und Traineeprogramme (vgl. Kapitel 6.2.2/6.2.3),

- zeitweiser Einsatz als Assistent oder Stellvertreter (vgl. Kapitel 6.2.4),

- Übertragung von Sonderaufgaben oder ein Auslandseinsatz (vgl. Kapitel 6.2.5/6.2.6),

- Bildung von Projektgruppen (vgl. Kapitel 6.3.9),

- Bildung von Nachwuchs- und Förderkreisen (vgl. Kapitel 6.3.8).

Im Gegensatz zur potenzialorientierten Förderung dienen die Maßnahmen der **positionsorientierten Förderung** der gezielten Vorbereitung auf eine ganz bestimmte Position bzw. eine Abfolge von Positionen. Die positionsbezogene Förderung knüpft vielfach an die potenzialorientierte Förderung an. Adressaten sind zumeist Führungs- und Führungsnachwuchskräfte, Spezialisten und qualifizierte Sachbearbeiter, obwohl grundsätzlich alle Mitarbeiter infrage kommen. Die beiden wichtigsten Instrumente der positionsorientierten Förderung sind die Laufbahn- und die Nachfolgeplanung (vgl. Kapitel 5.1/5.2). Daneben können auch die bei der potenzialorientierten Förderung genannten Maßnahmen eingesetzt werden, wenn sie gezielt auf die vorgesehene Übernahme eines eindeutig bestimmten Aufgabengebietes abstellen. Ein ausführliches Beispiel ist in Kapitel 7.5. dargestellt.

4.2 Gesprächstechniken

Die Verantwortung für den Gesprächsablauf liegt beim Vorgesetzten. Von ihm wird erwartet, dass er aufgrund seiner Erfahrung die grundlegenden Regeln der Gesprächsführung kennt und einhält.

> **Wichtig:**
>
> Ein Mitarbeitergespräch darf nicht zum einseitigen Monolog werden; nur wenn auch der Mitarbeiter ausreichend zu Wort kommt, wird ein für beide Seiten sichtbarer Gesprächserfolg erreicht. Vom Vorgesetzten hängt es letztlich ab, ob er nicht nur zu, sondern mit seinen Mitarbeitern spricht.

Durch Monologe werden die Gesprächspartner in eine passive Rolle gedrängt und lediglich mit Informationen überhäuft. Entscheidend ist jedoch der wirkliche Dialog zwischen Mitarbeiter und Vorgesetztem, also die Auseinandersetzung mit der Meinung des anderen, sowie der faire Umgang mit abweichenden Meinungen oder Einwendungen. Nur so fühlen sich die Mitarbeiter ernst genommen.

4.2.1 Keine Mitarbeitergespräche unter Zeitdruck

Gespräche unter Zeitdruck bringen nicht den gewünschten Erfolg. Der Mitarbeiter muss erkennen, dass sich der Vorgesetzte zur Behandlung seines Anliegens ausreichend Zeit nimmt und ihm die notwendige Aufmerksamkeit schenkt. Für den Vorgesetzten darf es während des Gesprächs nichts Wichtigeres geben als den Gesprächspartner. In den Seminaren des Autors zum Thema Mitarbeitergespräch wurden die folgenden typischen Fehler immer wieder genannt:

- Der Gesprächstermin wird zu kurzfristig festgesetzt, sodass die Mitarbeiter sich nicht richtig vorbereiten können.

- Der Gesprächsanlass ist dem Mitarbeiter nicht bekannt.

- Das Gespräch findet am ungeeigneten Ort statt, sodass die notwendige Ruhe und Ungestörtheit fehlen.

- Die Mitarbeiter werden vom Vorgesetzten ständig unterbrochen.

- Es werden zwar manche Details besprochen, aber es kommt zu keinem konkreten Ergebnis.

- Der Vorgesetzte spielt seine größere Gesprächserfahrung und hierarchische Stellung aus.

- Der Vorgesetzte trifft Entscheidungen, obwohl noch nicht alle Einzelheiten besprochen sind.

- Die wesentlichen Entscheidungen sind bereits gefallen und das Gespräch hat nur noch Alibifunktion.

Es hat sich bewährt, am Beginn des Gesprächs mit dem Mitarbeiter festzulegen, wie viel Zeit etwa zur Verfügung steht und welche Punkte besprochen werden sollen.

4.2.2 Fragetechnik

Die Fragetechnik ist eines der wichtigsten Instrumente einer erfolgreichen Gesprächsführung. Das gilt auch für das Mitarbeitergespräch. Fair und richtig eingesetzt, nützt eine gute Fragestellung sowohl dem Vorgesetzten als auch dem Mitarbeiter. Bei vielen Mitarbeitergesprächen müssen zunächst Sachverhalte klargestellt oder vorhandene Probleme geklärt werden. Durch Fragen verschafft sich der Vorgesetzte die für weitere Entscheidungen erforderlichen Informationen. Er erfährt mögliche Bedenken oder Einwendungen seiner Mitarbeiter und kann darauf eingehen.

Verschlossene und unsichere Mitarbeiter können durch einfache Fragen zum Reden gebracht werden. Einige vorbereitete Eröffnungsfragen helfen zumeist, die Anfangshemmungen zu überwinden und die notwendige Gesprächsatmosphäre aufzubauen. Zurückhaltende Mitarbeiter können durch Fragen zum Mitdenken oder zu einer Stellungnahme gezwungen werden.

BEISPIELE:
- „Was meinen Sie dazu?"
- „Was halten Sie davon?"
- „Wie sehen Ihre Vorschläge aus?"

Fragen sind ein Beweis für gutes Zuhören. Mit Fragen zu den vorangegangenen Ausführungen des Mitarbeiters verdeutlicht der Vorgesetzte diesem seine Bereitschaft zum Zuhören und sein Interesse an seinen Aussagen.

Neben diesen Vorteilen dürfen zwei Probleme beim Einsatz der Fragetechnik nicht verschwiegen werden. Die Fragetechnik soll weder zum bohrenden Ausfragen benutzt werden, noch als ein Instrument, um die Mitarbeiter zu manipulieren. Die nachfolgend dargestellten Fragearten zeigen recht anschaulich den Übergang von der fairen zur unfairen Fragestellung. Für sämtliche Beispiele wurde als Anwendungssituation ein Fördergespräch unterstellt.

Offene Fragen lassen dem Befragten einen breiten Spielraum für die Antwort zu. Sie beginnen mit einem Fragewort (wer, was, wozu, weshalb, womit, wieso, wie usw.) und können nicht mit „ja" oder „nein" beantwortet werden. Offene Fragen sind geeignet, wenn umfassende Informationen erfragt werden sollen. Auch am Gesprächsanfang oder bei einem schüchternen Mitarbeiter sind offene Fragen ein bewährtes Mittel, um das Gespräch in Gang zu bringen.

BEISPIELE:
- „Was möchten Sie beruflich erreichen?"
- „Welche Bildungsmaßnahmen haben Sie im vergangenen Jahr besucht?"

Geschlossene Fragen beginnen mit einem Verb oder Hilfsverb. Ein „redefauler" Gesprächspartner wird sie nur mit „ja" oder „nein" beantworten. Geschlossene Fragen eignen sich zur Steuerung von Gesprächen und als Entscheidungsfragen. Zu viele geschlossene Fragen vermitteln den Eindruck eines Verhörs und stoßen bei den Mitarbeitern auf Ablehnung.

BEISPIELE:
- „Konnten Sie die Erkenntnisse aus dem Seminar Mitarbeiterführung an Ihrem Arbeitsplatz nutzen?"
- „Möchten Sie in zwei Jahren die Leitung unserer Filiale in Bologna übernehmen?"

Durch eine **Steuerungsfrage** (hinführende Fragen) sollen die Gedanken des Gesprächspartners in nicht zu plumper Weise auf einen erwünschten Gesprächspunkt hingelenkt werden.

BEISPIEL: „Konnten Sie in Ihrem früheren Betrieb Auslandserfahrung sammeln?"

Bei einer **Alternativfrage** (Entscheidungsfrage) gibt der Fragesteller dem Befragten mit der Fragestellung Wahlmöglichkeiten für die nachfolgende Antwort vor. Bei richtiger Anwendung fällt die Antwort für den Fragesteller immer positiv aus.

BEISPIEL: „Möchten Sie lieber am Seminar Gesprächsführung oder an einem Rhetorik-Seminar teilnehmen?"

Durch eine **Kontrollfrage** kann der Fragesteller überprüfen, ob der Partner einen Gedankengang mit vollzogen hat und ob er bestimmte Informationen oder Gesprächsergebnisse richtig verstanden hat.

Sie eignen sich auch für den Abschluss eines Gesprächs bzw. eines Teilabschnitts.

> **BEISPIEL:** „Wir sind uns also einig, dass Sie im Frühjahr am Seminar Mitarbeitergespräche teilnehmen werden."

Ablenkungsfragen (weiterführende Fragen) leiten zu einem neuen Aspekt über, ohne dass der Fragesteller auf die vorhergehenden Aussagen (Einwände, Behauptungen) eingeht. Dadurch können – falls erwünscht – Diskussionen mit dem Partner oder Korrekturen seiner Aussagen vermieden werden.

> **BEISPIEL:** Mitarbeiter: „Ich rechne fest damit, dass ich beim Ausscheiden von Herrn Schneider dessen Aufgaben übernehmen kann."
> Vorgesetzter (der auf diese Frage nicht vorbereitet ist): „Haben Sie eigentlich schon unser Seminar Führungstechniken besucht?"

Provozierende Fragen sollen die Gesprächspartner aus der Reserve locken und damit die Diskussion in Gang bringen. Sie werden auch benutzt, um den Partner zur Preisgabe von Informationen zu veranlassen, die er sonst möglicherweise zurückgehalten hätte. Wegen des negativen Einflusses auf die Gesprächsatmosphäre und der besonderen Situation sollten provozierende Fragen im Mitarbeitergespräch möglichst vermieden werden.

> **BEISPIEL:** „Haben Sie überhaupt einmal versucht, die Seminarerkenntnisse praktisch umzusetzen?"

Motivationsfragen (stimulierende Fragen) sollen durch partnerfreundliche Formulierungen das Gesprächsklima positiv beeinflussen. Sie werden häufig als manipulativ (unehrlich) oder als ironisch empfunden.

> **BEISPIEL:** „Würden Sie mit Ihrer großen Erfahrung in der Tabellenkalkulation vorübergehend in der Arbeitsgruppe D arbeiten?"

Suggestivfragen beinhalten bereits eine Meinung und sollen bewirken, dass sich der Befragte dieser Meinung anschließt. Die Beeinflussung wird durch die Wörter doch, auch, sicher, ebenfalls usw. erreicht. Wegen ihres manipulativen Charakters stoßen Suggestivfragen auf Ablehnung und sollten weitgehend vermieden werden.

> **BEISPIEL:** „Sie sind doch sicher damit einverstanden, dass ich Sie zum nächsten Führungsseminar angemeldet habe?"

Bei einer **Gegenfrage** (Rückfrage) wird auf eine Frage des Partners nicht die mögliche Antwort gegeben, sondern mit einer Frage reagiert. Das verschafft in jedem Fall einen kleinen Zeitgewinn; oft bewirkt die Gegenfrage auch, dass die ursprüngliche Fragestellung abgewandelt oder vom Fragesteller selbst beantwortet wird. Häufig erbringt die Gegenfrage auch zusätzliche Informationen, an denen sich die spätere Antwort orientieren kann. Die Gegenfrage hat teilweise destruktiven Charakter oder wird als unhöflich empfunden, deshalb sollte sie nur in Ausnahmesituationen eingesetzt werden.

Die beiden einfachsten Formen der Gegenfrage liegen vor, wenn derjenige, der diese Technik einsetzt, so tut, als ob er die Frage des Partners akustisch oder inhaltlich nicht verstanden hätte.

> **BEISPIELE:**
> - „Wie bitte?"
> - „Wie meinen Sie das?"

Über diese „Notlösungen" hinaus können mit der Gegenfrage ganz bestimmte gesprächstaktische Absichten verfolgt werden, wie sie schon bei den anderen Fragearten dargestellt wurden. So kann die Gegenfrage z. B. als Ablenkungsfrage, Kontrollfrage, Suggestivfrage oder Alternativfrage eingesetzt werden.

Einige der vorstehenden Beispiele zeigen die enge Grenze zwischen fairem und unfairem Gesprächsverhalten. Die Möglichkeiten der Fragetechnik wären verfehlt, wenn diese nur als Instrument einer destruktiven Gesprächsführung verstanden würde. Über die Fairness hinaus sollten einige weitere Regeln beachtet werden:

- Fragen kurz und eindeutig formulieren.

- Niemals mehrere Fragen gleichzeitig stellen. Andernfalls besteht die Gefahr, dass nur die einfacheren beantwortet werden und der Rest verloren geht.

- Dem Befragten ausreichend Zeit zum Nachdenken lassen. Viele Fragesteller sind zu ungeduldig und beantworten die Frage zu schnell selbst.

- Nicht zu viele Suggestivfragen stellen; das würde als Manipulation empfunden.

4.2.3 Argumente und Einwendungen ernst nehmen

Kein Vorgesetzter kann erwarten, dass seine Mitarbeiter sämtliche Vorschläge sofort akzeptieren. Mitarbeiter haben andere Ziele, und es ist etwas ganz Normales, dass gelegentlich Einwendungen formuliert werden. Entscheidend ist, wie der Vorgesetzte mit diesen Einwendungen umgeht. Gerade im Mitarbeitergespräch besteht die Gefahr, dass aufgrund der Vorgesetzten-Mitarbeiter-Situation ein Einwand schnell überspielt oder mit einer Killerphrase vom Tisch gefegt wird.

> **Wichtig:**
>
> Es gibt zahlreiche Möglichkeiten, auf Einwände zu reagieren. Eine Regel gilt immer: Der Mitarbeiter muss erkennen, dass der Vorgesetzte seinen Einwand ernst nimmt und sich damit auseinander setzt.

Ein Mitarbeiter, der den Eindruck hat, dass seine Einwendungen (Bedenken) nicht ernst genommen werden, wird das Gespräch unzufrieden verlassen. Eine erste Forderung verlangt deshalb, dass sich der Vorgesetzte den Einwand des Mitarbeiters in Ruhe anhört. Diese Regel wird zwar allgemein bejaht, aber dennoch häufig nicht eingehalten. Wer sich Zeit nimmt, einen Einwand anzuhören, braucht auch nicht zu rasch antworten. Er kann vor seiner Antwort eine kurze Denkpause einlegen. Dadurch gewinnt er etwas Zeit und kann mit einer überzeugenden Antwort reagieren. Nachfolgend sind die wichtigsten Reaktionsmöglichkeiten auf Einwendungen zusammengefasst.

Die überzeugendste Methode ist sicherlich, den Einwand **aufzugreifen und darauf einzugehen bzw. darüber zu sprechen**. Das kann mithilfe folgender Formulierungen geschehen:

BEISPIELE:
- „Sie meinen also,..........."
- „Sprechen wir darüber, was Ihnen nicht gefällt:..........."
- „Warum sind Sie damit nicht einverstanden?"

Eine ebenfalls bewährte Möglichkeit ist es, das **Für und Wider eines Einwands gemeinsam zu erarbeiten**. Bei einem besonders wichtigen Einwand kann das sogar schriftlich geschehen. Diese Methode wird, wenn sie korrekt eingesetzt wird, als sehr fair empfunden. Jeder Beteiligte hat Gelegenheit, die verschiedenen Aspekte in Ruhe gegeneinander abzuwägen.

BEISPIELE:
- „Wir wollen doch einmal gemeinsam überlegen, was dafür und was dagegen spricht!"
- „Schreiben wir einmal alles auf, was für und was gegen die Teilnahme an einem Führungsseminar spricht!"

Wer von einem Einwand überrascht wird, auf den er nicht vorbereitet ist, kann diesen zunächst **in Frageform wiederholen** und damit an den Partner wieder zurückgeben. Das bringt einen kleinen Zeitgewinn. Da kaum jemand einen Einwand nochmals wörtlich wiederholt, fällt die Antwort zumeist viel weitschweifiger aus, teilweise wird der Einwand sogar selbst beantwortet.

BEISPIEL: „Sie meinen also,..........?"

Mehr taktischer Natur ist die bekannteste Methode zur Einwandbehandlung, die so genannte **Ja, aber-Methode**. Dem Partner wird zunächst rhetorisch zugestimmt, diese Zustimmung wird danach aber sofort wieder eingeschränkt. Statt des Wörtchens „Ja" werden auch andere zustimmende Formulierungen gebraucht.

> **BEISPIELE:**
> – „Sicherlich haben Sie Recht, jedoch………. "
> – „Da stimme ich Ihnen zu, allerdings………. "
> – „Das ist richtig, obwohl………. "
> – „Das sehe ich auch so, dennoch………. "

Taktische Überlegungen herrschen auch vor, wenn ein **Einwand vorweggenommen wird.** Es handelt sich um eine Art vorweggenommenes „Ja, aber". Damit wird dem Partner das Gefühl vermittelt, dass Sie in seinen Problemkategorien denken.

> **BEISPIEL:** „Sie werden nun sicherlich einwenden,…………"

Verbreitet ist auch die Methode, einen **Einwand zunächst zurückzustellen.** Das wirkt dann besonders glaubhaft auf den Partner, wenn der Einwand zusätzlich auch noch aufgeschrieben wird. Das Aufschreiben bietet aber keinerlei Gewähr dafür, dass der Einwand je wieder aufgegriffen wird.

> **BEISPIEL:** „Auf diesen Einwand werde ich später eingehen, wir wollen zunächst noch über………. sprechen."

Zu den taktischen Varianten gehört auch das **Überhören eines Einwandes.** Der Einwand des Gesprächspartners wird zwar aufmerksam zur Kenntnis genommen, ohne jedoch darauf einzugehen. Mancher Gesprächsteilnehmer wird in einem solchen Fall automatisch weiter sprechen und zum nächsten Gedanken übergehen. Die Überhörmethode eignet sich besonders als Reaktion auf emotionale Einwendungen.

Ein sachlicher Einwand kann auch sachlich beantwortet werden. Schwieriger ist der Umgang mit emotionalen Einwendungen des Partners.

> **BEISPIEL:** „Das sagen Sie doch nur, um mich zu provozieren."

Wer seinen Einwand emotional begründet, der wird sich in diesem Punkt kaum sachlich überzeugen lassen. Bei emotionalen Reaktionen des Mitarbeiters sollte sich der Vorgesetzte nicht ebenfalls zu emotionalen Äußerungen verleiten lassen. Entweder die emotionale Äußerung wird überhört oder das Gespräch wird durch eine geschickte Frage wieder auf die Sachebene zurückgeführt.

4.2.4 Aktiv zuhören

Eine Ursache für viele Missverständnisse im Gespräch ist die mangelhafte Fähigkeit, richtig zuzuhören. Die meisten Menschen empfinden die Rolle des Sprechenden wesentlich wichtiger als die Rolle des „nur" Zuhörenden und schalten ab. Auch langatmige und weitschweifige Ausführungen des Partners können dazu führen, dass der Zuhörende abschaltet. Der wohl wichtigste Grund für das schlechte Zuhören dürfte sein, dass viel zu früh über die folgende Antwort nachgedacht wird, bevor der andere überhaupt gesagt hat, worum es ihm geht.

Nur ein Vorgesetzter, der bereit ist zuzuhören, bringt seinem Mitarbeiter gegenüber die notwendige Wertschätzung zum Ausdruck. Nur wer zuhört

- erhält von seinem Gesprächspartner wichtige Sachinformationen,

- bringt ihm gegenüber Wertschätzung zum Ausdruck,

- lernt die Meinungen, Wünsche und Bedürfnisse des Mitarbeiters kennen und kann entsprechend darauf reagieren,

- gewinnt wichtige Anhaltspunkte für die eigene Argumentation,

- vermeidet Missverständnisse,

- regt den Gesprächspartner zum Weiterreden an und

- erarbeitet gemeinsam mit seinem Gesprächspartner echte Problemlösungen.

Wer bereit ist, seinem Mitarbeiter zuzuhören, muss dies den andern auch erkennen lassen. Er nimmt sich Zeit und signalisiert seine Aufmerksamkeit durch nonverbales Verhalten (z. B. Blickkontakt, Kopfnicken, Sitzhaltung). Ein guter Zuhörer versucht neben dem rein akustischen Verstehen zu erkennen, was der Mitarbeiter mit seinen Worten tatsächlich gemeint hat. Dabei kann es hilfreich sein, sich gedanklich in die Lage des Mitarbeiters zu versetzen und zu versuchen, die Angelegenheit aus seiner Sicht zu sehen. Ein Vorgesetzter, der auf diese Weise die Motive und Bedürfnisse seines Mitarbeiters erkennt, wird auch geeignete Lösungen anbieten können.

Die wichtigsten Regeln, die einen guten Zuhörer ausmachen, sind in Abbildung 4–1 zusammengefasst.

- Nicht zu häufig auf die Uhr sehen.

- Nicht aus dem Fenster sehen, mit Gegenständen spielen oder in den Unterlagen herummalen; damit wird Desinteresse ausgedrückt.

- Öfters nachfragen! Wer nachfragt, zeigt Interesse an seinem Gesprächspartner, ermuntert ihn zum Weiterreden und sorgt für Aufklärung, wenn er etwas nicht verstanden hat.

- Paraphrasieren! Das bedeutet eine Zusammenfassung der sachlichen Aussage des Gesprächspartners mit eigenen Worten.

- Interesse demonstrieren! Auf den Partner eingehen, indem einzelne Aussagen aufgegriffen werden oder seine Argumente und Sichtweisen beurteilt werden

- Wichtige Aussagen und Zwischenergebnisse sichern, indem Gesprächsinhalte von Zeit zu Zeit zusammengefasst werden.

- Fehlerhafte oder unlogische Äußerungen des Mitarbeiters richtig stellen.

- Kernaussagen in eigenen Worten zusammenfassen: „Habe ich Sie richtig verstanden, dass...........?"

- Beim Zuhören Geduld zeigen. Gesprächspartner nicht unterbrechen und ihm Zeit lassen, seine Gedanken zu formulieren.

Abb. 4–1: Aktives Zuhören

4.2.5 Feedback geben

Feedback im Gespräch ist das Instrument, um eine Brücke zwischen dem beabsichtigten und dem tatsächlich erzielten Kommunikationserfolg zu schlagen.

BEISPIEL: Ein Vorgesetzter kann sich auf einen Mitarbeiter voll verlassen. Dieser arbeitet sehr sorgfältig und qualifiziert. Aus diesem Grund, möchte der Vorgesetzte dem Mitarbeiter kleinere Projekte eigenverantwortlich übertragen. Er erklärt ihm kurz den Sachverhalt und vereinbart, welche Ziele bis wann erreicht werden sollen. Am vereinbarten Stichtag wird der Vorgesetzte von seinem Mitarbeiter enttäuscht, weil die vereinbarten Ziele nicht einmal ansatzweise erreicht worden sind. Wie reagiert der Vorgesetzte?

Er ärgert sich, räumt dem Mitarbeiter eine letzte Frist ein und überlegt sich, ob er wirklich die geeignete Person für dieses Projekt ausgewählt hat.

Dies ist keine gute Lösung. Besser wäre es gewesen, Feedback einzuholen. Der Vorgesetzte hinterfrägt die Angelegenheit und erfährt vielleicht, dass er seinem Mitarbeiter aufgrund der hektischen Situation viel zu wenig Informationen zu dem Projekt gegeben hat. Dadurch hat er sich nicht im Stande gesehen, das vereinbarte Ziel zu erreichen. Fragen wollte er seinen Vorgesetzten auch nicht, denn dieser schien immer in Eile zu sein und war entsprechend kurz angebunden.

Die nachfolgende Checkliste enthält die wichtigsten Regeln zum Feedback.

Checkliste: Feedback geben und erhalten

- Geben Sie Feedback immer höflich, taktvoll und nicht verletzend.
- Beschreiben sie das jeweilige Verhalten so konkret wie möglich.
- Beschränken sie sich auf Verhaltensweisen und Eigenschaften, die im Zusammenhang mit der Arbeit stehen.
- Geben Sie Feedback immer nur auf der Basis von eigenen Beobachtungen, nie aufgrund von Hörensagen, Vermutungen oder Interpretationen.
- Sprechen Sie im eigenen Namen, vermeiden Sie Formulierungen wie „wir", „man".....
- Benennen sie ihre eigenen Empfindungen und Reaktionen im Zusammenhang mit dem Verhalten ihres Gesprächspartners.
- Wenn sie selbst Feedback erhalten, hören Sie gut zu und fragen Sie nach, wenn sie etwas nicht verstanden haben.
- Stellen Sie Ihre eigene Sichtweise dar, vermeiden sie jedoch, in eine Rechtfertigungs- oder Verteidigungssituation gedrängt zu werden.
- Seien sie offen für Kritik, überlegen Sie ehrlich, ob an dem Feedback etwas dran ist, ob und wie man etwas ändern könnte.
- Machen Sie Ihrem Gesprächspartner deutlich, dass das Feedback bei Ihnen angekommen ist.

4.3 Gesprächsvorbereitung

Nur wenige Mitarbeitergespräche müssen aus der Situation heraus spontan geführt werden. Die meisten Gespräche – auch Fördergespräche – können geplant und vorbereitet werden. Wo eine Vorbereitung möglich ist, sollte dies geschehen.

Mit Blick auf das Tagesgeschäft sind manche Vorgesetzten schnell der Meinung, die wesentlichen Aspekte des Gesprächsthemas im Kopf zu haben, und verzichten daher auf die Vorbereitung. Doch nicht immer ist Verlass auf eine umfassende Gesprächsroutine oder die Fähigkeit zur Improvisation.

Durch eine angemessene Vorbereitung wird sichergestellt, dass

- sich die Gesprächsdauer in einem angemessenen Rahmen hält,

- sich die Diskussion nicht im emotionalen Bereich festbeißt,

- die Gesprächsziele erreicht werden oder man ihnen zumindest näher kommt und

- die Gespräche mit einem für beide Seiten akzeptablen Ergebnis enden.

Um sicherzustellen, dass nichts vergessen wird, sollte die Vorbereitung bei besonders schwierigen Gesprächen schriftlich erfolgen. Das zwingt zu mehr Konsequenz und erlaubt während des Gesprächs einen Rückgriff auf die Vorüberlegungen.

Eine vollständige Gesprächsvorbereitung umfasst sowohl die sachlich-organisatorische Seite (Termin, Ort usw.) als auch inhaltliche Aspekte (Ziel, Teilnehmer). Die wichtigsten Aspekte zur Gesprächsvorbereitung sind in Abbildung 4–2 zusammengefasst.

(a) Organisatorische Vorbereitung
■ Wann findet das Gespräch statt?
■ Wurde genügend Zeit eingeplant?
■ Wo findet das Gespräch statt?
■ Wurde (falls nötig) ein Besprechungsraum gebucht?
■ Ist der Besprechungsraum vorbereitet?

(a) Organisatorische Vorbereitung

- Sind Störungen ausgeschlossen?
- Wurde der Mitarbeiter rechtzeitig informiert über
  - Termin und Ort,
  - Gesprächsinhalt,
  - notwendige Vorbereitungen?
- Sind alle benötigten Unterlagen vorbereitet?
- Stehen die notwendigen Hilfsmittel zur Verfügung (z. B. Visualisierungshilfen, Block)?
- Bestehen faire Sitzverhältnisse?
- Gibt es weitere Gesprächsteilnehmer?
  - Sind diese über Zeitpunkt, Ort und Inhalt des Gesprächs informiert?
  - Wer übernimmt welchen Gesprächsteil?

(b) Inhaltliche Vorbereitung

- Um was geht es (Gesprächsthema, -anlass)?
- Verfüge ich über ausreichend Informationen zum Gesprächsgegenstand?
- Habe ich alle Themen notiert, die ich im Gespräch ansprechen möchte?
- Welche Gesprächsziele werden verfolgt?
- Wie argumentiere ich, um mein Ziel zu erreichen?
- Mit welchen Einwendungen ist zu rechnen?
- Wie gliedere ich das Gespräch?
- Habe ich mich vor dem Gespräch nochmals mit den für den Gesprächsanlass relevanten Fakten vertraut gemacht?

(c) Vorbereitung auf den Gesprächspartner

- Welche Einstellung habe ich zum Gesprächspartner (Vorurteile, Sympathie, Antipathie…)?
- Wie schätze ich unsere Beziehung zueinander ein – auch aus seiner Sicht?
- Wie verliefen frühere Gespräche mit diesem Mitarbeiter?
- Was weiß ich über diesen Mitarbeiter (persönliche Situation, Gemeinsamkeiten, Hobby, Lieblingsthemen, Eigenarten…)?
- Welche Ziele und Motive verfolgt der Mitarbeiter?
- Welche Taktik wird er im Gespräch vermutlich anwenden?
- Bei welchen Aspekten ist mit Zustimmung zu rechnen, wann mit Einwendungen?
- Was kann ich tun, wenn das Gespräch zu emotional wird?

Abb. 4–2: Vorbereitung von Mitarbeitergesprächen

Vorbereitung des Gesprächspartners

Ein faires Mitarbeitergespräch wird nur möglich sein, wenn beide Partner Gelegenheit hatten, sich vorzubereiten. Deshalb sollte der Vorgesetzte auch den Mitarbeiter veranlassen, sich rechtzeitig Gedanken über seine weiteren Ziele zu machen. Da vielen Mitarbeitern eine solche Vorbereitung schwer fällt, kann ihnen zusammen mit der Einladung ein Fragenkatalog oder ein Vorbereitungsblatt zugesandt werden. Das Beispiel in Abbildung 4–3 zeigt eine Vorbereitungshilfe für ein anstehendes Jahresmitarbeitergespräch.

Als Vorbereitung auf das Jahresgespräch am............ um.............. Uhr in....................... bitte ich Sie, sich anhand der nachfolgenden Fragen Gedanken zu machen über Ihre Leistungen im vergangenen Jahr,
- Ihren Entwicklungsbedarf
- die Ziele für das nächste Jahr.
Bitte geben Sie mir bis spätestens......... eine Kopie von der ausgefüllten Vorbereitungsunterlage.

Aufgaben:
Beschreiben Sie die Hauptaufgaben des vergangenen Jahres.
- Welche zusätzlichen Aufgaben haben Sie im vergangenen Jahr neu übernommen?
- Welche dieser Aufgaben sind gut erledigt worden und warum?
- Welche dieser Aufgaben wurden nicht so gut erledigt und woran hat dies gelegen?
- Welche dieser Aufgaben machen Ihnen viel Spaß und welche bearbeiten Sie weniger gerne?

Stärken und Entwicklungsbedarf/äußere Faktoren:
- Welche Faktoren – persönlich und auch außerhalb der eigenen Person – haben Ihnen geholfen, gute Leistungen zu erzielen?
- Welche Faktoren – persönlich und auch außerhalb der eigenen Person – haben gute Leistungen behindert?
- Was macht Sie zufrieden und was erzeugt Frust?

Entwicklungsbedarf/Ziele für das nächste Jahr:
- Welche Ziele haben Sie sich für Ihre persönliche Entwicklung gesetzt und welche Maßnahmen sind zu deren Erreichung wichtig?
- Wo sehen Sie Veränderungen Ihres Aufgabenbereiches im kommenden Jahr und wo müssen deshalb Schwerpunkte gesetzt werden?
- In welchem Aufgabenbereich möchten Sie im nächsten Jahr Schwerpunkte setzen und warum?

Sonstiges
- Welche Erwartungen haben Sie an mich, Ihren Vorgesetzten?
- Worüber möchten Sie sonst noch sprechen?

Abb. 4–3: Fragenkatalog zur Vorbereitung auf ein Jahresmitarbeitergespräch

4.4 Gesprächsdurchführung

Für Mitarbeitergespräche kann es kein starres, jederzeit gültiges Ablaufschema geben. Jedes Gespräch muss unter Beachtung der jeweiligen Situation sowie der individuellen Eigenarten der beteiligten Personen geführt werden. Dennoch wurde der Autor in Seminaren immer wieder nach Mustergliederungen gefragt. Bewährt haben sich halbstrukturierte Gespräche, wobei der „rote Faden" vorgegeben wird, aber dennoch genügend Spielraum bleibt, um im Einzelfall flexibel zu reagieren.

Die folgenden Leitfäden sind nicht ausschließlich als Vorgabe für die Reihenfolge der Gesprächspunkte zu verstehen, sondern mehr als Hinweis auf mögliche Gesprächsinhalte.

4.4.1 Fördergespräch

Das Fördergespräch kann entweder in Verbindung mit dem Beurteilungsgespräch oder als separates Gespräch geführt werden. Die Zuständigkeit für dieses Gespräch liegt zunächst beim direkten Vorgesetzten, denn er kennt die Stärken, Schwächen und Potenziale seiner Mitarbeiter am besten. Es gibt allerdings zwei wichtige Gründe, warum der unmittelbare Vorgesetzte diese umfassende Förderaufgabe nicht wahrnehmen kann:

- Entweder der Vorgesetzte ist nicht der Methodenspezialist, der durch eine sinnvolle Zusammenstellung von Maßnahmen zu einer effektiven Förderung beiträgt oder

- der Vorgesetzte verfügt nicht über alle Informationen, insbesondere wenn es um die Entwicklung außerhalb der eigenen Abteilung geht.

Daher empfiehlt sich eine enge Zusammenarbeit zwischen dem Vorgesetzten und der Personalentwicklung bzw. Personalabteilung. Insbesondere zwei Varianten der Zusammenarbeit sind denkbar, wobei beide eine enge Abstimmung zwischen den Beteiligten voraussetzen:

- Der Vorgesetzte und der Personalentwickler besprechen vorab die spezifische Ausgangssituation eines jeden Mitarbeiters und diskutieren die jeweiligen Entwicklungsmöglichkeiten. Das eigentliche Fördergespräch führt der Vorgesetzte dann allein.

- Der Vorgesetzte übernimmt die Fördergespräche für Mitarbeiter, die sich vorwiegend innerhalb seiner Abteilung entwickeln werden. Ein Vertreter der Personalabteilung übernimmt dagegen die Fördergespräche für solche Mitarbeiter, deren Entwicklung voraussichtlich abteilungsübergreifend stattfinden wird.

Manchen Mitarbeitern fällt es schwer, ihre Wünsche und Vorstellungen in ausreichendem Maße zu artikulieren, weil sie aufgrund des begrenzten Erfahrungshorizontes vielfach nicht über ausreichende Informationen über die möglichen Entwicklungsalternativen verfügen. Deshalb muss es eine wesentliche Aufgabe des Gesprächsführenden sein, dem Mitarbeiter im Gespräch die notwendige Transparenz über die vorhandenen Entwicklungsmöglichkeiten zu verschaffen. Als Informationsgrundlage dient das bekannte organisatorische Instrumentarium (Organisations- und Stellenpläne, Stellenbeschreibungen) und – falls vorhanden – personenunabhängige Laufbahnmodelle (vgl. Kapitel 5.1). Den eigentlichen Inhalt des Fördergesprächs bildet dann die endgültige Abstimmung über die weitere berufliche Entwicklung des Mitarbeiters (individuelle Entwicklungsplanung) und die Festlegung der begleitenden Bildungsmaßnahmen.

Wie bei anderen Mitarbeitergesprächen ist auch der Ablauf eines Fördergesprächs nicht in allen Punkten exakt vorhersehbar. Der Mitarbeiter darf nicht das Gefühl haben, in eine festgeschriebene Gesprächsstruktur eingesperrt zu werden, die ihm keine Gelegenheit gibt, seine Vorstellungen in ausreichendem Maße einzubringen. Der in Abbildung 4–4 skizzierte Leitfaden stellt jedoch eine Art „roten Faden" dar, der dazu beiträgt, sich nicht in Details zu verlieren, sondern in der eigentlichen Sache voranzukommen.

■ **Positiver Gesprächseinstieg**
Ein freundlicher Empfang des Mitarbeiters, verbunden mit einer kurzen Erläuterung des Gesprächsanlasses sowie einem Überblick über den weiteren Verlauf dürften ausreichend sein.

■ **Bisherige Aufgaben des Mitarbeiters**
Auf die Vorbereitungen des Mitarbeiters eingehen. Ziele, Erwartungen, Interessen und Wünsche erfragen. Dem Mitarbeiter Gelegenheit geben, seine Sichtweise darzustellen. Den Mitarbeiter, wenn nötig, mit den folgenden Fragen unterstützen:

– Was ist gut gelaufen und warum?

– Was ist nicht so gut gelaufen und warum nicht?

– Was hat Spaß gemacht und was hat Frust erzeugt?

– Welche Ziele hat der Mitarbeiter für das nächste Jahr?

Den Mitarbeiter nur unterbrechen, wenn etwas unklar geblieben ist und deshalb nachgefragt werden muss.

■ **Eigene Sichtweise des Vorgesetzten darlegen**
Der Mitarbeiter wird über die Ergebnisse von Beurteilungen, Befragungen oder Potenzialerhebungen informiert. Dabei sollte der Vorgesetzte die Verbindung zu den Ausführungen des Mitarbeiters herstellen, indem diese bestätigt, korrigiert und/oder ergänzt sowie Gemeinsamkeiten und Abweichungen aufgezeigt und begründet werden.

■ **Beachten, dass sich nicht alle Mitarbeiter weiterentwickeln wollen, um weiterführende Aufgaben zu übernehmen.** Neben den betrieblichen Erfordernissen müssen immer auch die Bedürfnisse und Erwartungen der Mitarbeiter berücksichtigt werden.

■ **Vorgesetzter und Mitarbeiter überlegen gemeinsam, wie die Erwartungen, Wünsche oder Interessensgebiete des Mitarbeiters mit den betrieblichen Möglichkeiten in Übereinstimmung gebracht werden können.**

■ **Endgültige Festlegung der Fördermaßnahmen (z. B. eine Nachfolgeregelung) sowie der begleitenden Bildungsmaßnahmen.**
Dabei regeln:

– die genauen Inhalte und Lernziele,

– die grobe Zeitplanung,

– die notwendigen finanziellen Mittel,

– in welcher Weise der Vorgesetzte selbst den Mitarbeiter bei der Entwicklung unterstützen wird und

– wie der Entwicklungsfortschritt beobachtet und sichergestellt werden soll.

■ **Das Gespräch mit einem echten Ergebnis beenden.**
Veränderungen finden nur statt, wenn sie verbindlich vereinbart werden. Gesprächsergebnis schriftlich festhalten.

Abb. 4–4: Leitfaden für ein Fördergespräch

4.4.2 Beurteilungsgespräch

Wesentliche Voraussetzung für ein erfolgreiches Beurteilungsgespräch ist eine intensive Vorbereitung. Der Mitarbeiter muss rechtzeitig über den Gesprächstermin informiert werden, damit er für seine Vorbereitung ausreichend Gelegenheit hat. Nur so erfährt der Beurteiler die Selbsteinschätzung und Bedürfnisse des Mitarbeiters. Als Vorbereitungshilfe können ihm auf einem gesonderten Bogen die Beurteilungskriterien zur Verfügung gestellt werden. Der Vorgesetzte selbst sollte sich über die organisatorischen Fragen hinaus (Termin, Ort, Information des Mitarbeiters usw.) unbedingt auf den Inhalt des Gesprächs vorbereiten. Die in Abbildung 4–5 zusammengestellten Fragen können dabei hilfreich sein.

- Habe ich regelmäßig und fortlaufend beobachtet?
- Habe ich meine Beobachtungen während des Beurteilungszeitraums durchgeführt?
- Liegt meiner Bewertung eine ausreichende Anzahl von Einzelbeobachtungen zugrunde?
- Habe ich meine Beobachtungsprotokolle regelmäßig geführt oder mir anderweitig Notizen gemacht?
- Habe ich meiner Beurteilung den richtigen Bewertungsmaßstab zugrunde gelegt?
- Habe ich mich von meinen Idealvorstellungen leiten lassen?
- Kann ich Beurteilungsfehler weitestgehend ausschließen?
- Kann ich meine Beurteilung durch sachliche, stichhaltige und abgesicherte Daten und Fakten begründen, die aus eigener Beobachtung stammen?
- Welches sind die wichtigsten Punkte der Beurteilung und wie sollen sie im Gespräch angesprochen werden?
- Um was für einen „Typ" handelt es sich bei dem Mitarbeiter und wie wird er im Gespräch reagieren?
- Mit welchen Einwendungen ist im Gespräch zu rechnen?
- Zu welchem Ergebnis soll das Beurteilungsgespräch führen?
- Habe ich dem Mitarbeiter ausreichend Zeit gegeben, um sich seinerseits auf das Gespräch vorzubereiten?

Abb. 4–5: Vorbereitung des Vorgesetzten auf das Beurteilungsgespräch

Auch beim Beurteilungsgespräch ist der tatsächliche Gesprächsablauf nicht exakt vorhersehbar. Die nachfolgend dargestellten Ablaufstufen stellen sicher, dass nichts vergessen wird und helfen bei etwas hitzigeren Gesprächssituationen den Überblick zu wahren.

Ablaufstufen für das Beurteilungsgespräch:

1. Stufe: Interesse wecken durch einen positiven Gesprächseinstieg: Nicht mit der Türe ins Haus fallen, aber auch nicht um den heißen Brei herumreden. Den Mitarbeiter zunächst auf etwas ansprechen, was ihn persönlich betrifft (z. B. ein Projektergebnis, eine interessante Aufgabe, ein privates Ereignis). Danach zügig in das Beurteilungsgespräch einsteigen und Zielsetzung und Vorgehensweise erläutern.

2. Stufe: Selbstbeurteilung des Mitarbeiters
Zunächst sollte der Mitarbeiter Gelegenheit erhalten, seine eigene Beurteilung darzulegen. Aktiv zuhören und ggf. Notizen machen. Der Vorgesetzte sollte nur unterbrechen, wenn er weitere Erläuterungen benötigt.

3. Stufe: Vorgesetzteneinschätzung: Nun erläutert der Vorgesetzte seine Sichtweise. Die Selbstbeurteilung des Mitarbeiters wird ergänzt, bestätigt und/oder korrigiert. Der Vorgesetzte begründet seine Einschätzung anhand von Daten und Fakten. Es hat sich bewährt, die eigene Argumentation auf den grundlegenden Verhaltensweisen des Mitarbeiters aufzubauen und deren Auswirkungen auf die einzelnen Aufgabenbereiche des Mitarbeiters aufzuzeigen. Mit dieser Vorgehensweise wird eine differenzierte, nachvollziehbare, individuelle und damit insgesamt überzeugende Beurteilung des Mitarbeiters sichergestellt.

4. Stufe: Gelegenheit für Emotionen: Dem Mitarbeiter Gelegenheit geben, Unzufriedenheit, Ärger oder Enttäuschung zu äußern. In diesem Moment geht es nicht um Sachlichkeit, sondern um Emotionalität. Der Vorgesetzte versucht, die Gefühle und die darin verborgenen Motive des Mitarbeiters zu erkennen.

5. Stufe: Zurück zur Sachlichkeit: Gemeinsam übereinstimmende und abweichende Meinungen herausarbeiten. Dabei nach Ursachen für Stärken und Schwächen und nach Lösungsmöglichkeiten suchen. Auf Monologe verzichten. Den Mitarbeiter an der Erarbeitung von Lösungen beteiligen und ihn so für diese mitverantwortlich machen.

6. Stufe: Ergebnis sichern: Im Idealfall schätzt der Mitarbeiter zu diesem Zeitpunkt seine Leistungen ähnlich ein wie der Vorgesetzte. Die wichtigsten Punkte des Beurteilungsgesprächs sowie die vereinbarten Maßnahmen schriftlich festhalten:

- Welche Erwartungen hat der Vorgesetzte zukünftig an die Leistungen und das Verhalten des Mitarbeiters,
- welche Hilfestellungen wird er dem Mitarbeiter geben,
- wie und mit welchen Maßstäben wird er zukünftig kontrollieren?

4.4.3 Zielvereinbarungsgespräch

Auch auf das Zielvereinbarungsgespräch müssen sich sowohl der Vorgesetzte als auch der Mitarbeiter ausreichend vorbereiten. Mit der Information über den Gesprächstermin sollte der Mitarbeiter aufgefordert werden, sich über die künftigen Ziele seines Verantwortungsbereichs und seine weitere berufliche Entwicklung Gedanken zu machen. Nachfolgend sind die wichtigsten Vorüberlegungen des Vorgesetzten und des Mitarbeiters für ein Zielvereinbarungsgespräch zusammengefasst.

Vorbereitung des Vorgesetzten auf das Zielvereinbarungsgespräch:

- Information über die mittelfristigen (strategischen) Ziele des Unternehmens,
- künftige Ausrichtung des eigenen Bereichs/der eigenen Abteilung,
- Einbettung des eigenen Bereichs in die Unternehmensstrategie,
- aus den Bereichszielen abgeleitete Schwerpunktaufgaben des Mitarbeiters,
- interne und abteilungsübergreifende Zusammenarbeit,
- zu beachtende Rahmenbedingungen,
- ggf. notwendige Qualifizierungsmaßnahmen.

Vorbereitung des Mitarbeiters:

- Welche Schwerpunkte der Abteilung sieht der Mitarbeiter?
- Vorschläge zur künftigen Übernahme neuer oder anderer Aufgaben,
- mittelfristige Ziele,
- erforderliche Mittel zur Zielerreichung,
- ggf. notwendige Qualifizierungsmaßnahmen,
- persönliche Entwicklungsziele.

Das in Abbildung 4–6 abgedruckte Formular Zielerreichung kann vom Mitarbeiter auch als Vorbereitungsblatt verwendet werden, wenn es ihm mit der Einladung zum Zielvereinbarungsgespräch zugesandt wird. Je nach Vereinbarung wird es zum Gespräch mitgebracht oder einige Tage vorher dem Vorgesetzten übergeben. Eine mögliche Gliederung für ein Zielvereinbarungsgespräch enthält Abbildung 4–7.

Zielerreichung/Aufgabenerfüllung		
Mitarbeiter:		Pers.Nr.: ....
Vorgesetzter:		Bereich: ....
Periode:		Datum: ....
Ziele:	**Grad der Zielerreichung**	**Erläuterung der Einflussfaktoren:**
(1)		
(2)		
(3)		
(4)		
(5)		
(6)		
Dieses Blatt ist vom Mitarbeiter ins Gespräch mitzubringen		

Abb. 4–6: Formular Zielerreichung

■ **Gesprächseröffnung**

  – Anlass des Gespräches klären

  – Grundsätzliches zum Führen mit Zielen

  – bisherige Erfahrungen mit Zielvereinbarungen

■ Bereichsziele aus dem übergeordneten Zielsystem besprechen und auf den Aufgabenbereich des Mitarbeiters herunterbrechen

■ Darstellung von zukünftigen Anforderungen an den Arbeitsplatz und daraus resultierende Aufgaben durch den Mitarbeiter

■ Kommentierung und Weiterführung der Darstellungen des Mitarbeiters durch den Vorgesetzten

■ Inhaltliche Vereinbarung zwischen dem Vorgesetzten und Mitarbeiter über konkrete Ziele, Schwerpunkte und Prioritäten

■ Diskussion vorhersehbarer Probleme und Schwierigkeiten bei der Zielerreichung

■ Besprechen der persönlichen Entwicklungsziele des Mitarbeiters

■ Vereinbarung der Rahmenbedingungen

  – Maßstäbe zur Überprüfung der Zielerreichung (Quantität, Qualität, Kosten, etc.)

  – Termine für Zwischenüberprüfungen

  – Zeitspanne bzw. Endtermin

■ Überprüfung der Ressourcen des Mitarbeiters; verfügt der Mitarbeiter über notwendige und ausreichende Kenntnisse und/oder Fertigkeiten

■ Ggf. zusätzliche Qualifizierungsmaßnahmen festlegen

■ Überprüfen der Kompetenzen, um notwendige Entscheidungen treffen zu können

■ Zeitliche Kapazitäten des Mitarbeiters bzw. der diesem unterstellten Mitarbeiter

■ Finanzielle Mittel

■ Schriftliche Dokumentation der Ziele und Vereinbarungen

■ Gesprächsabschluss

Abb. 4–7: Leitfaden für eine Zielvereinbarungsgespräch

4.4.4 Jahresmitarbeitergespräch

Im Jahresmitarbeitergespräch werden gleich drei verschiedene Mitarbeitergespräche zusammengefasst:

- das Beurteilungsgespräch,
- das Fördergespräch und
- das Zielvereinbarungsgespräch.

Auch wenn es nach Rationalisierung klingen mag, wenn statt drei Gesprächen nur noch ein einziges geführt wird, ist dies nicht der entscheidende Grund für die Zusammenfassung der drei Gesprächsanlässe. Das Jahresmitarbeitergespräch hat vielmehr den großen Vorteil, dass die wichtigsten Punkte der übergreifenden Personalführung zusammenhängend besprochen werden können. Die Beurteilung kann auf der Basis der vorangegangenen Zielvereinbarungen durchgeführt werden. Soweit Leistungsdefizite vorliegen, können geeignete Bildungsmaßnahmen vereinbart werden. Die künftige Förderung kann auf die neu vereinbarten Ziele und Aufgaben abgestimmt werden.

Ein Jahresmitarbeitergespräch ist zeitaufwändiger als wenn die verschiedenen Gespräche einzeln geführt werden. Für die Vorbereitung gelten sinngemäß die oben dargestellten Empfehlungen. Die Zusammenfassung sollte nicht dazu führen, dass insgesamt seltener mit den Mitarbeitern gesprochen wird.

Der in Abbildung 4–8 enthaltene Leitfaden ist in Form eines Protokolls konzipiert. Er umfasst die wesentlichen Aspekte, auf die ein Jahresmitarbeitergespräch eingehen sollte.

Jahresmitarbeitergespräch – Leitfaden und Protokoll		
Name des Vorgesetzten	Name des Mitarbeiters	Datum des Gespräche
Funktion	Funktion	Betrachtungszeitraum
Sicht des Vorgesetzten	**Sicht des Mitarbeiters**	**Vereinbarungen**

1. Leistungen/Zusammenarbeit in der Vergangenheit

Welche vereinbarten Ziele und Leistungsstandards wurden erreicht?

Welche Faktoren haben den Mitarbeiter unterstützt, diese zu erreichen?

Zusammenarbeit, Kommunikation und Unterstützung durch den Vorgesetzten?

2. Ziele und Vereinbarungen für das Folgejahr

Ziele, Aufgaben und Leistungsstandards:

Maßnahmen zur Verbesserung von Zusammenarbeit und Kommunikation:

Förder- und Entwicklungsmaßnahmen::

Unterstützung durch den Vorgesetzten:

Sonstige Vereinbarungen:

Datum/Unterschrift	Datum/Unterschrift	Verteiler:
		Original: Vorgesetzter
		Kopie: Mitarbeiter
		Kopie: Personalakte

Abb. 4–8: Leitfaden für ein Jahresmitarbeitergespräch

5. Kapitel

Instrumente der Förderung

5.1 Karrieresicherung durch Laufbahnplanung

Durch die Laufbahnplanung (individuelle Entwicklungsplanung) wird die weitere berufliche Entwicklung eines Mitarbeiters für einen künftigen Zeitraum festgelegt. Laufbahn- und Nachfolgeplanung sind Instrumente der betrieblichen Aufstiegsplanung. Der planmäßige, nach allgemein gültigen Kriterien vollzogene Aufstieg im Unternehmen ist ein wesentlicher Faktor der betrieblichen Motivationspolitik. Sobald die Mitarbeiter realistische Möglichkeiten für einen Aufstieg im „eigenen" Unternehmen erkennen, wird die Bereitschaft steigen, ihre persönlichen Interessen mit den betrieblichen Zielen zu identifizieren. Vorhandene Aufstiegschancen stellen für die Mitarbeiter einen Anreiz dar, der in erster Linie der Befriedigung der Bedürfnisse nach Wertschätzung und Selbstverwirklichung dient. Beruflicher Aufstieg wird von vielen Mitarbeitern als Anerkennung für bisherige gute Leistungen empfunden.

Als Laufbahn werden die aufeinander folgenden Positionen bezeichnet, die ein Mitarbeiter während seiner Tätigkeit im Unternehmen durchläuft.

> **Wichtig:**
>
> Die Laufbahnplanung legt fest, welche Positionen ein Mitarbeiter im Laufe seiner weiteren beruflichen Entwicklung noch einnehmen kann und welche qualifizierenden Maßnahmen dazu erforderlich sind.

Ausgangspunkt für die Planung sind die Person des Mitarbeiters sowie dessen Fähigkeiten und Entwicklungsbedürfnisse. Statt von Laufbahnplanung wird gelegentlich auch von Karriereplanung gesprochen. Mit dem Begriff Karriere wird vor allem auf die Sicht der Mitarbeiter und die auf diese ausgeübte Anreizwirkung abgestellt. Allerdings ist nicht auszuschließen, dass durch das Wort Karriere der Eindruck vermittelt wird, dass es sich zwangsläufig um einen raschen, steilen und grundsätzlich erfolgreichen beruflichen Aufstieg handelt. Dies muss nicht so sein. Die Planung der Laufbahn (oder Karriere) ist nicht mit einer automatischen Aufstiegsgarantie verbunden. Außerdem ist eine systematische Laufbahnplanung auf jeder Hierarchieebene möglich. Sie liegt auch dann schon vor, wenn die geplante Positionsabfolge nur eine oder zwei Ebenen umfasst.

BEISPIEL:
– Arbeiter
– Vorarbeiter
– Schichtführer

Ein wesentliches Merkmal der Laufbahnplanung als Instrument der Personalentwicklung ist ihre große Flexibilität. Diese ermöglicht es, auf die persönliche Situation und die individuellen Fähigkeiten der Mitarbeiter ebenso Rücksicht zu nehmen wie auf die jeweils vorherrschenden betrieblichen Gegebenheiten.

5.1.1 Nutzen der Laufbahnplanung

Eine erfolgreiche Laufbahnplanung nützt sowohl der Unternehmung als auch den Mitarbeitern. Während es der Unternehmung in erster Linie um die Deckung des künftigen Personalbedarfs geht, stehen für die Mitarbeiter die Möglichkeiten der weiteren beruflichen Entwicklung (Karriere) im Vordergrund.

Im Einzelnen ergeben sich für die Unternehmung durch die Laufbahnplanung folgende Vorteile:

- Die Laufbahnplanung dient der personellen Vorsorge; sie stellt sicher, dass bei der Besetzung künftiger Vakanzen geeignete Kandidaten zur Verfügung stehen.

- Die Laufbahnplanung verschafft Transparenz über vorhandene Potenziale im Unternehmen.

- Die Laufbahnplanung informiert über die Wünsche der Mitarbeiter, denn nicht jeder will Karriere machen.

- Die Laufbahnplanung führt zu einer höheren Leistungsfähigkeit der Mitarbeiter, da diese eine bessere Qualifikation aufweisen.

- Die Mitarbeiterbindung an die Unternehmung wird erhöht; damit sinkt gleichzeitig die Fluktuation.

- Die Organisation wird für neue Anforderungen vorbereitet (z. B. Marktveränderungen, neue Technologien).

Die Mitarbeiter sehen in der Laufbahnplanung vor allem ein Instrument, durch das die Vorstellungen und Wünsche über die persönliche Entfaltung und das berufliche Fortkommen befriedigt werden können. Im Einzelnen ergeben sich aus Mitarbeitersicht folgende Vorteile:

- Die Mitarbeiter erlangen Transparenz über bestehende Aufstiegsmöglichkeiten im Unternehmen.

- Durch die Kenntnis vorhandener Aufstiegschancen kann der Einzelne Initiativen für seine künftige Entwicklung ergreifen.

- Die Mitarbeiter gehen mit größerer Motivation an ihre Aufgaben heran.

- Die Mitarbeiter erlangen Sicherheit durch die Bindung an das Unternehmen.

- Für die Mitarbeiter bedeutet die Anpassung an neue Anforderungen auch eine Erhöhung des eigenen „Marktwertes".

Trotz der generellen Anreizwirkung betrieblicher Aufstiegschancen ist der Wunsch nach Aufstieg unterschiedlich ausgeprägt. Es gibt auch Mitarbeiter, die auf eine Weiterentwicklung keinen Wert legen. Für solche Mitarbeiter entfällt eine Planung der weiteren Laufbahn; die Maßnahmen der Personalentwicklung reduzieren sich auf eine regelmäßige Anpassung der Qualifikationen an neue technologische Gegebenheiten.

Wichtigste Einflussfaktoren auf das Aufstiegsbedürfnis des Einzelnen sind Herkunft, soziale Umwelt, Schulbildung, Persönlichkeitsstruktur und die bereits erreichte Position im Betrieb. Das Laufbahnbewusstsein ist umso stärker ausgeprägt, je besser die schulische Bildung und je höher die bereits erreichte Stellung sind.

5.1.2 Gestaltungsmöglichkeiten

Den unterschiedlichen Bedürfnissen der Mitarbeiter und den Möglichkeiten des Unternehmens wird durch verschiedene Modelle Rechnung getragen.

Führungslaufbahn

In vielen Unternehmen wird Laufbahnplanung nur für den Führungskreis angeboten. Hintergrund dafür ist häufig die Überlegung, dass die oberen Führungskräfte am wichtigsten für den Unternehmenserfolg sind. In solchen Laufbahnplänen ist zumeist eine Abfolge von Führungspositionen abgebildet, die mit einem kleineren Verantwortungsbereich beginnt.

BEISPIEL: Für den Außendienst könnte eine Führungslaufbahn wie folgt aussehen:
- Gruppenleiter
- Regionalleiter
- Außendienstleiter
- Bereichsleiter Marketing und Vertrieb

Fachlaufbahn

Die Zahl der vorhandenen Führungspositionen ist begrenzt. Außerdem möchte nicht jeder Mitarbeiter Führungsverantwortung übernehmen oder verfügt über das Potenzial dazu. Auch diesen Mitarbeitern können Karrierechancen geboten werden, wenn neben der mit Personalverantwortung verbundenen Führungslaufbahn auch Fachlaufbahnen geschaffen werden.

> **BEISPIEL:** In einer Außendienstorganisation kann die Fachlaufbahn aus verschiedenen Ebenen bestehen, die der Mitarbeiter mit zunehmender Qualifikation und steigendem (Umsatz-)Erfolg einnimmt:
> – Außendienstmitarbeiter
> – Senior-Außendienstmitarbeiter
> – Bezirksleiter
> Diese Stufen beinhalten dann nicht die Übernahme von Führungsverantwortung, sondern jeweils umfassendere Fachverantwortung sowie materielle Vorteile.

Projektlaufbahn

Mit dem zunehmenden Abbau von Hierarchieebenen finden sich in Unternehmen immer häufiger Projektorganisationen. Dadurch bieten sich mögliche Laufbahnen, die sich überwiegend auf zeitlich begrenzte Aufgaben beziehen und eine Verknüpfung von Expertentum und Führungsaufgaben darstellen.

> **BEISPIEL:** Ein bereichsneutrales Beispiel könnte wie folgt aussehen:
> – Projektbeauftragter
> – Sub-Projektleiter
> – Projektleiter

Im Betrieb sollte das Bewusstsein vorherrschen, dass Laufbahnplanung nahezu für jeden Mitarbeiter möglich ist, also nicht nur Führungskräfte und Spezialisten beachtet werden sollten. Auch der Mitarbeiter im Lager ist ein potenzieller Laufbahnkandidat für die Abfolge einer Karriereleiter vom Lagerhelfer zum Vorarbeiter.

5.1.3 Klarheit durch eindeutige Regelungen

Die Laufbahnplanung wird nur erfolgreich sein, wenn die wichtigsten Gestaltungsprinzipien in einer eindeutigen und für alle Beteiligten geltenden Form festgelegt werden. Diese Regeln müssen allen Mitarbeitern zugänglich sein. Die folgenden Grundsätze sollten beachtet werden.

Stellenbesetzung aus den eigenen Reihen

Der Grundsatz „Aufstieg aus den eigenen Reihen" ist eine wesentliche Voraussetzung für die erwähnte Motivationswirkung. Auch wenn die benötigten Fach- und Führungskräfte am Arbeitsmarkt gewonnen werden könnten, sollte zunächst intern nach geeigneten Kandidaten gesucht werden. Wenn interessante Positionen ständig durch Externe besetzt werden, zweifeln die Mitarbeiter an reellen Aufstiegschancen.

Neben der Anreizwirkung auf die Mitarbeiter hat die Stellenbesetzung aus den eigenen Reihen weitere Vorteile:

- Die Stärken und Schwächen des Mitarbeiters sind bekannt, weshalb die Gefahr einer Fehlentscheidung sehr viel niedriger ist als bei einer externen Stellenbesetzung.

- Der Mitarbeiter kennt das zukünftige Arbeitsumfeld (Unternehmenskultur, Abteilung, Vorgesetzter) und kann weitaus besser abschätzen als ein externer Bewerber, ob er sich dort wohl fühlen wird.

- Die Einarbeitung eines internen Kandidaten wird in der Regel kürzer sein.

Eindeutige Auswahlkriterien

Die Kriterien, anhand deren ein Karriereschritt vollzogen wird, sollten für alle Mitarbeiter einsehbar sein. Nur so wird der häufig auftretenden Meinung vorgebeugt, dass eine Entscheidung zur Beförderung oder Weiterentwicklung anhand subjektiver Faktoren (z. B. gute Beziehungen) getroffen würde. Die Mitarbeiter erlangen eine gewisse Sicherheit und können selbst einschätzen, ob sie bereits für einen Entwicklungsschritt infrage kommen. Anhand objektiver Kriterien (z. B. Ergebnisse der letzten Leistungsbeurteilung, Betriebszugehörigkeit, Ergebnisse von Auswahlverfahren wie Assessment-Center) ist eine fundierte Entscheidung gewährleistet.

Keine Beförderungsmechanismen

Die festgelegten Auswahlkriterien müssen dennoch einen Spielraum lassen. Ein Automatismus bei Beförderungen wie im öffentlichen Dienst sollte vermieden werden; deshalb sind die Betriebs- oder Positionszugehörigkeit als einzige Auswahlkriterien nicht praktikabel.

Außerdem muss eine einmal getroffene Entscheidung rückgängig gemacht werden können. Die Planung beruht im Wesentlichen auf vergangenheitsorientierten Informationen, die nur eine begrenzte Aussage über die längerfristige Eignungsentwicklung eines Mitarbeiters zulassen. Der Mitarbeiter muss sich vielmehr auf jeder Entwicklungsstufe neu bewähren; seine Fertigkeiten und Kenntnisse entwickeln sich ebenso wie seine Persönlichkeit ständig weiter. Außerdem können nicht vorhersehbare Umstände eintreten, die den Abbruch einer erfolgreich begonnenen „Karriere" erzwingen. Durch eine kontinuierliche Fortschreibung des individuellen Entwicklungsplans bei Erreichen einer neuen Entwicklungsstufe muss dann jeweils festgestellt werden, inwieweit das allgemeine (personenunabhängige) Laufbahnmodell in der vorliegenden Situation anzuwenden ist.

Damit ein funktionierendes Laufbahnplanungssystem aufgebaut werden kann, muss Klarheit über die im Unternehmen vorhandenen Positionen herrschen. Nur so können die Mitarbeiter einen Einblick in für sie interessante Bereiche erhalten und mögliche Karrierewege/Laufbahnen erkennen.

5.1.4 Individuelle Laufbahnpläne

Mit der Laufbahnplanung wird die weitere berufliche Entwicklung des Mitarbeiters für eine begrenzte Zeit vorgezeichnet, ohne dass es sich um eine starre Festlegung handelt, wie das z. B. bei der Laufbahnreglung im öffentlichen Dienst der Fall ist. Künftige Erkenntnisse über die Eignung der Mitarbeiter, eine gewandelte Interessenlage der Mitarbeiter, aber auch Veränderungen in den betrieblichen Gegebenheiten können jederzeit berücksichtigt werden und zu einer Anpassung des Entwicklungsplans an die neue Situation führen. Um Enttäuschungen und unberechtigten Ansprüchen rechtzeitig vorzubeugen, sollte jedem Mitarbeiter bewusst sein,

- dass die Unternehmung mit der Festlegung des Entwicklungsplans gegenüber dem Mitarbeiter keine Verpflichtung im Hinblick auf eine bestimmte Position übernimmt,

- dass der Aufstieg in die nächst höhere Position ausschließlich von den Fähigkeiten des Mitarbeiters und dem Bedarf der Unternehmung abhängig gemacht wird und

- dass im Sinne einer Nutzung des vorhandenen Leistungspotenzials aller Mitarbeiter die Möglichkeit einer Stellenbesetzung durch andere erhalten bleibt.

Folgende Informationen können in einen Mitarbeiterentwicklungsplan (persönlichen Entwicklungsplan) aufgenommen werden:

- Angaben zur Person des Mitarbeiters
- Ziel des Plans
- Leistungsverbesserung
- Berufliche Entwicklung
- Stärken des Mitarbeiters
- Schwächen des Mitarbeiters
- Entwicklungsziele für den Planungszeitraum
- Entwicklungsmaßnahmen für den Planungszeitraum
- Vorgesehene Bildungsmaßnahmen
- Langfristige Ziele
- Langfristige Maßnahmen.

5.1.5 Allgemeine Laufbahnmodelle

Als Grundlage für die individuelle, auf die spezifische Qualifikation eines Mitarbeiters zugeschnittene Laufbahnplanung empfiehlt es sich, zunächst allgemeine, personenunabhängige Laufbahnmodelle zu entwerfen. Diese beziehen sich nicht auf den einzelnen Mitarbeiter, sondern zeigen vielmehr die ideale Stellenabfolge, deren Absolvierung eine kontinuierliche und logische Aufstiegsentwicklung sicherstellt. Die allgemeinen Modelle werden im Laufbahngespräch unter Berücksichtigung der aktuellen Gegebenheiten auf einen bestimmten Mitarbeiter zugeschnitten.

Die Laufbahnplanung kann grundsätzlich für alle Mitarbeiterkategorien betrieben werden. Insbesondere, wenn neben den Führungslaufbahnen auch Fachlaufbahnen konzipiert werden, ergeben sich auch für die unteren hierarchischen Ebenen attraktive Aufstiegsmöglichkeiten, die den betroffenen Mitarbeitern Gelegenheit bieten, ihr vorhandenes Qualifikationspotenzial erfolgreich einzusetzen. Das nachfolgende Laufbahnmodell für den Bürobereich sieht für eine besonders qualifizierte Mitarbeiterin den durchaus nicht unrealistischen Aufstieg von der Bürogehilfin zur Abteilungssekretärin vor.

BEISPIEL:
- Einstellung als Bürogehilfin
- Schreibkraft
- Förderkreis für Nachwuchssekretärinnen
- Nachwuchssekretärin
- Gruppensekretärin
- Abteilungssekretärin

Das oben abgedruckte Beispiel aus dem Außendienstbereich lässt sich als Kombination von Fach- und Führungslaufbahn ausdehnen.

BEISPIELE:
- Außendienstmitarbeiter
- Senior-Außendienstmitarbeiter
- Bezirksleiter (bis hierhin keine Personalverantwortung)
- Gruppenleiter (mit eingeschränkter Personalverantwortung)
- Regionalleiter (mit voller Personalverantwortung)
- Außendienstleiter (Verantwortung für Umsatz und Mitarbeiter einer gesamten Produktlinie)
- Bereichsleiter Marketing und Vertrieb (zusätzlich Marketing)

Als Kriterium zur Übernahme in die zweite Stufe (Senior-Außendienstmitarbeiter) oder dritte Stufe (Bezirksleiter) kann beispielsweise festgelegt werden, dass jeweils zwei Jahre hintereinander eine Leistungsbeurteilung mit mindestens „gut" erzielt werden muss oder es müssen bestimmte vorgegebene Umsatzziele erreicht werden. Sobald der Mitarbeiter eine Ebene erreicht, bei welcher der nächste Karriereschritt die Übernahme von Personalverantwortung mit sich bringt, sollten andere qualitative Kriterien hinzugezogen werden (z. B. die erfolgreiche Gestaltung eines bestimmten Projekts als Projektleiter). Für die Beförderung vom Gruppen- zum Regionalleiter muss sichergestellt werden, dass der Mitarbeiter sich bereits in seinen abgespeckten Führungsaufgaben bewährt hat. Für den Sprung zum Außendienstleiter sind neben der bewiesenen guten Führungsfähigkeit auch eine Vielzahl kaufmännischer Fertigkeiten wie Planung, Kostenrechnung, Marketing usw. nötig.

Es ist sinnvoll, in den allgemeinen Laufbahnmodellen auch gleich notwendige Trainingsmaßnahmen festzuschreiben. Wenn die Bildungsabteilung beispielsweise ein internes Führungskräftetraining anbietet, das den Teilnehmern das Thema „Instrumente für erfolgreiche Mitarbeiterführung" im Unternehmen vermittelt, sollte die Teilnahme für angehende oder neue Führungskräfte verpflichtend sein.

5.2 Vakanzen vermeiden durch Nachfolgeplanung

Die Nachfolgeplanung stellt sicher, dass für alle in die Planung einbezogenen Stellen beim Ausscheiden der gegenwärtigen Stelleninhaber jederzeit ein oder mehrere geeignete Nachfolgekandidaten zur Verfügung stehen. Ausgangspunkt aller Überlegungen sind die zu besetzenden Positionen. Durch die Nachfolgeplanung kommt es zu einer Abstimmung zwischen der funktionsorientierten Personalbedarfsplanung und der personenorientierten Personalentwicklungsplanung.

5.2.1 Nachfolgeplanung bedeutet Nachwuchs- sicherung

Die Nachfolgeplanung legt fest, wer sich aus dem Kreis der vorhandenen Mitarbeiter im Falle einer Vakanz als Stelleninhaber eignet und welche Bildungsmaßnahmen für eine endgültige Stellenübernahme noch erforderlich sind.

Folgende Aufgaben werden durch die Nachfolgeplanung erfüllt:

- Identifizierung von Schlüsselpositionen im Unternehmen,
- Festlegung von Anforderungsprofilen für diese Positionen,
- Ermittlung von möglichen Kandidaten, die innerhalb des Unternehmens für die Nachbesetzung infrage kommen,
- Entwicklung und Qualifizierung der Nachfolgekandidaten durch geeignete Weiterbildungsmaßnahmen,
- Einleitung externer Personalbeschaffungsmaßnahmen, wenn aus den eigenen Reihen keine geeigneten Nachfolgekandidaten zur Verfügung stehen.

Damit ist die Nachfolgeplanung eng verwandt mit der Laufbahnplanung. Allerdings unterscheiden sich die beiden Instrumente hinsichtlich ihrer Blickrichtung: Während die Laufbahnplanung von den einzelnen Mitarbeitern ausgeht und festlegt, welche Positionen diese im Laufe ihrer weiteren beruflichen Entwicklung noch einnehmen können, orientiert sich die Nachfolgeplanung an den zu besetzenden Stellen.

- Die Ausgangsfrage für die Laufbahnplanung lautet: Was kann ein Mitarbeiter noch erreichen?
- Die Ausgangsfrage für die Nachfolgeplanung lautet: Wer ist für die bestmögliche Besetzung einer bestimmten Stelle geeignet?

Theoretisch stellt eine gut organisierte Nachfolgeplanung sicher, dass außer den typischen Eingangspositionen jede Stelle aus den eigenen Reihe besetzt werden kann. Tatsächlich ist dieser „Idealzustand" weder erreichbar noch erwünscht. Zum einen sind nicht für jede Position qualifizierte Mitarbeiter im Unternehmen verfügbar; zum anderen ist das Instrument der Nachfolgeplanung viel zu aufwändig, um auf allen hierarchischen Ebenen eingesetzt zu werden. Außerdem wäre es im Sinne neuer Impulse und Ideen nicht förderlich, wenn alle Schlüsselpositionen ständig aus den eigenen Reihen besetzt würden.

In der Regel wird eine systematische Nachfolgeplanung nur für mittlere und obere Führungskräfte und ausgewählte Fachkräfte betrieben. Für die übrigen Positionen wird man sich mit der internen Stellenausschreibung begnügen. Auch damit werden, wie mit der Nachfolgeplanung, im Unternehmen vorhandene Mitarbeiterpotenziale erschlossen und die interne Mobilität gefördert.

Die interne Stellenausschreibung unterscheidet sich von der Nachfolgeplanung jedoch durch eine wesentlich geringere Planmäßigkeit des Vorgehens. Während durch die Nachfolgeplanung Mitarbeiter gezielt angesprochen werden, richtet sich die interne Stellenausschreibung grundsätzlich an einen „anonymen" Mitarbeiterkreis. Es bleibt dem Zufall überlassen, ob für die offerierten Stellen Interessenten im Unternehmen vorhanden sind und ob diese auf das Angebot reagieren. Solche Probleme werden bei der Nachfolgeplanung bewusst ausgeschaltet: Sie beruht auf genauen Kenntnissen der vorhandenen Mitarbeiter sowie deren Qualifikation und individuellen Erwartungen.

5.2.2 Nutzen der Nachfolgeplanung

Ebenso wie die Laufbahnplanung nützt auch eine systematische Nachfolgeplanung sowohl der Unternehmung als auch den Mitarbeitern. Aus Sicht der Unternehmung steht die personelle Vorsorge im Vordergrund. Die Personalplanung kann mit motivierten und leistungsbereiten Mitarbeitern rechnen. Die vorgesehenen Nachfolger werden Schritt für Schritt an ihre künftigen Aufgaben herangeführt. Das Risiko von Fehlentscheidungen sinkt; teure Ad-hoc-Entscheidungen können vermieden werden. Zusammenfassend ergeben sich für die Unternehmung folgende Vorteile:

- Transparenz über vorhandene Potenziale im Unternehmen,

- Wissen um die Wünsche der Mitarbeiter, denn nicht jeder will Karriere machen,

- die Besetzung zukünftiger Vakanzen bei Schlüsselpositionen wird gesichert,

- eine verbesserte Personaldisposition,

- eine höhere Leistungsfähigkeit der Mitarbeiter, da diese eine bessere Qualifikation aufweisen und ein konkretes Ziel vor Augen haben,

- eine Verstärkung der Mitarbeiterbindung und damit eine niedrigere Fluktuation,

- größere Unabhängigkeit vom externen Arbeitsmarkt.

Für die Mitarbeiter ist das wichtigste Ziel die Eröffnung von Aufstiegsmöglichkeiten im eigenen Unternehmen. Das Wissen, bei entsprechender Bewährung in der gegenwärtigen Position in absehbarer Zeit anspruchsvollere Aufgaben übernehmen zu können, wird der Leistungsbereitschaft förderlich sein. Folgende weitere Vorteile für die Mitarbeiter sind zu nennen:

- Die Mitarbeiter erlangen Transparenz über realistische Karrieremöglichkeiten im eigenen Unternehmen,

- die Mitarbeiter können ihre Zukunft im Unternehmen besser planen, wenn sie als Nachfolger für eine bestimmte Position entwickelt werden,

- die Mitarbeiter haben eine höhere Sicherheit und können mit wirtschaftlicher Verbesserung rechnen,

- die Mitarbeiter übernehmen anspruchsvollere Aufgaben, die ihren persönlichen Neigungen entsprechen.

5.2.3 Instrumente der Nachfolgeplanung

Für die eigentliche Nachfolgeplanung hat die Praxis mehrere Varianten entwickelt. Die Auswahl hängt von den vorliegenden organisatorischen Verhältnissen und dem erwünschten Informationsgrad ab.

Die aufwändigste Darstellungsweise ist ein **individueller Nachfolgeplan** für jede in die Planung einbezogene Stelle. Er enthält neben Angaben zur Position und zu ihrer derzeitigen Besetzung bis zu drei

Nachfolgekandidaten sowie die zu deren endgültiger Qualifizierung erforderlichen Maßnahmen.

Weniger aufwändig ist die abteilungsweise Zusammenfassung der in die Nachfolgeplanung einbezogenen Positionen in **Nachfolgelisten.** Dabei werden wiederum Hinweise auf die gegenwärtige Stellenbesetzung und die wichtigsten Informationen über mögliche Nachfolgekandidaten aufgenommen

Eine gebräuchliche und sehr übersichtliche Darstellungsform ergibt sich durch eine **Erweiterung des vorhandenen Organisationsplans** (Stellenplans). Dieser wird durch Angaben über die gegenwärtigen Stelleninhaber und deren potenzielle Nachfolgekandidaten ergänzt. Durch eine geeignete Symbolik kann sowohl die Beförderungsfähigkeit der amtierenden Stelleninhaber als auch die Eignung der möglichen Nachfolger verdeutlicht werden.

5.2.4 Beteiligte Personen

Eine funktionsfähige Nachfolgeplanung verlangt nach einer engen Zusammenarbeit zwischen der Personalabteilung, dem derzeitigen Stelleninhaber, dem derzeitigen Vorgesetzten, dem künftigen Vorgesetzten und dem Nachfolgekandidaten selbst.

Personalabteilung

Die Personalabteilung ist für die planerische und gestalterische Abwicklung sowie die Bereitstellung der erforderlichen organisatorischen Instrumente (Stellenbeschreibungen, Anforderungsprofile usw.) zuständig. Als Informationsquelle über die Mitarbeiter werden wiederum die Ergebnisse der Mitarbeiterbeurteilung, individuelle Entwicklungspläne oder eigens durchgeführte Assessment Centers herangezogen.

Folgende Aufgaben fallen in die Zuständigkeit der Personalabteilung:

- In Zusammenarbeit mit der Unternehmensleitung wird entschieden, ob und für welche Stellen Nachfolgeplanung betrieben wird;

- Schaffung der erforderlichen organisatorischen Voraussetzungen für eine funktionsfähige Nachfolgeplanung;

- Integration der Nachfolgeplanung in die sonstigen Maßnahmen der Personalentwicklung;

- Unterstützung der Vorgesetzten bei der Umsetzung der Nachfolgeplanung und anderer Instrumente der Personalentwicklung;

- Information und Einbezug des Betriebsrats.

Derzeitiger Stelleninhaber

Eine besonders wichtige Rolle nimmt der derzeitige Stelleninhaber ein. Er kennt die Anforderungen seines Arbeitsplatzes am besten und ist demgemäß am ehesten fähig zu beurteilen, wer von den ihm bekannten Mitarbeitern für eine Nachfolge geeignet erscheint. Auf seine Meinung sollte deshalb auf keinen Fall verzichtet werden, obwohl nicht völlig auszuschließen ist, dass die Furcht um den eigenen Arbeitsplatz oder die jeweilige persönliche Einstellung gegenüber bestimmten Mitarbeitern zu subjektiv gefärbten Auskünften führen können. Diese Gefahr sollte jedoch nicht überbewertet werden, da es sich bei der Nachfolgeplanung um keine kurzfristige Entscheidung handelt. Das typische Merkmal der Nachfolgewahl besteht vielmehr in einer längerfristigen, auf zuverlässigen Informationen beruhenden Disposition.

Die Befragung des derzeitigen Stelleninhabers kann schriftlich oder mündlich erfolgen. Sie sollte sich auf folgende Informationen erstrecken:

- Name und heutige Position der möglichen Nachfolger;

- Zeitraum, innerhalb dessen die genannten Kandidaten die Position voraussichtlich übernehmen können;

- eine kurze Begründung, warum der Stelleninhaber die genannten Nachfolgekandidaten für geeignet hält;

- Fertigkeiten und Kenntnisse, die den vorgeschlagenen Kandidaten für die Stellenübernahme noch fehlen;

- notwendige Qualifizierungsmaßnahmen, die zum Erwerb der fehlenden Fertigkeiten und Kenntnisse durchgeführt werden sollen;

- Qualifikationsstufe, die nach dem derzeitigen Informationsstand erreichbar erscheint.

Derzeitiger Vorgesetzter

Zuverlässige Informationen kann auch der derzeitige Vorgesetzte potenzieller Nachfolgekandidaten liefern. Durch den ständigen Umgang mit seinen Mitarbeitern und deren regelmäßige Beurteilung ist er am besten befähigt, auf entwicklungsfähige und förderungswürdige Mitarbeiter aufmerksam zu machen. Die Kenntnisse des Vorgesetzten über die Stärken und Schwächen seiner Mitarbeiter sowie ihre typischen Neigungen sollten es ihm auch ermöglichen, Hinweise auf die voraussichtlich erreichbare Position im Rahmen der weiteren beruflichen Entwicklung zu geben.

Künftiger Vorgesetzter

Der künftige Vorgesetzte muss aufgrund seiner Führungsverantwortung für den als Nachfolger vorgesehenen Mitarbeiter in den Planungs- und Entscheidungsprozess einbezogen werden. Die endgültige Entscheidung für eine Stellenübernahme kann nicht an ihm vorbeigehen, denn er muss später mit dem Mitarbeiter zusammenarbeiten.

Nachfolgekandidat

Gelegentlich ist zu hören, dass einem potenziellen Nachfolger nicht mitgeteilt werden soll, dass er für die Übernahme einer bestimmten Position vorgesehen ist. Die Befürworter dieser Auffassung befürchten, dass Leistungsrückgänge als Folge einer frühzeitigen Nominierung nicht auszuschließen sind („Kronprinzendenken").

Diese Auffassung ist falsch. Die notwendige Abstimmung der beiderseitigen Interessenlagen muss im gemeinsamen Gespräch (**Nachfolgegespräch**) erfolgen. Eine Berufung auf die vorgesehene Position ist nur sinnvoll, wenn sich die Vorstellungen des Nachfolgekandidaten hinsichtlich seiner weiteren beruflichen Entwicklung mit denen des Unternehmens decken. Die erwünschte Motivationswirkung wird nur bei einer umfassenden Information der potenziellen Nachfolgekandidaten über ihre künftige Aufgabenstellung eintreten. Außerdem wird eine rechtzeitige Vorbereitung auf die neue Tätigkeit nur möglich sein, wenn der Nachfolgekandidat weiß, welche Aufgaben auf ihn zukommen.

Das Nachfolgegespräch führt der Vorgesetzte der vakanten Position jeweils einzeln mit den nominierten Nachfolgekandidaten. Folgende Punkte sollten dabei angesprochen werden:

- Information des Mitarbeiters über seine Nominierung als Nachfolger für eine bestimmte Position;

- Klärung, ob seitens des Nachfolgers Interesse besteht, die vorgesehene Stelle zu übernehmen;

- Hinweis, dass mit der Nominierung als Nachfolger keine rechtlich verbindliche Anwartschaft auf Übernahme der Position verbunden ist;

- Abstimmung der zur endgültigen Qualifizierung erforderlichen Entwicklungsmaßnahmen (Anpassen des individuellen Entwicklungsplans);

- Festlegung des weiteren zeitlichen Ablaufs bis zur endgültigen Nachfolgeübernahme.

5.2.5 Planungshorizont und Planungsablauf

Klärungsbedürftig ist auch die zeitliche Reichweite der vorzunehmenden Nachfolgeentscheidungen. Dabei muss zwischen vorhersehbaren Anlässen (z. B. Erreichen der Altersgrenze, geplante Versetzung) und dem Eventualfall einer unvorhersehbaren Nachfolgeregelung unterschieden werden. Während im ersten Fall der Ablösezeitpunkt genau feststeht, kann im zweiten Fall nur vorsorglich geplant werden. Immer sollte aber beachtet werden, dass ein Mitarbeiter nur dann einigermaßen zuverlässig als Nachfolger benannt werden kann, wenn zwischen seiner derzeitigen Aufgabe und der zu übernehmenden Position ein sinnvoller funktionaler und zeitlicher Bezug hergestellt werden kann. Das wird nur innerhalb eines begrenzten Zeitraums möglich sein, der nicht wesentlich über fünf Jahre hinausgehen sollte.

Soweit ein nominierter Nachfolger die zur Übernahme der Position erforderlichen Qualifikationen einmal erworben hat, ist es für seine weitere Motivation wichtig, die entsprechende Stelle bald einnehmen zu können. Da auch aus Unternehmenssicht eine unterwertige

Beschäftigung abzulehnen ist, sollte ein perfektes System der Nachfolgeplanung einerseits eine mehrfache Verwendungsfähigkeit potenzieller Nachfolger vorsehen und andererseits für jede zu besetzende Position mehrere Kandidaten einplanen. Damit erhöhen sich die Chancen, dass es innerhalb eines zumutbaren Zeitraums auch tatsächlich zu einer Beförderung kommt. Der Ablauf der Nachfolgeplanung ist in Abbildung 5–1 als Flussdiagramm zusammengefasst.

5.3 Coaching

Die Auffassungen über Art und Inhalt von Coaching gehen im deutschen Sprachraum weit auseinander. Mit dem Begriff werden Inhalte assoziiert, die vom einfachen Training unterschiedlichster Fähigkeiten über einen eher förderungsorientierten Ansatz bis zu einer umfassenden therapeutischen Beratung bei betrieblichen und privaten Problemsituationen reichen.

In die Fülle der existierenden Begriffe lässt sich durch eine Unterscheidung in Coaching im engeren und Coaching im weiteren Sinne etwas Ordnung bringen.

Coaching im engeren Sinne umfasst sämtliche Maßnahmen, die ein Vorgesetzter zur Entwicklung seiner Mitarbeiter ergreift. Dabei wird alles, was vom Vorgesetzten selbst oder durch interne und externe Trainer zur Förderung der Mitarbeiter beigetragen wird, als Teil des Coaching-Prozesses verstanden. Als typische Ziele können hierbei infrage kommen:

- der Ausbau von Stärken,
- der Abbau von Schwächen,
- die Beratung in der Einarbeitungsphase,
- die Förderung der eigenen Entwicklung,
- die Verhaltensoptimierung in bestimmten Arbeitssituationen
- oder das Erreichen gemeinsam vereinbarter Ziele.

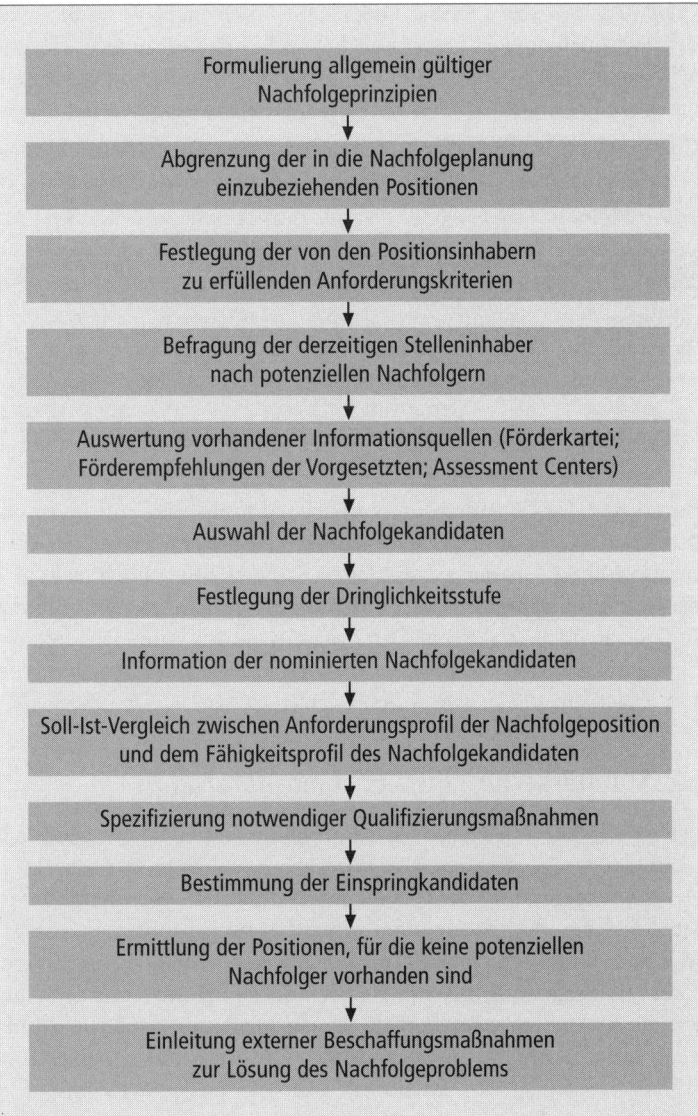

Abb. 5–1: Ablauf der Nachfolgeplanung

Coaching in diesem Sinne unterscheidet sich nicht wesentlich von der Personalentwicklung. Es eignet sich für Führungskräfte und Mitarbeiter aller Ebenen und umfasst zahlreiche der bereits an anderer Stelle genannten Ziele der Personalentwicklung.

Coaching im weiteren Sinne geht über diesen engen entwicklungsbezogenen Ansatz deutlich hinaus und betont stärker beratende und therapeutische Aspekte.

> ### Wichtig:
>
> Coaching ist eine Form der psychologischen Beratung auf Zeit, die in erster Linie Hilfe zur Selbsthilfe bei beruflichen oder den Beruf tangierenden privaten Problemen bietet. Es ist nicht die Aufgabe eines Coachs, die Probleme eines Klienten zu lösen, sondern er hat ihn bei der Lösung seiner Probleme zu unterstützen.

Adressaten des Coaching sind vorwiegend Fach- und Führungskräfte. Durch den Beratungsprozess sollen Verbesserungen bei der Leistungserfüllung, in der persönlichen Entwicklung und hinsichtlich der Funktionsfähigkeit der Organisation erreicht werden. So verstanden handelt es sich bei Coaching um ein Instrument, durch das die Personalentwicklung in der bisherigen Form durch zusätzliche, persönlichkeitsorientierte Aspekte erweitert wird.

5.3.1 Anlässe für eine Coaching-Beratung

Die Anlässe für eine Coaching-Beratung umfassen nahezu alle Problemfelder im persönlichen und/oder betrieblichen Bereich. U. a. werden organisatorische Probleme im Betrieb, Konflikte unterschiedlichster Art, Motivations- und Führungsprobleme, eine gewandelte Unternehmenskultur oder Karriereprobleme bis zur beruflichen Stagnation genannt. Coaching eignet sich immer dann, wenn das bestehende Verhaltensrepertoire einer Führungskraft nicht mehr ausreicht, um gegenwärtige oder zu erwartende Situationen zu bewältigen. In Abbildung 5–2 sind besonders häufig vorkommende Anlässe zusammengefasst.

Veränderung von Position, Aufgaben und Umfeld

- Integration in eine neue Unternehmenskultur (z. B. Einführung der Teamarbeit, Änderung des Führungsstils, neue Führungskonzepte, Implementierung neuer Werte)
- Übernahme neuer Aufgaben oder Positionen (z. B. Auslandsentsendung, Änderung der Arbeitsaufgaben durch Umstrukturierungen oder Fusionen)
- Wechsel von der Kollegenrolle in die Führungsrolle
- Umstrukturierung, geänderte Rahmenbedingungen
- Implementierung neuer Konzepte (z. B. Aufbau von Qualitätszirkeln, interne und externe Kundenorientierung)

Behebung individueller Defizite

- Verbesserung des Kommunikationsverhaltens, Verhaltensänderungen bei öffentlichen Auftritten
- Abbau hoher Stressanfälligkeit
- Entscheidungsunsicherheit, mangelnde Delegationsfähigkeit

Persönliche Situationsanalyse

- Potenzialanalyse und Ressourcentfaltung
- Karriereberatung
- Definition neuer Ziele oder Wertvorstellungen
- Betreuung im Rahmen einer Outplacement-Beratung

Überwindung privater und beruflicher Problemsituationen

- Mobbing, Ablehnung im Team
- individuelle Krisen (Midlife-Crisis, Burnout, Dauerstress im Job)
- Trennung vom Lebenspartner

Abb. 5–2: Anlässe für eine Coaching-Beratung

Das wichtigste Element einer Coaching-Beratung ist das Gespräch mit einem psychologisch geschulten Berater. Im Gespräch werden die persönlichen Gedanken, Wertvorstellungen und Verhaltensweisen der beratenen Mitarbeiter reflektiert mit dem Ziel, ein realistisches Selbstbild zu gewinnen. Die Handlungskompetenz und das Verhaltensspektrum werden verbessert und damit die Zufriedenheit erhöht. Einfacher ausgedrückt könnte man auch sagen, der Coach ist der „Gesprächspartner für alle Fälle", der seinem Mandanten für die Bearbeitung beruflicher Probleme, für die Berufs- und Lebensplanung, aber auch zur Reflexion und Weiterentwicklung persönlicher Wertvorstellungen und Einstellungen zur Verfügung steht.

Nach der Herkunft des Coachs wird zwischen internem und externem Coaching unterschieden. Mit einem externen Coach werden unter Umständen sehr persönliche Probleme besprochen, weil ihm keine durch das Unternehmen beziehungsweise die Organisation bediente Voreingenommenheit unterstellt wird.

5.3.2 Coaching-Prozess

Für eine erfolgreiche Coaching-Beratung müssen zwei wesentliche Voraussetzungen erfüllt sein:

- **Die Teilnahme muss freiwillig sein.** Zwar kann die Anregung für eine Beratung vom Unternehmen ausgehen, jedoch darf kein Mitarbeiter zur Teilnahme gezwungen werden. Nur wenn der Klient den Sinn und Nutzen einer Beratung erkennt und von deren Notwendigkeit überzeugt ist, wird er bereit sein, sich voll einzubringen.

- Die zweite Voraussetzung ist die uneingeschränkte **Akzeptanz des Beraters**. Ohne Akzeptanz und gegenseitiges Vertrauen zwischen beiden Partnern wird es im Gespräch nicht zur notwendigen Offenheit kommen, um alle realen und befürchteten Probleme an- und auszusprechen. Schließlich muss sich der Beratene auch sicher sein, dass sämtliche Gesprächsinhalte vom Berater absolut vertraulich behandelt werden.

Diese Voraussetzungen dürften bei einem externen Coaching-Berater eher verwirklicht sein als bei einem Betreuer aus den eigenen Reihen. Bei internen Beratern ist nicht auszuschließen, dass das Verhältnis durch bereits bestehende Beziehungen (z. B. Konkurrenzdenken, Abhängigkeiten, Vorurteile) oder auch nur wegen der bestehenden Pflichten gegenüber dem Unternehmen belastet sein kann. Über die Akzeptanz und das Vertrauen zum Coaching-Berater hinaus hängt es von der individuellen Situation der einzelnen Führungskraft ab, ob sie im Coaching ein geeignetes Instrument zur Lösung ihrer Probleme sieht.

Ablauf und Dauer einer Coaching-Beratung können je nach Situation sehr unterschiedlich sein. Das regelmäßige Gespräch zwischen Berater und Führungskraft wird allerdings immer im Mittelpunkt stehen. Die wichtigsten Ablaufschritte sind in dem in Abbildung 5–3 dargestellten Phasenmodell zusammengefasst.

Kontaktphase	■ Vorkontakte, Terminvereinbarung ■ Unverbindliche Kontaktaufnahme zwischen Klient und Coach ■ Überprüfung der gegenseitigen Akzeptanz ■ Entscheid über die dauerhafte Zusammenarbeit und vertragliche Regelung (Auftragsklärung)
Orientierungsphase	■ Inhaltliche Orientierung ■ Gemeinsame Analyse der Problemsituation ■ Abgrenzung und Auswahl der Problemfelder ■ Vereinbarung über Themen, Ziele und Vorgehensweise
Diagnose-, Lösungs- und Realisierungsphase	■ Analyse ausgewählter Einzelprobleme ■ Entwickeln und Bewerten von Problemlösungen ■ Festlegung der weiteren Strategie und Handlungsalternativen ■ Umsetzung der festgelegten Strategien ■ Transfer (Anwendung geänderter Verhaltensweisen in der Praxis) ■ Beobachtung (Supervision) durch den Coach
Abschlussphase	■ Bewertung der Effektivität ■ Beendigung der Zusammenarbeit (oder Fortsetzung mit der Analyse eines neuen Problemfeldes)

Abb. 5–3: Ablauf einer Coaching-Beratung

Wichtig:

Die genannten Anlässe zeigen, dass Coaching im Regelfall eine Beratung auf Zeit ist. Das Ziel „Hilfe zur Selbsthilfe" kann nur dann als erreicht gelten, wenn sich der Coach nach erfolgreicher Durchführung des Prozesses wieder aus dem Leben des Klienten verabschieden kann. Es zählt zu den Aufgaben des Coachs, die Einstellung auf diese Trennung beim Klienten rechtzeitig herbeizuführen.

Die bisherigen Ausführungen haben sich auf das in der Praxis dominierende Einzel-Coaching bezogen. Daneben gibt es das **System**- oder **Gruppen-Coaching**, wobei eine ganze Gruppe von einem oder mehreren Coaches beraten wird. Das System-Coaching wird für Aufgabenstellungen eingesetzt, die ein ganzes Team betreffen, wie z. B. Umstrukturierungen oder Fusionen, Konflikte in der Gruppe, Vorbereitung auf neue Aufgaben, Integration eines neuen Mitglieds

oder Erkennen von Stärken und Schwächen und Leistungssteigerung in der Gruppe. Das Gruppen-Coaching erleichtert sachliche
Problemlösungen und Regelungen von Konflikten, weil die verschiedenen Beteiligten mit ihren heterogenen Perspektiven einbezogen werden. Das Gruppen-Coaching ist eng verwandt mit der
Teamentwicklung.

5.4 Outplacement

Outplacement ist ein Sonderfall der Personalentwicklung, denn es
geht nicht um die weitere Entwicklung im eigenen Unternehmen,
sondern um die Freisetzung von Mitarbeitern und die Fortsetzung
der beruflichen Tätigkeit in einem anderen Unternehmen. Dennoch
zählt Outplacement zur Personalentwicklung, denn auch hier steht
die individuelle berufliche Entwicklung der Mitarbeiter im Mittelpunkt der Überlegungen.

> **Wichtig:**
>
> Outplacement ist eine in fairer Form vollzogene Trennung zwi-
> schen einem Unternehmen und einem oder mehreren Mitarbei-
> tern. Durch einen einvernehmlichen Trennungsprozess wird die
> mit einer Entlassung verbundene konfliktbeladene Situation ent-
> schärft. Die ausscheidenden Mitarbeiter werden bei der berufli-
> chen Neuorientierung unterstützt. Das Unternehmen vermeidet
> Rechtsstreitigkeiten und profitiert auf der Kostenseite.

Im Idealfall wird durch eine gelungene Outplacementberatung erreicht, dass die freigesetzten Mitarbeiter ihre berufliche Tätigkeit in
einem anderen Unternehmen weiterführen können. Dabei wird ein
externer Berater eingeschaltet; die Kosten der Beratung werden vom
Unternehmen getragen.

Personalfreisetzungen zählen sicherlich zu den schwierigsten personalwirtschaftlichen Entscheidungen. Die Ursachen für Freisetzun-
gen können ebenso externe Einflüsse (z. B. die allgemeine wirtschaftliche Lage) wie betriebliche Anlässe und die Mitarbeiter selbst
sein.

Zu den häufigsten betriebsbedingten Gründen zählen:

- Aufgabe von Geschäftsbereichen durch Stilllegungen, Fusionen oder Rationalisierung,
- Änderungen der Mitarbeiterstruktur,
- Änderung der Arbeitsplätze,
- personelle Veränderungen im Management.

Mitarbeiterbedingte Anlässe können u. a. sein:

- Fehlverhalten,
- mangelnde Qualifikation,
- nachlassende Entwicklungsfähigkeit,
- berufliche Krisen,
- nachlassende Leistungsfähigkeit durch persönliche Krisen (z. B. familiäre Probleme),
- Beförderung einer Führungskraft über die persönliche Leistungsgrenze hinaus,
- fehlende Motivation qualifizierter Mitarbeiter durch falschen Personaleinsatz (Mitarbeiter ist besser als sein Vorgesetzter),
- Intrigen (Mobbing),
- Spannungen oder ein gestörtes Vertrauensverhältnis zwischen einem Mitarbeiter und seinem Vorgesetzten.

Personalfreisetzungen können sowohl für das Unternehmen als auch für die betroffenen Mitarbeiter mit beträchtlichen wirtschaftlichen, rechtlichen und sozialen Problemen verbunden sein. Die sozialen Folgen können für manche Mitarbeiter bis zur Existenzkrise führen. Durch eine Outplacement-Beratung soll ein möglichst reibungsloser Übergang in eine neue adäquate Position sichergestellt werden.

5.4.1 Ziele einer Outplacement-Beratung

Während sich die traditionelle Kündigung hauptsächlich an der Erfüllung vertraglicher und gesetzlicher Verpflichtungen orientiert, stehen beim Outplacement zwei völlig andere Ziele im Vordergrund:

■ Zwischen dem Unternehmen und dem Mitarbeiter wird eine einvernehmliche Trennung angestrebt, womit Spannungen abgebaut und drohende Konflikte bereits im Ansatz entschärft werden.

■ Dem ausscheidenden Mitarbeiter wird durch eine gezielte Strategie bei der Fortsetzung seiner beruflichen Laufbahn geholfen. Er erhält Hilfestellung bei der Bewältigung der aus der Trennung erwachsenden psychologischen Probleme und es wird ihm eine umfangreiche Beratung bei der Stellensuche geboten, damit er aus eigener Kraft eine angemessene Position findet.

Darüber hinaus kann wie bei anderen Instrumenten der Personalentwicklung auch beim Outplacement zwischen mitarbeiterbezogenen und unternehmensbezogenen Zielen unterschieden werden (vgl. Abbildung 5–4).

Ziele der Unternehmung:

■ Verhinderung möglicher arbeitsrechtlicher Schritte des ausscheidenden Mitarbeiters.
■ Abkürzung des Trennungsprozesses durch die schnellere Einigung.
■ Kostenersparnis durch eine Begrenzung der mit der Trennung verbundenen Folgekosten.
■ Vermeidung von „Image-Schäden" für das Unternehmen, da eine Outplacement-Beratung als sozialverantwortliches Handeln angesehen wird.
■ Im Vergleich zur traditionellen Kündigung weniger nachteilige Folgen für das Betriebsklima.
■ Bessere Gestaltung des Trennungsgesprächs durch den externen Experten.
■ Nutzung der Trennung als mögliche Schwachstellenanalyse im eigenen Unternehmen.
■ Personalplanung unter Beachtung sozialer Aspekte.

Ziele der Mitarbeiter:

■ Verringerung der psychischen Belastungen durch traditionelle Kündigungen (z. B. Existenzangst, Enttäuschungen).
■ Hilfe bei der Suche und Übernahme einer neuen Aufgabe durch gezieltes Training.
■ Stärkung des Selbstwertgefühls des ausscheidenden Mitarbeiters durch die aktive Beteiligung bei der Stellensuche.
■ Finanzielle Absicherung während und nach dem Beratungsprozess.
■ Berücksichtigung der sozialen Umwelt bei den Trennungsüberlegungen.
■ Nutzung der Trennung für eine neue Einschätzung der künftigen beruflichen Laufbahn.
■ Weiterführung der beruflichen Entwicklung in einer dem gegenwärtigen Leistungsvermögen entsprechenden Position.
■ Bewusste Inanspruchnahme des Fachwissens eines erfahrenen Beraters.
■ Vermeidung der typischen Entlassungssituation.

Abb. 5–4: Ziele einer Outplacement-Beratung

5.4.2 Ablauf der Beratung

Die klassische Form des Outplacement ist das für Fach- und Führungskräfte angebotene Einzeloutplacement. Daneben hat sich in den letzten Jahren für Nicht-Führungskräfte das Gruppenoutplacement etabliert. Das kann erforderlich sein, wenn ganze Betriebsbereiche stillgelegt werden müssen.

Beim **Einzeloutplacement** beginnt die Beratung sobald der Beschluss über die Trennung von einem Mitarbeiter feststeht. Die Kündigungsentscheidung ist ausschließlich Sache des Unternehmens. Nur die Verantwortlichen im Unternehmen können entscheiden, ob eine Trennung erforderlich ist und eine Outplacementberatung in Anspruch genommen werden soll und mit welchem Berater ggf. zusammengearbeitet wird.

Die Aufgabe des Outplacementberaters lässt sich in zwei große Arbeitsschritte untergliedern:

- die unternehmensbezogene Vorbereitung und Durchführung der Trennung und

- die mitarbeiterbezogene Verarbeitung der Trennung durch Beratung und Unterstützung bei der Bewerbung.

Der erste Arbeitsschritt setzt ein, wenn Führungskräfte auf das Trennungsgespräch vorbereitet werden. Es werden Argumente entwickelt und – falls erforderlich – Techniken der Gesprächsführung trainiert. Das sicherlich nicht einfache Trennungsgespräch sollte von einer Führungskraft des Unternehmens geführt werden. Im Gespräch wird der Mitarbeiter über die Notwendigkeit der Trennung und ihre Ursachen informiert. Die möglichen Leistungen des Unternehmens im Zusammenhang mit einem Auflösungsvertrag und das damit verbundene Outplacementangebot werden ihm unterbreitet. Dabei werden dem Mitarbeiter die Chancen verdeutlicht, sich aus seiner ungekündigten Position heraus mit Hilfe eines qualifizierten Beraters auf Kosten des Unternehmens eine andere Beschäftigungsmöglichkeit zu suchen. Nach dem Gespräch wird dem Mitarbeiter Bedenkzeit eingeräumt, um sich in Ruhe über die Annahme eines Outplacementangebots zu entscheiden.

Die Beratung und Unterstützung des ausscheidenden Mitarbeiters beginnt mit der Aufarbeitung der aus der Trennung resultierenden Probleme (vgl. Abbildung 5–5). Im Gespräch zwischen Berater und Mitarbeiter wird die Trennung analysiert. Es folgt eine Bestandsaufnahme des vorhandenen Potenzials sowie die Entwicklung und Umsetzung einer Bewerbungsstrategie. Parallel mit der Bewerbung um eine neue Position können vorhandene Defizite durch Training abgebaut werden. Die Unterstützung durch den Berater endet entweder mit dem Abschluss eines neuen Arbeitsvertrags oder spätestens nach einer vorübergehenden Betreuung während der Einarbeitung in die neue Tätigkeit.

Analyse der Trennung

- Trennung erklären und bewusst machen.
- Vertrauen in die eigenen Fähigkeiten (wieder-)herstellen und Selbstwertgefühl vermitteln.
- Aufarbeitung von Emotionen und Entwickeln einer positiven Einstellung zur beruflichen Veränderung.
- Entwickeln von Argumenten zur Erklärung der Trennung in der Familie und gegenüber Bekannten.

Bestandsaufnahme des vorhandenen Potentials

- Ermittlung vorhandener Wünsche und Bedürfnisse.
- Selbsteinschätzung und Analyse individueller Stärken und Schwächen.
- Entwickeln neuer beruflicher Ziele.
- Erstellen eines Persönlichkeits- und Fähigkeitsprofils.
- Feststellen aller vermarktungsgeeigneten Erfahrungen und Kenntnisse.

Bewerbungsstrategie entwickeln und umsetzen

- Bestimmung der Zielgruppe und Entwickeln von Argumenten.
- Bewerbungsstrategie festlegen.
- Erstellung aussagefähiger Bewerbungsunterlagen.
- Training von Techniken zur Gesprächs- und Verhandlungsführung.
- Auswahl und Aufbau von Kontakten zu Zielgruppen.
- Sichtung der Angebote; Bewertung alternativer Angebote und Auswahl.
- Bewerbungsgespräche; Vertragsverhandlungen.
- Prüfung der Konditionen und Vertragsabschluss.
- Vorbereitung für die neue Position.
- Beratung und Betreuung bei der Einarbeitung in die neue Tätigkeit.

Abb. 5–5: Teilaufgaben eines Outplacement-Prozesses

Die verschiedenen Teilfunktionen lassen erkennen, dass der betroffene Mitarbeiter durch den Outplacementberater intensiv unterstützt wird. Trotzdem ist er in alle Aktivitäten einbezogen und findet letztendlich durch eigene Kraft aufgrund seiner individuellen Fähigkeiten eine neue Aufgabe.

Durch **Gruppenoutplacement** wird einem größeren Adressatenkreis eine qualifizierte Trennungsberatung zu einem relativ günstigen Preis nutzbar gemacht. Zielgruppe sind zumeist Mitarbeiter der mittleren und unteren Hierarchieebenen, die unter das Betriebsverfassungsgesetz fallen und aufgrund von betriebsbedingten Kündigungen (z. B. wegen Betriebsstilllegungen oder Auslagerung ganzer Funktionsbereiche) sozialverträglich freigesetzt werden müssen. Die Erfahrung zeigt, dass nicht nur Führungskräfte sondern auch Mitarbeiter der mittleren und unteren Hierarchieebene für eine Unterstützung im Trennungsprozess durch fachlich kompetente Berater dankbar sind.

Gruppenoutplacement wird nur möglich sein, wenn homogene Beratungsgruppen gebildet werden können. Das ist dann der Fall, wenn die Mitarbeiter, die in einer Gruppe zusammengefasst werden, aus einem einheitlichen betriebsbedingten Grund entlassen worden sind. Auch hinsichtlich der beruflichen Ausrichtung sollte die Gruppe homogen sein, um eine gruppeneinheitliche Suchstrategie entwickeln zu können. Eine Gruppenberatung ist nicht machbar, wenn Mitarbeiter aus unterschiedlichen und zum Teil in der Person liegenden Gründen freigesetzt wurden. Gerade bei personen- oder verhaltensbedingten Kündigungen ist eine intensive Beratung der Betroffenen hinsichtlich der Trennungsgründe und des Abbaus von personenbedingten Defiziten unbedingt erforderlich. Eine weitere Voraussetzung für ein erfolgreiches Gruppentraining verlangt, dass tatsächliche Vermittlungschancen am Arbeitsmarkt bestehen.

Die inhaltlichen Ziele sind beim Gruppenoutplacement und Einzeloutplacement weitgehend identisch. Unterschiede bestehen vor allem in der Betreuungsintensität der Mitarbeiter. Wie beim Einzeloutplacement werden auch beim Gruppenoutplacement die unternehmensbezogene Vorbereitung und Durchführung der Trennung und die mitarbeiterbezogene Beratung und Unterstützung unterschieden. Inhalt und Ablauf des unternehmensbezogenen Beratungteils entsprechen weitgehend dem Einzeloutplacement (Vorbereitung auf die Trennungsgespräche; Führung der Trennungsgespräche; Angebot einer Outplacement-Beratung). Häufig werden im Vorfeld die Personalverantwortlichen und Betriebsräte bereits bei der Trennungsentscheidung und der Entwicklung möglicher Transfermaßnahmen beraten.

Im mitarbeiterbezogenen Beratungsteil geht es um die Unterstützung bei der beruflichen Neuorientierung. Kern der Maßnahme sind zumeist mehrtägige Seminare und Workshops, in denen die Teilnehmer in Kleingruppen auf ihre neue Situation vorbereitet werden. Die Beratung dauert etwa eine Woche und umfasst einen kollektiven sowie einen individuellen Teil. Im kollektiven Teil werden die Probleme gelöst, die für alle Teilnehmer im Zuge einer beruflichen Neuorientierung typischerweise auftreten können. Typische Inhalte sind:

- Situations- und Potenzialanalysen,
- Prüfen der Chancen am Arbeitsmarkt,
- Ermittlung des Qualifizierungsbedarfs,
- Entwickeln neuer beruflicher Ziele,
- Erarbeiten einer geeigneten Marketingstrategie,
- Erstellen der Bewerbungsunterlagen,
- Interviewtechnik.

Für den anschließenden individuellen Beratungsteil werden häufig feste Stundenkontingente an Einzelberatungen vereinbart. Dabei wird für die betroffenen Mitarbeiter die persönliche Bewerbungs- und Vermarktungsstrategie überprüft; der Berater gibt spezielle Ratschläge bezüglich der Bewerbungsunterlagen und der Zielgruppenansprache. Außerdem können Defizite, die während der Gruppenberatung erkannt wurden, angesprochen werden. Damit die betroffenen Mitarbeiter ihre Arbeitsplätze für die Beratung nur kurzfristig verlassen müssen, können für die Dauer der Bewerbung im oder in unmittelbarer Nähe des Betriebs Bewerberzentralen eingerichtet werden.

5.4.3 Kosten einer Outplacement-Beratung

Eine Studie des Bundesverbandes Deutscher Unternehmensberater hat ermittelt, dass etwa 95 % aller gekündigten Arbeitnehmer, die an einer Outplacementberatung teilgenommen haben, spätestens nach einem Jahr wieder einen neuen Arbeitsplatz gefunden haben. Arbeitslosigkeit oder ein Karriereknick konnten zumeist vermieden werden. Die durchschnittliche Vermittlungszeit von Outplacement-Kandidaten liegt bei 6 bis 7 Monaten.

Die durch die Outplacementberatung verursachten Kosten trägt das Unternehmen. Sie betragen beim Einzeloutplacement etwa 20–25 % des letzten Jahresgehaltes des zu vermittelnden Mitarbeiters. Wenn durch die Beratung schnell wieder ein geeigneter Arbeitsplatz gefunden wird, kann durch eine Verkürzung der Restlaufzeit des alten Arbeitsvertrages und die Vermeidung von Abfindungszahlungen ein Ausgleich der Beratungskosten erreicht werden. Weitere Einsparungen können durch die Vermeidung kostspieliger arbeitsrechtlicher Auseinandersetzungen erzielt werden. Außerdem sollte eine Outplacement-Beratung nicht ausschließlich unter Kostenaspekten gesehen werden; auch die nicht quantifizierbaren Größen, wie die positiven Auswirkungen eines fairen Abschieds auf das Betriebsklima, müssen in die Betrachtung einbezogen werden.

5.5 Arbeitsgestaltung

Bereits an anderer Stelle wurde darauf hingewiesen, dass Förderung im Rahmen der Personalentwicklung nicht zwangsläufig mit einem Vorrücken auf eine höhere Hierarchieebene gleichzusetzen ist. Auch die Übernahme einer neuen Aufgabe oder eine andere Abgrenzung des derzeitigen Aufgabengebietes durch neue Aufgabeninhalte stellt eine Form der Förderung dar und wird Mitarbeitern als Anreiz empfunden. In diesem Sinne sind insbesondere für untere und mittlere Hierarchieebenen auch die verschiedenen Formen der Arbeitsgestaltung (Arbeitsstrukturierung) ein Instrument der Förderung.

Die Notwendigkeit der Arbeitsstrukturierung ergab sich ursprünglich als Folge der durch die Arbeitsteilung bedingten Zerlegung der Arbeitsaufgaben auf die verschiedenen Arbeitsplätze. Die traditionellen Formen der Arbeitsstrukturierung haben die Stellenspezialisierung bevorzugt, d. h., es wurden kleinste Einzelaufgaben gebildet, die vom Arbeitnehmer routinemäßig erfüllt werden konnten. Der Hauptvorteil bestand in der häufigen Wiederholung der Arbeitselemente und dem dadurch bedingten hohen Übungs- und Leistungsgrad. Die wesentlichen Nachteile lagen in der einseitigen körperlichen Belastung, in der geringen Umstellungsfähigkeit der Arbeitnehmer und vor allem in der durch die dauernde Wiederholung der Arbeitsaufgaben bedingten Monotonie. Um diesen Nachteilen der extremen Arbeitsteilung zu begegnen, rücken die neueren Formen der Arbeitsstrukturierung von der übermäßigen Spezialisierung wieder ab; der Arbeitsinhalt wird vielfältiger gestaltet und der Arbeitsumfang vergrößert. Der Handlungsspielraum des einzelnen Arbeitnehmers soll durch Zusammenfassung mehrerer Arbeitsvorgänge zu größeren Arbeitskomplexen und vielfältigeren Arbeitsinhalten erweitert werden, um damit eine größere Arbeitszufriedenheit zu erreichen.

Die wichtigsten Gestaltungsformen der Arbeitsstrukturierung, die neben dem Ziel einer humaneren Arbeitsgestaltung auch als Instrumente der Förderung infrage kommen, sind Job Enlargement, Job Enrichment und Job Rotation.

5.5.1 Job Enlargement

Beim Job Enlargement (Aufgabenerweiterung) wird der Arbeitsinhalt durch Hinzunahme qualitativ gleichwertiger Tätigkeiten ausgeweitet. Dadurch entstehen größere Aufgabengebiete, die jedoch von einer Person beherrscht und ohne größere Schwierigkeiten erlernt werden können. Job Enlargement wird vor allem bei einfacheren Tätigkeiten im Fertigungsbereich eingesetzt. Es kommt zu einer Verlängerung des Arbeitszyklus oder der Taktzeit bei Fließarbeit je Mitarbeiter, wodurch der Sinnzusammenhang eines umfassenderen Arbeitsablaufs für den Arbeitnehmer eher erkennbar wird. Die mit dem Job Enlargement verbundene Steigerung des Selbstwertgefühls der Arbeitnehmer hat vielfach zu einer Verbesserung der Arbeitsleistung beigetragen.

5.5.2 Job Enrichment

Beim Job Enrichment (Tätigkeitsbereicherung) kommt es zu einer Integration mehrerer unterschiedlich schwieriger, aber sachlich zusammengehörender Verrichtungen zu einem neuen Aufgabenkomplex. Zu den ausführenden Aufgaben kommen dispositive Funktionen, also planende, organisatorische und kontrollierende Tätigkeiten hinzu. Auf diese Weise wird der Arbeitsinhalt im Gegensatz zum Job Enlargement nicht nur ausgeweitet, sondern durch qualitativ höherwertige Arbeitselemente angereichert, sodass der Initiative und dem Gestaltungsspielraum des Einzelnen größere Möglichkeiten im Sinne der Selbstverwirklichung geboten werden. Job Enrichment bedeutet eine Verlagerung von hierarchischen Positionen; der Umfang an Delegation nimmt zu, Fremdkontrolle wird teilweise durch Eigenkontrolle ersetzt. Job Enrichment kann sowohl im Fertigungssektor als auch im Büro- und Dienstleistungsbereich praktiziert werden.

5.5.3 Job Rotation

Der Begriff Job Rotation (Arbeitsplatzwechsel, Arbeitsplatzringtausch) wird im deutschen Sprachraum in doppelter Weise verwendet. Zum einen wird Job Rotation als eine Möglichkeit der Bildung am Arbeitsplatz verstanden (vgl. Kapitel 6.2.2) und zum anderen als eine Variante der Arbeitsstrukturierung, bei der die Mitglieder einer Arbeitsgruppe planmäßig in selbstgewählter oder vorgeschriebener Reihenfolge die Arbeitsaufgabe oder Arbeitsplätze miteinander wechseln. Es muss sich allerdings um strukturell gleichartige Arbeitsplätze oder qualitativ gleichwertige Aufgaben handeln. Primäres Ziel des Wechsels ist wiederum eine Unterbrechung der Monotonie sowie eine Vermeidung einseitiger physischer und psychischer Belastungen. Darüber hinaus gewinnen die Mitarbeiter einen besseren Überblick über die betrieblichen Zusammenhänge und werden sich der Bedeutung ihrer Leistung innerhalb der Gesamtaufgabe eher bewusst. Durch den zwangsläufigen Kontakt mit den Arbeitskollegen wird das Sozialverhalten gefördert und eine soziale Isolierung verhindert. Außerdem wird durch den häufigen Wechsel von Problemstellungen die Flexibilität des Einzelnen bei Änderungsprozessen gefördert.

6. Kapitel

Qualifikationsvermittlung durch Bildungsmaßnahmen

6.1 Inhalt der betrieblichen Bildungsarbeit

Wie eingangs definiert, umfasst Personalentwicklung alle Maßnahmen, die der beruflichen Entwicklung der Mitarbeiter dienen und ihnen die für ihre Arbeitsaufgaben erforderlichen Qualifikationen vermitteln. Bestehende Qualifikationslücken werden beim Vergleich der Anforderungen der Arbeitsplätze mit dem Eignungspotenzial der Mitarbeiter festgestellt. Sie sind durch geeignete Bildungsmaßnahmen zu schließen.

6.1.1 Qualifikation und Qualifikationspotenzial

Der Begriff Qualifikation wird in diesem Zusammenhang sehr umfassend definiert.

Qualifikation ist das individuelle Arbeitsvermögen eines Mitarbeiters, d. h. sämtliche Kenntnisse, Fähigkeiten, Fertigkeiten und Verhaltensmuster, welche seine Eignung für die Ausübung einer bestimmten Tätigkeit kennzeichnen. Die Gesamtheit aller Fähigkeiten, Kenntnisse und Begabungen eines Menschen wird als **Qualifikationspotenzial** bezeichnet. Die Qualifikationen eines Mitarbeiters werden unterteilt in

- funktionale (arbeitsplatzbezogene) Qualifikationen, die auf eine ganz bestimmte Tätigkeit ausgerichtet sind und

■ extrafunktionale (arbeitsplatzunabhängige) Qualifikationen, die auch auf andere Arbeitsbereiche übertragen werden können.

Zu den extrafunktionalen Qualifikationen gehören auch die sog. Schlüsselqualifikationen.

> **Wichtig:**
>
> Als Schlüsselqualifikationen werden berufsübergreifende Kenntnisse und Fertigkeiten bezeichnet, die langfristig verwertbar sind und eine rasche Umstellung auf veränderte beruflichen Situationen erleichtern.

Schlüsselqualifikationen sind weitgehend zeit- und berufsunabhängig; sie sind wegen des immer rascheren wirtschaftlichen und technologischen Wandels und der damit verbundenen Auswirkungen auf die Arbeitsstrukturen und Arbeitsbedingungen heute unerlässlich. Nachfolgend sind einige besonders wichtige Schlüsselqualifikationen genannt.

BEISPIELE:
– Innovations- und Umstellungsfähigkeit
– Lernbereitschaft und Lernfähigkeit
– soziale Kompetenz (z. B. Teamfähigkeit)
– Erkennen und Analysieren von Zusammenhängen
– Fähigkeit zur Kooperation
– Kommunikationsfähigkeit
– Kreativität
– Entscheidungsfähigkeit
– fachübergreifendes, prozessorientiertes Denken.

6.1.2 Kenntnisse, Fähigkeiten, Fertigkeiten, Haltung

Kenntnisse umfassen das theoretische und praktische Wissen sowie die Erfahrungen, die zur Ausübung der gegenwärtigen oder einer zukünftigen Tätigkeit notwendig sind. Dabei wird zwischen explizitem und implizitem Wissen unterschieden. Explizites Wissen ist frei verfügbar und kann über Kommunikationsmedien (Lehrbuch, Internetprogramm) verbreitet werden. Die traditionelle Weiterbildung hat sich in der Vergangenheit vorwiegend mit explizitem Wissen be-schäftigt. Dagegen ist implizites Wissen personengebunden, es handelt sich im Wesentlichen um die im Laufe der Zeit erworbene berufliche Erfahrung. Wie schon beim Qualifikationsbegriff wird auch bei den Kenntnissen nach der Bindung an eine bestimmte Tätigkeit unterschieden. Tätigkeitsgebundenes Wissen ergibt sich aus dem Anforderungsprofil einer bestimmten Stelle, während das tätigkeits-ungebundene Wissen auf verschiedenen Stellen eingesetzt werden kann. Welche Kenntnisse im Einzelfall zu vermitteln und welche Lernziele dabei anzustreben sind, ergibt sich aus den Anforderungen der Arbeitsplätze.

BEISPIELE:
- Ein Personalleiter sollte über die allgemeine gesellschaftliche und wirtschaftliche Entwicklung oder über die Organisationsstruktur des Unternehmens Bescheid wissen.
- Ein Buchhalter sollte neben dem rein buchhalterischen Wissen auch über Grundkenntnisse der Kalkulation und Kostenrechnung verfügen.
- Zum tätigkeitsungebundenen Wissen jedes Mitarbeiters gehören Kenntnisse über die wichtigsten im Unternehmen geltenden Sicherheitsvorschriften.

Fähigkeiten sind die körperlichen und geistigen Voraussetzungen, um bestimmte Aufgaben zu erfüllen. Sie sind im Gegensatz zu Fertigkeiten angeboren oder werden durch äußere Einflüsse bestimmt. Sie müssen demnach nicht erworben werden, können aber größtenteils durch Training verbessert werden. Zu den Fähigkeiten gehören je nach Arbeitsaufgabe die körperliche Eignung und Geschicklichkeit, Denkfähigkeit, Konzentrationsfähigkeit, Ausdrucksvermögen, Einfallsreichtum, Beobachtungsgabe usw.

BEISPIELE:
- Aus der Fähigkeit (Begabung) eines Kindes zum Zeichnen kann durch Anleitung und Übung eine Fertigkeit werden.
- Die Kenntnis der Regelungen der Steuergesetzgebung allein reicht nicht aus, wenn der Buchhalter nicht in der Lage ist, sie bei der Erstellung der Bilanz so anzuwenden, dass innerhalb des gesetzten rechtlichen Rahmens ein optimales Ergebnis erzielt wird.

Fertigkeiten bezeichnen das Können (Geschick), das erworbene Wissen bei einer geistigen oder manuellen Tätigkeit praktisch anzuwenden. Fertigkeiten beruhen auf vorhandenen Fähigkeiten (Begabungen) und entwickeln sich durch Übung und Erfahrung weiter. Neue Fertigkeiten bauen auf bereits vorhandenen auf. Die Entwicklung manueller Fertigkeiten soll dazu befähigen, mit Werkzeugen, Maschinen, Materialien und Hilfsmitteln in Produktion und Verwaltung richtig umzugehen. Kognitive Fertigkeiten zielen darauf ab, praktisch und theoretisch erworbenes Wissen bei der eigenen geistigen Arbeit sinnvoll anzuwenden.

Neben Kenntnissen, Fähigkeiten und Fertigkeiten kommen als weitere bestimmende Komponente bei der Erfüllung einer Aufgabe die **Einstellung und Haltung** des Einzelnen gegenüber Personen oder Sachen in bestimmten Situationen hinzu. Gezieltes Training kann dazu beitragen, beobachtete Fehlhaltungen abzubauen und wünschenswerte Einstellungen herbeizuführen.

Die Einstellung und das Verhalten des einzelnen werden entweder von Einflüssen geprägt die in der Person selbst liegen, oder sie hängen von den in der Umwelt vorhandenen Bedingungen ab. Zu den Umweltbedingungen gehören organisatorische, sachliche und soziale Einflussgrößen. Zu den in der Person liegenden Einflussgrößen zählt neben den vorhandenen Fertigkeiten und Kenntnissen vor allem die Motivationsstruktur. Die vorhandenen Einstellungen und Verhaltensweisen der Mitarbeiter können durch Training beeinflusst und geändert werden. Änderungen der Einstellung können sich sowohl im Arbeitsverhalten als auch im Sozialverhalten zeigen.

BEISPIELE:
- Ein verbessertes Arbeitsverhalten zeigt sich zum Beispiel durch eine erhöhte Qualitätsbereitschaft, durch eine schonendere Behandlung von Werkzeugen und Maschinen, durch erhöhte Kreativität oder durch eine vergrößerte Innovationsbereitschaft.
- Änderungen im Sozialverhalten können sich auf allen hierarchischen Ebenen durch eine Verbesserung der Kooperationsbereitschaft und eine Erhöhung der Informationsbereitschaft zeigen.

Besondere Bedeutung gewinnt das Sozialverhalten bei Führungskräften. Das Bemühen um eine bessere Motivation der Mitarbeiter durch eine regelmäßige Anerkennung guter Leistungen, die Praktizierung eines zeitgemäßen Führungsstils oder die konsequente Entwicklung und Förderung der Mitarbeiter seien als Beispiel für eine Entwicklung des Verhaltens bei Führungskräften genannt.

6.1.3 Von der Qualifikation zur beruflichen Handlungskompetenz

Etwa seit 1990 wird statt von Qualifikation verstärkt von Kompetenz gesprochen. Das hängt u. a. mit der Erkenntnis von der zunehmenden Bedeutung der Schlüsselqualifikationen zusammen.

> **Wichtig:**
>
> Kompetenz versteht sich als die Gesamtheit von Fähigkeiten und Fertigkeiten, die eingesetzt werden können, um Probleme zu lösen. Im Gegensatz zu Qualifikationen sind Kompetenzen weniger eng auf Anforderungen bestimmter Tätigkeiten ausgerichtet, sondern allgemeine Dispositionen, die Menschen befähigen, die Anforderungen des Lebens zu bewältigen.

Kompetenzen werden sowohl in Schule, Ausbildung und im Beruf erworben als auch durch Erfahrungen in außerberuflichen Lebensformen, wie Familie, Freundeskreis, Vereine oder andere Gemeinschaften.

In der beruflichen Bildung werden vier Kernkompetenzbereiche unterschieden, aus denen sich alle weiteren Kompetenzen ableiten lassen:

- Fachkompetenz
- Methodenkompetenz
- Sozialkompetenz
- Personale Kompetenz

Fachkompetenz (Sachkompetenz) umfasst die kognitiven Fähigkeiten, die zur selbstständigen Planung, Durchführung und Kontrolle von Arbeitsaufgaben in einem Berufsfeld benötigt werden. Die Voraussetzung zum Erwerb von Fachkompetenz ist in der Regel eine entsprechende Ausbildung.

BEISPIELE:
- fachliche Erfahrung
- Verständnis für fachspezifische Fragestellungen und Zusammenhänge
- Fähigkeiten fachliche Probleme zielgerichtet zu lösen

Methodenkompetenz ist eine Erweiterung der Fachkompetenz. Sie umfasst Fähigkeiten, die zur selbständigen und ergebnisorientierten Bearbeitung von Problemlösungen erforderlich sind. Dazu gehört der Umgang mit Informationen, das Erkennen von Zusammenhängen, die Fähigkeit zum systematischen und vernetzten Denken sowie der sichere Umgang mit Lern- und Arbeitstechniken.

BEISPIELE:
- Erkennen von Zusammenhängen
- Problemlösungsfähigkeit
- Kreativitätstechniken
- Entscheidungsfähigkeit
- Lern- und Arbeitstechniken
- Präsentationstechniken

Fach- und Methodenkompetenz sind inhaltlich nur schwer voneinander zu trennen und werden deshalb häufig zusammengefasst.

Sozialkompetenzen umfassen die Fähigkeiten und Einstellungen, die erforderlich sind, um im gesellschaftlichen Leben handlungs- und urteilsfähig sein. Dazu zählen sämtliche für soziale Interaktionen notwendigen persönlichen Kenntnisse und Fähigkeiten. Abgeleitet vom englischen Begriff soft skills wird häufig von weichen Fähigkeiten und Fertigkeiten gesprochen.

BEISPIELE:
- Kommunikationsfähigkeit
- Einsatzbereitschaft
- Teamfähigkeit
- Konfliktmanagement

- Kritikfähigkeit
- Kooperationsfähigkeit
- Selbständigkeit
- Perspektivenwechsel
- emotionale Stabilität

Personale Kompetenz (Selbstkompetenz) betrifft die Fähigkeit zum moralisch selbstbestimmten humanen Handeln. Solche Fähigkeiten sind primär auf die eigene Person gerichtet. Dazu zählen innere Einstellungen und Erfahrungen, welche die persönliche Souveränität und Ausgeglichenheit begründen. Außerdem geht es um persönliche Arbeitstechniken, die zu einem großen Teil die persönliche Effektivität und Effizienz des einzelnen bestimmen.

BEISPIELE:
- Verantwortung
- Selbststeuerung
- Organisationsfähigkeit
- Initiative
- Leistungsbereitschaft

Die vier Kompetenzbereiche werden unter dem Oberbegriff **berufliche Handlungskompetenz** zusammengefasst. Nur durch die Verbindung der vier Bereiche wird es möglich, berufliche Aufgaben erfolgreiche zu erfüllen.

Wichtig:

Berufliche Handlungskompetenz ist das persönliche Potenzial des Einzelnen, um berufliche Herausforderungen zu bewältigen.

6.1.4 Bildungsmethoden im Überblick

Eine entscheidende Erfolgskomponente bei der betrieblichen Bildungsarbeit ist die Wahl der richtigen Methode. Eine Systematisierung der verschiedenen Methoden erleichtert den Überblick und die Auswahl. Zwei Einteilungskriterien haben sich durchgesetzt:

- Nach der Sozialform werden Einzel- oder Gruppenbildung unterschieden.

- Nach dem Lernort werden Bildungsmaßnahmen am oder außerhalb des Arbeitsplatzes durchgeführt.

Mit der zunehmenden Verbreitung von E-Learning (vgl. Kapitel 6.4) gewinnt die Unterscheidung zwischen Präsenzlernen und Distanzlernen an Bedeutung. Beim **Präsenzlernen** befinden sich die Lehrenden und Lernenden am selben Ort (z. B. in einem Seminarraum). Hierdurch kommt es zur direkten Kommunikation zwischen den Lernenden und dem Lehrenden. Zum Präsenzlernen zählen fast alle in den Kapiteln 6.2 und 6.3 dargestellten Formen der Bildung am oder außerhalb des Arbeitsplatzes. Dagegen zählen die bei der betrieblichen Weiterbildung immer umfassender werdenden Formen des E-Learning zum **Distanzlernen.** Beim Distanzlernen halten sich die Lehrenden (Autor, Trainer) und die Lernenden nicht am gleichen Ort auf, so dass die Lernenden zeitlich unabhängig sind. Eine schon aus der Vergangenheit bekannte Form des Distanzlernens, die aufgrund der zahlreichen elektronischen Möglichkeiten an Bedeutung verloren hat, ist das traditionelle Fernstudium, bei dem das Lehrmaterial auf dem Postweg ausgetauscht wird.

Einzel- oder Gruppenbildung

Die Einteilung in Methoden der Einzel- oder Gruppenbildung richtet sich nach der Zahl der Teilnehmer. Die Methoden der Einzelbildung haben den Vorteil, dass der Lernstoff und das Lerntempo maßgerecht an die individuellen Fähigkeiten und Bedürfnisse eines einzigen Lernenden angepasst werden können, sodass ein hoher Wirkungsgrad erwartet werden kann. Dieser Vorteil kann jedoch durch den im Gegensatz zum Gruppenlernen fehlenden Lernantrieb durch andere Teilnehmer und die soziale Isolation wieder aufgewogen werden.

Wichtig:

Die Vermittlung sozialer Kompetenzen ist ausschließlich in der Gruppe durch den Einsatz interagierender Methoden möglich.

Das Lernen in Gruppen ist in der Regel kostengünstiger und bietet im Vergleich zum Einzellernen weitere pädagogische und psychologische Vorteile:

- Die Teilnehmer sind nicht allein und fühlen sich auch nicht allein gelassen. Der Gruppe gehören andere Mitglieder an, die mit den gleichen Problemen konfrontiert werden und mit denen man zusammenarbeiten kann.

- Der Lernantrieb kann durch Gleichgesinnte verstärkt werden. Aus einer gesunden Lernkonkurrenz können zusätzliche Antriebskräfte erwachsen.

- Kontrolle und Beurteilung des Lernfortschritts fallen im Vergleich mit anderen leichter; die Gefahr, sich zu verrennen, verringert sich.

- Selbstdisziplin fällt leichter, weil alle nach dem gleichen Lern- und Zeitplan vorgehen. Für den Einzelnen ist es einfacher, Lern- und Pausenzeiten einzuhalten oder Schluss zu machen, wenn Pensum und Zeitplanung das vorsehen.

- Die Durchführung des Lernens wird flexibler. Aus der Beobachtung des Lernverhaltens anderer können Anregungen für das eigene Lernverhalten resultieren.

- Das gemeinsame Lernen zwingt zur Kooperation und stellt gleichzeitig eine Übung im Umgang mit anderen dar.

- Das Lernen in Gruppen ist dann unerlässlich, wenn das Verhalten gegenüber anderen Mitarbeitern geändert oder neue Verhaltensweisen eingeübt werden sollen (z. B. richtiges Aussprechen von Anerkennung und Kritik).

In der betrieblichen Bildungsarbeit dominieren die Methoden der Gruppenbildung. Die Bedeutung des Einzellernens besteht hauptsächlich in einer Ergänzung interner und externer Gruppenmethoden. In Form des Selbststudiums (z. B. Lektüre von Fachzeitschriften und Fachbüchern, E-Learning) bietet das Einzellernen den Mitarbeitern außerdem Möglichkeiten, persönliche, von vorgegebenen Programmen unabhängige Bildungsinitiativen zu ergreifen.

Bildung am oder außerhalb des Arbeitsplatzes

Die für die Personalentwicklung wichtigere Einteilung klassifiziert die verschiedenen Lehrmethoden danach, ob die Qualifikationsvermittlung am oder außerhalb des Arbeitsplatzes stattfindet. **Bildungsmaßnahmen am Arbeitsplatz** (Training-on-the-job) sind mit der Ausübung produktiver Tätigkeiten unmittelbar gekoppelt; sie finden in Form der laufenden Auseinandersetzung mit der jeweiligen Arbeitsaufgabe praktisch in jedem Unternehmen statt, obwohl man sich dieser Tatsache vielfach überhaupt nicht bewusst ist. Durch die Bildung am Arbeitsplatz kommt es zu einer ständigen Wechselwirkung zwischen Personalentwicklung und Personaleinsatz. Demgegenüber erfolgt die **Bildung außerhalb des Arbeitsplatzes** (Training-off-the-job) losgelöst von der eigentlichen Arbeitsaufgabe; der Bezug zur späteren Anwendung am Arbeitsplatz wird allenfalls durch Simulation hergestellt.

Die Frage, ob der Bildung am oder außerhalb des Arbeitsplatzes der Vorzug gegeben werden soll, kann nicht alternativ im Sinne eines „Entweder/Oder" entschieden werden. Beide Varianten ergänzen einander. Die anwendungsorientierte Bildung am Arbeitsplatz hat vor allem dort ihre Grenzen, wo es um die Vermittlung neuen Wissens geht. Hier stellt die arbeitsplatzunabhängige, reine „Lehrveranstaltung" den besseren Rahmen dar. Sie ermöglicht im Gegensatz zur vielfach unsystematischen arbeitsplatzgebundenen Bildung ein strukturiertes Bildungsprogramm, das insbesondere bei komplizierten Zusammenhängen Erfolg versprechend sein kann.

Die Flut an neuem Wissen und der rasche technologische und wirtschaftliche Wandel haben in den letzten Jahren zu einer Bedeutungszunahme der Bildungsmaßnahmen außerhalb des Arbeitsplatzes geführt. Trotzdem nimmt die Bildung am Arbeitsplatz in der betrieblichen Praxis noch immer eine Vorrangstellung ein. Das dürfte auf die folgenden Ursachen zurückzuführen sein:

■ Es handelt sich um eine kostengünstige Methode, weil neben der Vermittlung neuer Fertigkeiten und Kenntnisse auch produktive Arbeitsleistungen erbracht werden.

- Arbeitsplatzgebundene Bildungsmaßnahmen sind kurzfristig durchführbar, weil keine Abstimmungs- und Entwicklungsprobleme entstehen.

- Die Trainingszeit kann an die individuellen Bedürfnisse der Teilnehmer (Vorkenntnisse, Lerntempo) angepasst werden.

- Bildung am Arbeitsplatz bedeutet Learning by doing, d. h. die Teilnehmer eignen sich neue Kenntnisse, Fertigkeiten und Verhaltensweisen durch tatsächliche Ausführung an.

- Die Konfrontation mit neuen Aufgabenstellungen erfolgt unter realistischen Bedingungen (Zeitdruck, Verantwortung, Ablenkung, Störungen usw.).

- Die Integration von Bildung und produktiver Arbeitsleistung ist mit einem zwangsläufigen, problemlosen Hineinwachsen in die besondere betriebliche Umgebung verbunden, sodass keine Transferschwierigkeiten entstehen.

Aus der Sicht der Teilnehmer dürfte der große Realitätsbezug der Bildungsmaßnahmen am Arbeitsplatz als entscheidender Vorteil angesehen werden.

Bei den Bildungsmethoden außerhalb des Arbeitsplatzes kann mit dem Training-near-the-job zusätzlich eine Variante unterschieden werden, welche die Vorteile der Bildungsmethoden am oder außerhalb des Arbeitsplatzes vereint. Das **Training-near-the-job** findet zwar nicht direkt am Arbeitsplatz statt, steht aber in enger räumlicher, zeitlicher und inhaltlicher Nähe zu diesem. Durch die Trennung vom unmittelbaren Arbeitsplatz können die Lernprozesse besser systematisiert werden, sie behalten aber dennoch einen engen Bezug zum Arbeitsplatz und erleichtern den Wissenstransfer. Typische Methoden des Training-near-the-job sind Qualitätszirkel, Lernstatt oder Projektgruppen, an denen vielfach Führungs- bzw. Führungsnachwuchskräfte teilnehmen. Bei diesen Maßnahmen geht es häufig nicht nur um den Qualifizierungsprozess, sondern zusätzlich um Problemlösungen und die Suche nach Verbesserungsmöglichkeiten für den jeweiligen Arbeitsplatz. Außerdem bestehen für die Teilnehmer gute Transfermöglichkeiten zwischen Theorie und Praxis.

Als Grundlage für die weiteren Ausführungen sind in Abbildung 6–1 die wichtigsten Methoden der Bildung am und außerhalb des Arbeitsplatzes zusammengefasst. In manchen Fällen konnte die Zuordnung allerdings nur schwerpunktartig erfolgen. So finden etwa die verschiedenen Formen des Job Rotation (z. B. die Trainee-Ausbildung) grundsätzlich am Arbeitsplatz statt; es ist jedoch nicht auszuschließen, dass bei einer ausreichenden Zahl von Mitarbeitern zur Vorbereitung der praktischen Anwendung geeignete Wissensgebiete zusätzlich in seminaristischer Form außerhalb des Arbeitsplatzes vermittelt werden.

Auch die verschiedenen Formen des elektronischen Lernens (**E-Learning**) können nicht eindeutig der Unterscheidung am oder außerhalb des Arbeitsplatzes zugeordnet werden. Sie werden deshalb in Abbildung 6–1 als eigene Methodengruppe ausgewiesen und in Kapitel 6.4 besprochen.

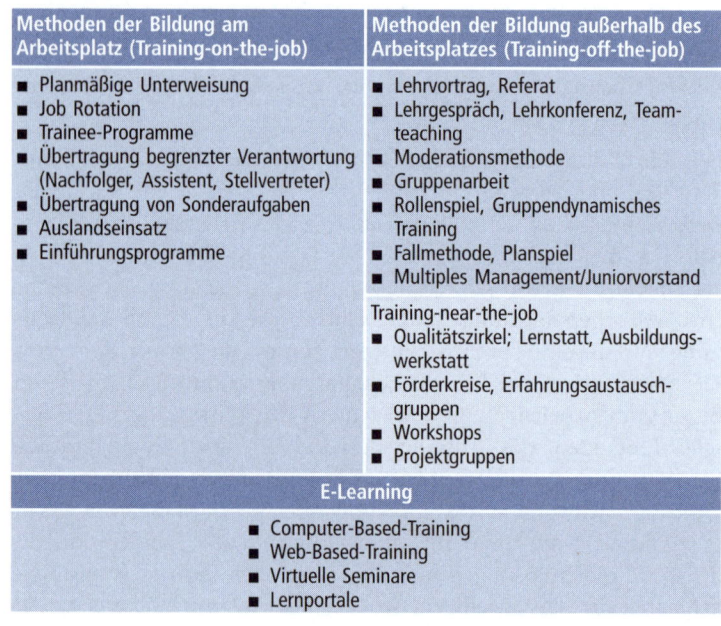

Methoden der Bildung am Arbeitsplatz (Training-on-the-job)	Methoden der Bildung außerhalb des Arbeitsplatzes (Training-off-the-job)
■ Planmäßige Unterweisung ■ Job Rotation ■ Trainee-Programme ■ Übertragung begrenzter Verantwortung (Nachfolger, Assistent, Stellvertreter) ■ Übertragung von Sonderaufgaben ■ Auslandseinsatz ■ Einführungsprogramme	■ Lehrvortrag, Referat ■ Lehrgespräch, Lehrkonferenz, Teamteaching ■ Moderationsmethode ■ Gruppenarbeit ■ Rollenspiel, Gruppendynamisches Training ■ Fallmethode, Planspiel ■ Multiples Management/Juniorvorstand
	Training-near-the-job ■ Qualitätszirkel; Lernstatt, Ausbildungswerkstatt ■ Förderkreise, Erfahrungsaustauschgruppen ■ Workshops ■ Projektgruppen
E-Learning	
■ Computer-Based-Training ■ Web-Based-Training ■ Virtuelle Seminare ■ Lernportale	

Abb. 6–1: Methoden der betrieblichen Bildungsarbeit

6.2 Bildungsmaßnahmen am Arbeitsplatz (Training-on-the-job)

Die Vermittlung neuer Fertigkeiten und Kenntnisse erfolgt bei den meisten arbeitsplatzgebundenen Bildungsmaßnahmen im direkten Zusammenwirken zwischen Mitarbeiter und Vorgesetztem. Dieser ist der erste Helfer seines Mitarbeiters, den er gleichermaßen fördert und fordert. Er unterstützt den Aufbau eines gesunden Selbstbewusstseins, indem er Stärken anerkennt und entwickelt, aber auch auf Fehler aufmerksam macht und es dem Mitarbeiter erleichtert, sich solcher Schwächen bewusst zu werden. Im gemeinsamen Gespräch werden Maßnahmen zur Verbesserung der Leistung und Pläne für den weiteren Einsatz besprochen.

Die Vorteile der arbeitsplatzgebundenen Bildung werden nur dann in vollem Umfang zum Tragen kommen, wenn folgende Voraussetzungen weitgehend erfüllt sind:

- Die Mitarbeiter müssen ausreichend motiviert werden, damit sie dem Lernprozess aufgeschlossen gegenüberstehen.

- Der Lernvorgang muss möglichst auf der bereits erreichten Wissensstufe der Teilnehmer einsetzen.

- Bei mehreren Teilnehmern sind die individuellen Unterschiede in der Lerngeschwindigkeit zu beachten.

- Den Besonderheiten der Erwachsenenbildung ist durch die Art und Weise der Instruktionen Rechnung zu tragen.

- Der Bildungserfolg sollte möglichst häufig und lückenlos kontrolliert werden.

- Positive Lernerfolge können als Stimulus zum Weiterlernen benutzt werden.

- Der Vorgesetzte sollte durch überdurchschnittliche Kenntnisse in den jeweiligen Tätigkeitsgebieten überzeugen.

- Für die Mitarbeiter muss erkennbar sein, dass der Vorgesetzte die Bildungsaufgabe als wesentlichen Teil seiner Gesamtaufgabe betrachtet.

Die beiden letzten Aspekte verdeutlichen nochmals die wichtige Rolle des Vorgesetzten bei den arbeitsplatzgebundenen Bildungsmaßnahmen. Er wird seine Aufgabe nur dann zufrieden stellend lösen können, wenn er sich in ausreichendem Maße damit identifiziert. Für die Mitarbeiter muss erkennbar sein, dass der Vorgesetzte nicht nur als guter Fachmann in seinem jeweiligen Arbeitsgebiet überzeugt, sondern auch die Bildungsaufgabe als integralen Bestandteil seiner Tätigkeit versteht. Diese Einsicht fehlt manchem Vorgesetzten, sodass die Bildungsaufgabe entweder vernachlässigt oder auf nachgeordnete Mitarbeiter delegiert wird.

6.2.1 Planmäßige Unterweisung

Der Unterweisung am Arbeitsplatz kommt in der betrieblichen Praxis die größte Bedeutung zu, da im Grunde jede Weitergabe vorhandener Fertigkeiten, Kenntnisse und Erfahrungen einen Unterweisungsvorgang darstellt. Allerdings bestehen in der Art und Weise, wie das geschieht, beträchtliche Unterschiede. Bloßes Anweisen, Zuhören, Zusehen oder probierendes Experimentieren sind ebenso anzutreffen, wie planmäßiges und systematisches Vorgehen. Eine bewährte Methode, die einen zielgerichteten, an pädagogischen Prinzipien orientierten Ablauf vorsieht, ist die Vier-Stufen-Methode. Der formale Ablauf jeder Unterweisung wird dabei in folgende vier Stufen (vgl. Abbildung 6–2) gegliedert:

- Vorbereiten,
- Vorführen,
- Nachmachen,
- Üben.

In der ersten Stufe müssen sowohl der Unterweisungsgegenstand als auch der zu unterweisende Mitarbeiter vorbereitet werden. Durch eine Abgrenzung und Gliederung des Unterweisungsgegenstands wird festgelegt, „was" unterwiesen werden soll und welche Lernziele zu erreichen sind. Die Wahl der besten Ausführungsart und die Bestimmung der notwendigen Hilfsmittel verdeutlichen, „wie" sich ein Vorgang vollzieht. Durch entsprechende Begründungen wird sichergestellt, „warum" so vorgegangen werden muss. Die Vorbereitung des Mitarbeiters dient in erster Linie der Motivation; dazu gehören Informationen über das Lernziel, Fragen nach Vorkenntnissen sowie der Abbau vorhandener Hemmungen.

In der zweiten Stufe beginnt der eigentliche Unterweisungsvorgang. Grundsätzlich sollte der zu erlernende Arbeitsvorgang dem Mitarbeiter dreimal vorgeführt werden. Durch die erste Vorführung soll der Mitarbeiter einen Gesamtüberblick erhalten. Das zweite, langsamere und ausführlichere Vorführen dient dazu, das Was, Wie und Warum mittels der zuvor überlegten Erklärungen zu erläutern und zu begründen. Die dritte, schnellere Vorführung soll dem Mitarbeiter nochmals den Gesamtablauf verdeutlichen. Dieser Schritt kann bei kleineren Unterweisungsvorgängen entfallen.

In der dritten Stufe wechselt die Aktivität zum Unterwiesenen. Dieser führt den Vorgang unter Aufsicht selbst aus, wobei sich auch hier die von der Vorführungsstufe bereits bekannte dreifache Form bewährt. Der erste Versuch kann ohne Erklärung erfolgen, damit die Konzentration voll auf die eigentliche Ausführung gerichtet werden kann. Der Unterweisende sollte nur bei groben Fehlern eingreifen. Bei der zweiten Ausführung sind die erforderlichen Erklärungen und Begründungen abzugeben, um sicherzustellen, dass alle Teilschritte richtig verstanden wurden. Eine weitere Wiederholung, bei der sich die Kommentierung auf Kernpunkte beschränken kann, soll dem Mitarbeiter zusätzliche Sicherheit vermitteln.

Die vierte Stufe und damit den Abschluss des gesamten Vorgangs bildet das Üben ohne Aufsicht. Erst auf diese Weise wird die notwendige Stabilisierung des Gelernten erreicht. Der Unterweisende hält den weiteren Fortgang durch Beobachtung unter Kontrolle. Die Anerkennung erzielter Übungsfortschritte dient der zusätzlichen Motivation.

Die Vier-Stufen-Methode überzeugt durch die Systematik in der Vorgehensweise. Daneben haben weitere Vorteile zu der großen Verbreitung des Verfahrens beigetragen:

- Es handelt sich um eine sehr anschauliche Methode, die neue Erkenntnisse unter realistischen Bedingungen vermittelt.

- Das Verfahren knüpft an vorhandene Fertigkeiten und Kenntnisse an und erlaubt eine Berücksichtigung des individuellen Lerntempos.

- Der Lernstoff wird in sinnvolle, überschaubare Lernschritte zerlegt, sodass die Lernenden sich nicht zuviel vornehmen und auf diese Weise nicht überfordert werden.

- Die Mitarbeiter müssen nicht lange herumprobieren, sondern werden sofort an das Wesentliche einer Aufgabe herangeführt und an die richtige Arbeitsweise gewöhnt.

- Die Methode führt zu einem sicheren Arbeiten bei geringer Fehlerhäufigkeit.

- Der Lernende wird zur Aktivität veranlasst; neben dem „Wie" erfährt er immer auch das „Warum" eines Arbeitsvorganges.

- Die Teilnahme an der Erfahrung des Lehrenden erhöht die Sicherheit des Lernenden; die laufende Bestätigung der erzielten Fortschritte ermutigt zum Weiterlernen.

Die planmäßige Unterweisung nach dem Vier-Stufen-Prizip kann als Einzel- oder Gruppenmethode durchgeführt werden. Bei der Gruppenunterweisung darf allerdings die Zahl der zu Unterweisenden nur so groß sein, dass jeder Teilnehmer dem Unterweisungsvorgang noch in vollem Umfang folgen kann. Die Vier-Stufen-Methode kann sehr flexibel gehandhabt werden; das hier vorgestellte Ablaufschema soll lediglich als Leitfaden verstanden werden. Je nach Art des Unterweisungsgegenstandes und nach den herrschenden äußeren Bedingungen (z. B. Lärm, Ablenkungen) kann es sich als notwendig erweisen, mit der Intensität der Erklärungen oder der Häufigkeit der Wiederholungen zu variieren.

1. Stufe: Vorbereitung

- Sich selbst und die Arbeit vorbereiten
  - Arbeitsvorgang zergliedern
  - Arbeitsplatz für die Unterweisung vorbereiten
  - Ausreichend Zeit nehmen
- Mitarbeiter vorbereiten
  - Befangenheit nehmen und ihm Sicherheit vermitteln
  - Vorkenntnisse feststellen
  - Unterweisungsgegenstand benennen
  - Interesse wecken für die Aufgabe

2. Stufe: Erklären und vormachen

- Zunächst einen Gesamtüberblick über die Aufgabe vermitteln, indem diese in geraffter Form vorgemacht und erklärt wird
- Die Aufgabe ein zweites Mal ausführlich vormachen
  - Ausführliche Erklärungen geben
  - Notwendige Fachbegriffe verwenden
  - Eigene Vorgehensweise begründen
  - Auf mögliche Probleme hinweisen
  - Mitarbeiter zu Fragen anregen
- Bei schwierigen Aufgaben: Nochmals vormachen und Kernpunkte wiederholen

3. Stufe: Nachmachen lassen

- Den Unterwiesenen die Aufgabe ausführen lassen
  - Wenig Kommentar
  - Zunächst nur grobe Fehler verbessern (Störungen in Grenzen halten)
- Danach die Aufgabe durch den Unterwiesenen ein zweites Mal ausführen lassen
  - Detaillierte Erklärungen und Begründungen verlangen
  - Verständnis der einzelnen Arbeitsschritte prüfen
  - Fehler verbessern
  - Fachausdrücke verwenden lassen
- Falls erforderlich, weitere Wiederholung
  - Nur noch Kernpunkte herausstellen lassen

4. Stufe: Abschluss

- Mitarbeiter selbstständig üben lassen
  - Probeauftrag erteilen
  - Gedächtnishilfen (z. B. schriftliche Unterlagen) bereitstellen
- Kontaktperson benennen
  - Kollegialitätsempfinden fördern
  - Sicherheitsgefühl erhöhen
- Übungsfortschritte beobachten und Erfolge anerkennen

Abb. 6–2: Unterweisung nach der Vier-Stufen-Methode

Varianten der Vier-Stufen-Methode unterscheiden drei, sechs und sieben Stufen, wobei jeweils der Grundgedanke einer planmäßigen Vorgehensweise durch Untergliederung des gesamten Unterweisungsvorgangs in Stufen beibehalten wird.

Wenn mehrere Unterweisungsvorgänge nach der Vier-Stufen-Methode planmäßig aneinandergereiht werden, kann die Einzelunterweisung zum systematischen **Unterweisungsprogramm** ausgebaut werden. Solche Programme werden z. B. zum Anlernen neuer Mitarbeiter im gewerblichen Bereich bereitgestellt. **Anlern- und Einarbeitungsprogramme** stellen sicher, dass alle zur Ausübung einer

Tätigkeit notwendigen Teilvorgänge vermittelt werden; sie minimieren die Einarbeitungszeit und führen bei einer niedrigen Fehlerquote in begrenzter Zeit zu einem hohen Leistungsstand. Die Mitarbeiter erzielen rasch gute Anfangserfolge, womit das Vertrauen in die eigene Leistungsfähigkeit und die Arbeitsfreude steigen.

6.2.2 Job Rotation

Wie schon an anderer Stelle ausgeführt, wird der Begriff Job Rotation sowohl als Form der Arbeitsstrukturierung (vgl. Kapitel 5.5.3) als auch als eine Möglichkeit der Bildung am Arbeitsplatz verstanden. Job Rotation als Bildungsmethode dient der Vermittlung zusätzlicher Qualifikationen, indem den einbezogenen Mitarbeitern Gelegenheit geboten wird, durch einen systematischen Arbeitsplatzwechsel bestehende Aufgaben vorübergehend zu übernehmen, um damit die vorhandenen Kenntnisse auszuweiten und neue Erfahrungen zu gewinnen. Da die Mitarbeiter durch den fortlaufenden Arbeitsplatzwechsel auch regelmäßig mit neuen Vorgesetzten und Kollegen konfrontiert werden, lernen sie nicht nur fachlich dazu, sondern werden auch in ihrem Sozialverhalten ständig neu gefordert. Beim Job Rotation handelt es sich um eine Bildungsmethode mit Programmcharakter, die zwar schwerpunktmäßig am Arbeitsplatz vollzogen wird, aber Ergänzungen durch andere Formen (z. B. Teilnahme an Gesprächen und Diskussionen, Seminarbesuche, Auslandseinsatz usw.) nicht ausschließt.

Bildung durch einen planmäßigen Arbeitsplatzwechsel ist für alle Mitarbeiter möglich. In der betrieblichen Praxis wird die Methode des Job Rotation jedoch vorwiegend für Führungskräfte und Nachwuchskräfte (Berufsanfänger) angewandt. Bei Führungskräften handelt es sich in der Regel um einen Arbeitsplatzwechsel auf derselben Rangstufe, bei dem die übertragenen Aufgaben sofort vollverantwortlich übernommen werden müssen. Auf diese Weise sollen neben dem Erwerb neuer Kenntnisse vor allem die Mobilität gesteigert und ein enges Ressortdenken abgebaut werden, sodass die Voraussetzungen für einen späteren Arbeitseinsatz in ähnlichen Tätigkeitsgebieten verbessert werden.

Beim Job Rotation als Methode der Nachwuchsschulung geht es darum, neu in das Unternehmen eingetretenen Mitarbeitern systematisch umfassende Kenntnisse der wichtigsten spezifischen Betriebsfunktionen zu vermitteln und gleichzeitig ihre besonderen Fähigkeiten auf bestimmten Gebieten zu erkennen. Das Prinzip des Job Rotation wird – obwohl man den Begriff in diesem Zusammenhang nicht verwendet – auch bei der Ausbildung von Auszubildenden praktiziert, wenn diese die verschiedenen Ausbildungsbereiche nach einem gemäß den Vorgaben der Ausbildungsordnung festgelegten Ausbildungsplan durchlaufen. Eine andere typische Zielgruppe sind Hochschulabsolventen, denen der Übergang von der theoretischen Ausbildung an den Hochschulen zur beruflichen Praxis mithilfe so genannter Traineeprogramme (vgl. Kapitel 6.2.3) erleichtert werden soll.

Die Bildung durch Job Rotation bietet sowohl dem Unternehmen als auch den Mitarbeitern eine Reihe von Vorteilen. U. a. sind zu nennen:

- Verbesserung der Anpassungsfähigkeit und Kooperationsbereitschaft der Mitarbeiter;

- universale Entwicklung der Mitarbeiter, weil sie die Probleme im Unternehmen aus der Sicht unterschiedlicher Positionen kennen lernen;

- Gelegenheit für die Mitarbeiter, die eigenen Schwächen und Stärken bei der Aufgabenausführung und beim Umgang mit Kollegen besser einzuschätzen;

- Förderung der Flexibilität der Mitarbeiter in Bezug auf den künftigen Personaleinsatz;

- bessere Vergleichsmöglichkeiten zwischen den Mitarbeitern und damit zuverlässigere Einsatz- und Beförderungsentscheidungen durch die Personalabteilung;

- Abbau des Gruppenegoismus, sodass mit einer verbesserten Zusammenarbeit und Kommunikation zwischen den verschiedenen Abteilungen gerechnet werden kann;

- Erschließung neuer Ideen durch neue Mitarbeiter (Outsider) für die Abteilung.

Kritisch wird dem Job Rotation gelegentlich entgegengehalten, dass es bei der Weiterbildung von Führungskräften durch die sofortige Übernahme der vollen Verantwortung zu Stockungen im Betriebsablauf kommen kann. Außerdem besteht die Gefahr, dass sich manche Führungskräfte mit ihrer Aufgabe nicht voll identifizieren, sondern die Position als Trainingsjob oder Durchgangsstelle verstehen. In solchen Fällen muss sichergestellt werden, dass die Aufgabenübernahme zumindest so lange dauert, dass eine wirkliche Einarbeitung in die Probleme eines Arbeitsgebietes möglich wird. Darüber hinaus muss den Mitarbeitern anhand der Stellenbeschreibung klargemacht werden, dass es sich um eine echte Stelle mit allen Kompetenzen und Pflichten handelt und dass auch hier das Urteil über Leistung und Bewährung für die weitere berufliche Entwicklung mit herangezogen wird. Manchmal wird auch die Befürchtung geäußert, dass bewährte Mitarbeiter in mittleren Positionen hängen bleiben und verheizt werden, obwohl sie eigentlich die Fähigkeiten hätten, weiterzukommen. Dieses Problem wird sich nicht ergeben, wenn die Positionsfolge nicht dem Zufall überlassen wird, sondern anhand standardisierter oder auf die speziellen Fähigkeiten des Mitarbeiters zugeschnittener Programme von vornherein eindeutig festgelegt wird.

Obwohl gegenwärtig eher Großbetriebe über systematische Job Rotation-Programme verfügen, sind die Erfahrungen mit dieser Form der Bildung am Arbeitsplatz auch für kleinere und mittlere Unternehmungen nutzbar. Diese haben zwar ein geringeres Angebot an geeigneten Positionen, sie können aber ihre Voraussetzungen dadurch verbessern, dass sie im Verbund mit anderen (befreundeten) Betrieben einen Arbeitsplatzwechsel über die Betriebsgrenze hinaus durchführen (vgl. Kapitel 7.4). Dabei werden Mitarbeiter aus verschiedenen Betrieben für befristete Zeit untereinander ausgetauscht (Hospitanten).

Eine Sonderform des Job Rotation ist das **Cross-Exchange**. Dabei übernimmt ein Mitarbeiter für eine befristete Zeit das Aufgabengebiet eines anderen Mitarbeiters. Durch Cross-Exchange soll der Transfer von Know-how innerhalb des Unternehmens oder eines Unternehmensbereichs sichergestellt werden. Außerdem wird die Kooperation bereichsübergreifend gefördert.

6.2.3 Traineeprogramme

Je nach dem Kreis der Betroffenen und den verfolgten Zielsetzungen können Job Rotation-Programme zwischen wenigen Monaten und mehreren Jahren dauern. Bei den Programmen für Führungskräfte gelten grundsätzlich die gleichen Überlegungen und zeitlichen Grenzen, die schon bei der Nachfolgeplanung dargelegt wurden. Traineeprogramme sind Programme zur Einführung von Hochschulabsolventen, sie sollten zwei bis drei Jahre nicht wesentlich überschreiten.

Die in der Praxis vorliegenden Traineeprogramme werden im Allgemeinen flexibel gehandhabt. Auf der Grundlage allgemeiner (personenunabhängiger) Programme erfolgt vor Trainingsbeginn eine Abstimmung mit den betroffenen Mitarbeitern und eine Anpassung an deren individuelle Voraussetzungen (z. B. Vorkenntnisse) und Wünsche (z. B. angestrebter Funktionsbereich) und an die aktuellen betrieblichen Gegebenheiten. Nachfolgend ist auszugsweise ein auf eine bestimmte Mitarbeiterin (Hochschulabsolventin, Berufsanfängerin) zugeschnittenes Trainingsprogramm für das Finanz- und Rechnungswesen eines Unternehmens der papierverarbeitenden Industrie abgedruckt.

Traineeprogramm im Finanz- und Rechnungswesen für Dipl-Kff. Petra Musterling vom 1. Mai 2012 bis 31. Oktober 2013

1. Übersicht

Die Ausbildung beruht auf dem allgemeinen Trainings- und Entwicklungsplan und findet als Training-on-the-job statt. Sie dauert ca. 18 Monate und umfasst folgende Bereiche:

Bereich	von	bis	Dauer (Monate)
Kostenrechnung (einschließlich Werk)	Mai 2012	Oktober 2012	6
Betriebswirtschaftliche Abteilung (einschl. Marketing und Verkauf)	Nov. 2012	Juni 2013	8
Geschäftsbuchhaltung	Juli 2013	Sept. 2013	3
Englische Schwestergesellschaft	Oktober 2013		1

2. Trainingsprogramm Kostenrechnung

2.1 Ziele

a) Vermittlung von Kenntnissen über
   - Produkte
   - Maschinen, Anlagen
   - Betriebsabläufe

b) Kennenlernen von
   - Abrechnungssystem
   - Berichtswesen
   - Investitionsrechnung

c) Übernahme von dem Ausbildungsstand entsprechenden Kosten-Analyse-Projekten

2.2 Aufgaben und Zeitplanung

a) Einführung   Mai 2012
   - Gespräche mit dem Finanzdirektor und dem Personaldirektor
   - Kurze Vorstellung im Unternehmen
   - Erstes Kennenlernen von Produkten, Anlagen, Maschinen, Abläufen
   - Einführung (jeweils mehrere Tage) in Verarbeitung, Papierherstellung und Lager
   - Einführungsgespräche mit Führungskräften
   - Information über das Unternehmen (Geschäftsbericht, Budget und Fünf-Jahres-Plan, Organisationsplan)

b) Einarbeitung in den Bereich „Kostenrechnung – Papier-   Juni 2012
   herstellung"
   - Berichte an Werkführungskräfte
   - Ermittlung von Abweichungen
   - Bestandsführung Zellstoff/Watte
   - Monatsabschlusstabellen

c) Einarbeitung und Übernahme des Bereichs   Juni/Juli 2012
   - „Kostenrechnung – Papierverarbeitung"
   - Berichte an Werkführungskräfte
   - Ermittlung von Abweichungen
   - Monatsabschlussarbeiten

d) Einführung und Übernahme umfangreicherer Arbeiten   Juli/August 2012
   - Vorbereitung von Standards
   - Gesamtmonatsabschluss mit Analyse, Berichterstattung und Vorbereitung, Kostenbesprechung

	– Bestandskontrolle	
	– Vorbereitung von Standards	
e)	Sonderaufgaben	
	– Wirtschaftlichkeitsrechnung für Investitionen	Sept./Okt. 2012
	– Kostenanalyse-Projekte	
f)	Teilnahme an wichtigen Gesprächen	
	– Monatliches Kostengespräch	
	– Wöchentliches Gespräch Werkführungskräfte	Juli – Okt. 2012
	– Festlegen von Standards	
g)	Ständiger Kontakt zum Finanzdirektor	ständig
	– (14-tägig ca. 1–2 Stunden) über gesammelte Erfahrungen, aufgetretene Fragen, Fortschritte des Trainingsprogramms	
	– Abschließendes Gespräch nach Beendigung des Trainingsprogramms Kostenrechnung	Ende Okt. 2012

3. Trainingsprogramme Betriebwirtschaftliche Abteilung und Geschäfts-buchhaltung
(Untergliederung ähnlich dem Trainingsprogramm Kostenrechnung)

Plant ein Unternehmen die Einführung eines Traineeprogramms, dann sollten sich die Verantwortlichen sorgfältig mit der Zielsetzung auseinander setzen, um zu vermeiden, dass bei den Trainees falsche Erwartungshaltungen geweckt werden. Es ist zu unterscheiden, ob ein Traineeprogramm eher der Ausbildung und Förderung dient (z. B. Qualifizierung von Hochschulabsolventen; Schaffung eines Führungsnachwuchspools) oder die Beschaffungsfunktion auf dem internen und externen Arbeitsmarkt im Vordergrund steht. Es gibt auch Programme, die darauf ausgerichtet sind, durch Aufstiegsmöglichkeiten eine Imageverbesserung am Arbeitsmarkt zu erzielen.

Neben der Zielsetzung sind bei der Programmkonzeption folgende weitere Aspekte zu beachten:

■ Lernzieldefinition und Ausbildungsinhalte
Die Lerninhalte und Lernziele eines Trainee-Programms lassen sich aus den Unternehmenszielen ableiten. Spätestens in dieser Phase sollten die Fachabteilungen in die Programmgestaltung einbezogen werden. Die Lernziele werden in konkrete Ausbildungsinhalte umgesetzt. Die meisten Unternehmen praktizieren

eine Kombination aus Tages- und Projektaufgaben. Der Vorteil der Mitarbeit des Trainees am laufenden Tagesgeschäft liegt darin, dass der Wirklichkeitsbezug sichergestellt ist, der Trainee die Abteilung schnell entlasten kann und dadurch seine Akzeptanz gefördert wird.

■ Begleitende Weiterbildungsmaßnahmen
In Trainee-Programmen wird die Ausbildung neben der on-the-job-Komponente durch gezielte off-the-job-Maßnahmen ergänzt. Diese reichen von den klassischen Seminaren über computergestützte Lernprogramme hin zu Trainee-Konferenzen.

■ Programmstruktur
Hier ist unter anderem zu klären:

– ob die Ausbildung an einem oder mehreren Standorten stattfindet,

– welche Ausbildungsstationen der Trainee kennen lernen soll,

– wie lange die Programmdauer insgesamt sein soll,

– welche Begleitmaßnahmen zu welchem Zeitpunkt die praktische Ausbildung ergänzen sollen,

– ob die Einstelltermine fix oder variabel gehandhabt werden.

■ Steuerungs- und Feedbackinstrumente
Die Betreuung und Steuerungsintensität korreliert stark mit der Qualität eines Traineeprogramms. Folgende Instrumente haben sich bewährt:

– Ein Trainee-Beauftragter, der Kontakt zu den Trainees und Fachabteilungen hält und die Stationswechsel koordiniert.

– Ein Paten- oder Mentorensystem, wobei neben die fachliche häufig auch eine soziale Betreuung tritt.

– Eine regelmäßige Beurteilung des Leistungs- und Entwicklungsstands.

– Ablaufpläne und Stationsbeschreibungen, die dem Trainee als Orientierungshilfe und dem Fachvorgesetzten bei der Lernzielkontrolle dienen.

– Regelmäßige Trainee-Berichte.

6.2.4 Übertragung begrenzter Verantwortung

Dem Begriff entsprechend werden bei dieser Methode einem Mitarbeiter Teilaufgaben ohne die gleichzeitige Übernahme der Führungsverantwortung übertragen, sodass er allmählich unter Kontrolle des auf diese Weise entlasteten Vorgesetzten in das Aufgabengebiet hineinwächst.

Die Praxis hat für diese Form der Bildung am Arbeitsplatz mit dem Nachfolger, dem Assistenten und dem Stellvertreter mehrere Spielarten entwickelt. Der **Nachfolger** soll sich auf diese Weise in ein Tätigkeitsgebiet einarbeiten, um die zugehörigen Aufgaben einschließlich der damit verbundenen Verantwortung später dauerhaft zu übernehmen. Einzelheiten zur Nachfolgeplanung sind in Kapitel 5.2 ausführlich dargestellt.

Für den **Assistenten** bedeutet die Stelle dagegen nur eine Durchgangsstation im Rahmen seiner Entwicklung (z. B. innerhalb eines Job Rotation-Programms), deren Aufgaben er nach Übernahme einer neuen Tätigkeit wieder abgibt. Es handelt sich um eine Kombination von Personaleinsatz und Personalentwicklung. Ohne für alle Funktionen voll verantwortlich zu sein, wird der Assistent mit dem Gesamtaufgabenbereich einer Führungsstelle konfrontiert. Dazu hat er sich in bestimmte Sachgebiete einzuarbeiten, um Sachkompetenz zu gewinnen. Dies geschieht vor allem dadurch, dass er den Vorgesetzten bei seiner Arbeit unterstützt und berät (z. B. Ausarbeitung von Stellungnahmen, Mitwirkung an Entscheidungsprozessen bzw. Verhandlungen). Vor allem Hochschulabsolventen, die bisher keine oder nur geringe betriebspraktische Erfahrung sammeln konnten, sind besonders gut für diese Form der Ausbildung geeignet. Um möglichst vielseitige Einblicke in das Betriebsgeschehen zu ermöglichen, kann sich der Einsatz als Assistent auf mehrere Arbeitsplätze erstrecken. Als Hauptanwendungsgebiet dieser Bildungsmethode kommt die Schulung hoch qualifizierter Führungskräfte infrage.

Der **Stellvertreter** übt die Funktionen desjenigen aus, den er vertritt. Dies gilt bei Abwesenheit des Vertretenen, aber auch dann, wenn der Vorgesetzte seinem Vertreter eine bestimmte Aufgabe überträgt oder durch dauerhafte Regelung übertragen hat. Der Stellvertreter nimmt aber auch Funktionen wahr, die er im eigenen Namen und in eigener Verantwortung auszuüben hat.

6.2.5 Sonderaufgaben

Durch die Übernahme von Sonderaufgaben soll den Mitarbeitern Gelegenheit geboten werden, sich in neuen, über die Routinetätigkeiten hinausgehenden Aufgabenstellungen zu bewähren. Diese Methode wird besonders bei der Entwicklung von Führungskräften eingesetzt. Den Mitarbeitern wird die Verantwortung für die Bearbeitung einer oder mehrerer abgegrenzter Sonderaufgaben übertragen, sodass sie zeigen können, ob sie in der Lage sind, sich in neue Problemstellungen zu versetzen und Lösungsalternativen zu entwickeln. Als Aufgabenstellung kommen einmalig oder unregelmäßig anfallende Untersuchungen, Planungs- oder Kontrollvorhaben infrage. Der Vorteil dieser Methode besteht im Zwang der Mitarbeiter, sich mit neuen Problemen auseinander zu setzen, für die noch keine Standardlösungen vorliegen. Als Nachteil erweist es sich, dass wegen der Einmaligkeit vieler Aufgabenstellungen die Möglichkeiten einer sachlich umfassenden Kontrolle und Wiederholung unter ähnlichen Bedingungen in der Regel fehlen. Aus diesem Grunde kann die Übertragung von Sonderaufgaben nur als ergänzende Methode der Bildung am Arbeitsplatz angesehen werden.

6.2.6 Auslandseinsatz

Eine spezielle Form der Übernahme von Sonderaufgaben ist der Auslandseinsatz. Von dieser Möglichkeit machen besonders multinationale Unternehmungen Gebrauch, die Führungsnachwuchskräfte zur Bearbeitung von Sonderaufträgen vorübergehend zu ausländischen Tochter- oder Muttergesellschaften abstellen. Insbesondere für solche Führungskräfte, die später einmal eine auslandsorientierte Funktion wahrnehmen sollen, stellt der Erwerb von Auslandserfahrung (Fremdsprachenkenntnisse, Umgang mit Ausländern, Anpassungsfähigkeit, Kenntnisse bestimmter landesüblicher Gepflogenheiten usw.) ein wesentliches Element in ihrer Gesamtentwicklung dar.

Unternehmungen, die über keine konzerneigenen Gesellschaften im Ausland verfügen, brauchen auf diese Bildungsmaßnahme nicht zu verzichten, wenn im Rahmen einer grenzüberschreitenden zwischenbetrieblichen Kooperation ein Austausch von Nachwuchskräften vorgenommen wird.

Je nach Dauer des Aufenthaltes im Ausland und der vertraglichen Regelungen werden verschiedene Varianten unterschieden.

- Eine Entsendung von wenigen Monaten (z. B. zur Durchführung von Montagearbeiten) wird als Abordnung bezeichnet. Das bestehende Arbeitsverhältnis bleibt gültig und wird gegebenenfalls durch einen Abordnungsvertrag ergänzt.

- Eine Delegation liegt vor, wenn Mitarbeiter für mittelfristige Aufenthalte ins Ausland entsandt werden, um dort für das Entsendungsunternehmen Arbeitsleistungen zu erbringen (z. B. Aufbau einer Vertriebsorganisation oder Mitarbeit in der ausländischen Tochtergesellschaft). Hier wird in der Regel der bestehende Arbeitsvertrag kombiniert mit einem Anstellungsvertrag im Ausland, in dem vor allem die Rechte und Pflichten unter Beachtung der arbeitsrechtlichen Vorgaben im Ausland geregelt werden.

- Bei einer Versetzung wird der Mitarbeiter dauerhaft oder für längere Zeit völlig in das ausländische Unternehmen integriert. Das Arbeitsverhältnis im Entsendungsunternehmen ruht oder wird aufgelöst. Die Rückkehrchance kann durch Abschluss eines Reintegrationsvertrages erhalten werden.

Insbesondere der mittel- und langfristige Auslandseinsatz ist über die Regelung der vertraglichen Beziehungen hinaus mit zahlreichen, teilweise in den privaten Bereich hineinragenden Problemen verbunden. Viele Mitarbeiter international tätiger Unternehmungen sehen den Auslandsaufenthalt oft lediglich als eine (unvermeidbare) Stufe in der persönlichen Karriereplanung an, die es möglichst schnell zu überbrücken gilt. Seitens der Unternehmen werden deshalb oft spezielle Anreizsysteme geschaffen, um die Bereitschaft zum Auslandseinsatz zu wecken. Zum Ausgleich finanzieller Nachteile werden ganze Kompensationspakete zusammengestellt. Sie umfassen:

- Grundgehalt,

- Auslandszuschläge,

- notwendige Versicherungen,

- Ausgleichszahlungen für Währungsverluste,

- Umzugskosten,

- Mietbeihilfen,

- Schulgeld.

Eine Fehlbesetzung und der damit verbundene Vertrauensschaden im Ausland können wesentlich teurer sein als eine gründliche Auswahl und Vorbereitung. Bei der Auswahl der zu entsendenden Mitarbeiter sind zu beachten:

- fachliche Qualifikation,

- physische und psychische Belastbarkeit,

- die familiäre Situation,

- die sprachlichen Fähigkeiten.

Erfahrungen in der Vergangenheit haben gezeigt, dass die Vorbereitung auf den Auslandsaufenthalt in den meisten Fällen viel zu kurz war. Die Vermittlung ausreichender Sprachkenntnisse ist für die spätere Integration im Gastland ebenso unerlässlich wie die Vorbereitung auf die sozialen und kulturellen Unterschiede. Durch eine Anpassungsphase wird versucht, die Folgen des nach einer gewissen Anfangseuphorie vielfach auftretenden Kulturschocks zu mindern.

Zur Erleichterung der Rückkehr sollten folgende Punkte beachtet werden:

- Regelmäßige Kontakte während des Aufenthalts vermitteln den abwesenden Mitarbeitern das Gefühl, dass sie im Heimatunternehmen nicht vergessen wurden.

- Durch geeignete Rückgliederungsmaßnahmen müssen die Heimkehrer mit zwischenzeitlich veränderten Arbeitsbedingungen vertraut gemacht werden.

- Wegen einer besonders hohen Erwartungshaltung, aber auch aus Neid, kann es zur Ablehnung durch Kollegen kommen.

■ Auch die notwendige Reintegration im privaten Bereich, geänderte finanzielle Verhältnisse wegen des Wegfalls der Auslandszulagen und ein zweiter, umgekehrter Kulturschock sind zu bedenken.

6.2.7 Einführungsprogramme

Eine Sonderform der arbeitsplatzgebundenen Bildung sind Einführungsprogramme. Sie erfüllen eine Doppelaufgabe, indem sie neue Mitarbeiter einerseits in ihr künftiges Aufgabengebiet einweisen (z. B. durch eine Abfolge von Unterweisungsvorgängen) und andererseits in die Betriebsgemeinschaft mit ihren vielen und ungeschriebenen Gesetzen einführen. Einführungsprogramme gehen weiter als die an anderer Stelle bereits erwähnten Einarbeitungs- oder Anlernprogramme (vgl. Kapitel 6.2.1). Sie stellen eine auf die jeweilige Situation (Art des Arbeitsplatzes, Mitarbeiterkategorie, Alter und Erfahrung des Mitarbeiters usw.) abzustimmende Mischung zwischen arbeitsplatzbezogener Einarbeitung und allgemeiner Information (am oder außerhalb des Arbeitsplatzes) dar.

Das Verhältnis neuer Mitarbeiter hängt stark von den ersten Eindrücken nach Eintritt in das Unternehmen ab. Die „Neuen" haben anfangs noch keinen Kontakt zu anderen Mitarbeitern; sie fühlen sich fremd und unsicher. Diese Unsicherheit kann mithilfe eines ausführlichen Einführungsprogramms überwunden werden. Ein solches Programm umfasst die Einarbeitung in die neue Tätigkeit, Gespräche und Vorstellungen bei Kollegen, Vorgesetzten oder anderen Abteilungen sowie Informationen über das Unternehmen, über allgemein verbindliche Regelungen (z. B. Arbeitszeit, Pausen, Parkplatz u. a.m.), über die vorhandenen Sozialeinrichtungen oder über die örtlichen Gegebenheiten (bei ortsfremden Mitarbeitern). Auch die anfängliche Betreuung neuer Mitarbeiter durch einen so genannten Paten sowie das Aushändigen schriftlicher Informationsmaterialien (z. B. Einführungsschrift, gültige Betriebsvereinbarungen, Werkszeitschrift u. a.m.) sollten bereits im Programm berücksichtigt sein.

6.3 Bildungsmaßnahmen außerhalb des Arbeitsplatzes (Training-off-the-job)

Die Methoden der Bildung am Arbeitsplatz zeichnen sich durch ihren hohen Realitätsbezug aus. Zugunsten dieses Vorteils muss in Kauf genommen werden, dass im Vergleich zu den Bildungsmaßnahmen außerhalb des Arbeitsplatzes ungünstigere äußere Bedingungen herrschen. Didaktische und methodische Konzepte müssen oft hinter der Dringlichkeit und dem Zwang des betrieblichen Alltags zurückstehen. Demgegenüber bleiben die Teilnehmer beim Lernen außerhalb des Arbeitsplatzes vom laufenden Betriebsgeschehen grundsätzlich unbehelligt. Das gewährt den Bildungsverantwortlichen eine größere Unabhängigkeit, sodass bei der Planung einer Bildungsveranstaltung vordringlich pädagogische Prinzipien berücksichtigt werden können.

6.3.1 Lehrvortrag

Vortrag, Referat und Vorlesung sind drei in ihren Grundzügen übereinstimmende Lehrmethoden, die den Zuhörern unmittelbar keine Möglichkeit einräumen, an der Erarbeitung des Bildungsstoffes aktiv mitzuwirken. Den Ablauf des Vortrags und die Intensität, mit der die einzelnen Bildungsgegenstände behandelt werden, bestimmt ausschließlich der Vortragende. Die Zuhörer werden in eine rein passive Rolle gedrängt, und nur eine besonders aktuelle Themenstellung oder eine überdurchschnittliche Rednerbegabung können verhindern, dass die Teilnehmer nicht zeitweise abschalten und das Gehörte an sich vorbeiziehen lassen.

Trotz dieser Nachteile kann die betriebliche Bildungsarbeit auf Vorträge und Referate nicht völlig verzichten. Die Einführung in ein neues Sachgebiet, die geschlossene Darstellung bestimmter Problemstellungen oder auch die Zusammenfassung der zuvor mittels anderer Methoden erarbeiteten Ergebnisse einer Bildungsveranstaltung werden oft in Vortragsform erfolgen. Der Vortrag erlaubt es, einer größeren Zuhörerzahl einen Lehrstoff systematisch in begrenzter Zeit zu vermitteln. Durch einen geschickten Medieneinsatz und die Möglichkeit, Zwischenfragen zu stellen, können die Nachteile des Vortrags teilweise gemindert werden. Zumindest sollte am Ende eines Bildungsvortrags den Zuhörern Gelegenheit gegeben werden, die zunächst im Vortrag (Referat) vorgestellten Zusammenhänge, Auffassungen oder Thesen in einer gemeinsamen Diskussion aufzuarbeiten.

In der betrieblichen Bildungsarbeit sollte der Vortrag als eine Lehrmethode verstanden werden, deren Bedeutung und Berechtigung dann gegeben ist, wenn sie in Kombination mit anderen, aktiven Lehrmethoden angewendet wird.

6.3.2 Lehrgespräch

Das Lehrgespräch (Lehrkonferenz; Teamteaching) nimmt unter den verschiedenen Bildungsmethoden eine dominierende Rolle ein. Anstelle des Monologs tritt das Gespräch zwischen dem Dozenten und den Teilnehmern, sodass diese von Anfang an aktiv in die Erarbeitung des Bildungsstoffes einbezogen sind. Die Verantwortung für den Gesprächsablauf liegt beim Dozenten. Er hat dafür zu sorgen, dass das angestrebte Lernziel erreicht wird, indem er die Diskussion immer wieder auf dieses Ziel ausrichtet. Das wichtigste Instrument zur Gesprächssteuerung ist die Frage. Der ständige Wechsel zwischen Frage und Antwort zwingt die Teilnehmer, dem Gedankengang des Dozenten zu folgen, sodass zwar einerseits die notwendige Systematik im Ablauf des Gesprächs sichergestellt wird, anderseits dennoch genügend Raum für eine aktive Beteiligung der Teilnehmer bleibt.

Der Gesprächsleiter muss den zu vermittelnden Wissensstoff bereits vor Beginn der Veranstaltung in vollem Umfang beherrschen. Deshalb sollte das Lehrgespräch nur eingesetzt werden, wenn über die Qualifikation des Lehrenden absolute Sicherheit besteht. Außerdem müssen der Teilnehmerkreis (Größe und Zusammensetzung, Vorbildung, Interessenlage usw.) und vor allem die Art des Lehrstoffes für ein Lehrgespräch geeignet sein. Das Lehrgespräch dient zum einen einer Festigung und Vertiefung bereits vorhandener Kenntnisse und zum anderen der Übertragung vorhandener Erfahrungen auf neue (aber vergleichbare) Problemstellungen; dagegen kommt es nicht in Betracht, wenn ein völlig neues Wissensgebiet erschlossen werden soll, bei dem die Teilnehmer noch über keinerlei Erfahrungen verfügen. Eine weitere Grenze für den Einsatz des Lehrgesprächs ergibt sich durch den hohen Zeitaufwand.

Wie bei der planmäßigen Unterweisung empfiehlt sich auch für das Lehrgespräch ein stufenweises Vorgehen. Bereits vor Gesprächsbeginn muss sich der Gesprächsleiter Klarheit über den Gesprächsinhalt, die Gesprächsziele (Lernziele) und den angesprochenen Personenkreis verschaffen. Die eigentliche Gesprächsdurchführung kann in die Einleitungs-, Diskussions- und Abschlussphase gegliedert werden. In der Einleitungsphase werden die Teilnehmer über den Gegenstand und das Ziel des Gesprächs informiert und für die weitere aktive Teilnahme motiviert. Außerdem muss sichergestellt werden, dass alle Teilnehmer von etwa gleichen Voraussetzungen (z. B. ein einheitliches Basiswissen) ausgehen. In der Diskussionsphase fungiert der Gesprächsleiter als „Steuermann", der durch geeignete Fragen Denkanstöße gibt; er achtet darauf, dass die Gruppe beim Thema bleibt, und sorgt durch Zwischenzusammenfassungen dafür, dass der rote Faden nicht verloren geht. Außerdem ist er für den formalen Gesprächsablauf (Einhaltung der Spielregeln) verantwortlich. Das Erreichen des Gesprächsziels in der zur Verfügung stehenden Zeit hängt in erster Linie vom Geschick des Gesprächsleiters in dieser Phase ab. Zum Schluss sorgt er dafür, dass die gefundenen Ergebnisse in einer für alle verständlichen Form herausgestellt werden, wobei die Formulierung nach Möglichkeit aus der Gruppe heraus erfolgen soll. Abbildung 6–3 enthält eine Checkliste über die zu beachtenden Punkte und Gestaltungsvarianten.

Teamteaching ist ein Lehrgespräch mit mehreren Spezialisten, die ihr Fachwissen unter einem fachübergreifenden Thema anteilig vermitteln. Teamteaching eignet sich für Themen, die mehrere, oft unterschiedliche Fachgebiete umfassen. Ein Teammitglied fungiert als Teamleiter, der u. a. dafür sorgt, dass die Lernziele eingehalten werden und sich das Team nicht zu weit vom Thema entfernt. Ein wesentlicher Vorteil des Trainings im Team liegt in der meist sehr lebendigen Darbietung der Lerninhalte. Außerdem können sich die Trainer bei schwierigen Fragen und Sachverhalten ergänzen. Treten Konflikte zwischen Trainer und Gruppe auf, so kann z. B. der in den Konflikt einbezogene Trainer auf die Gruppenmitglieder eingehen und ein zweiter Trainer kann die Situation unvoreingenommen beobachten und sie später analysieren.

Einleitungsphase: Teilnehmer motivieren und Gesprächsgrundlage schaffen

- Thema nennen und abgrenzen
- Gesprächsziel (Lernziel) nennen
- Aktive Mitarbeit der Teilnehmer sicherstellen
  - An vorhandene Erfahrungen anknüpfen
  - Nutzen für die Teilnehmer herausstellen
  - Sonstiger attraktiver Einstieg
- Zeitrahmen bekannt geben
- Behandlungsreihenfolge vereinbaren
- Gemeinsame Ausgangsbasis sicherstellen

Diskussionsphase: durch Denkanstöße Gespräch zielwirksam vorwärts bringen

- Sachproblem erörtern
- Vergleiche herstellen (z. B. früher/heute, wir/andere, Kosten/Nutzen)
- Bewertungen/Beurteilungen vornehmen (z. B. wirtschaftlich, sozial)
- Beiträge hervorheben/gewichten
- Folgerungen ziehen lassen
- Teilnehmer durch Einsatz der Fragetechnik aktivieren
  - Offene Fragen (W-Fragen) einsetzen
  - Fragen möglichst an alle Teilnehmer richten
  - Fragen aus dem Auditorium (wenn möglich) durch das Auditorium beantworten lassen
- Aktiv zuhören; Teilnehmer ausreden lassen
- Gespräche strukturieren
  - Gliederung herausarbeiten
  - Orientierungshilfen einbauen
- Zwischenergebnisse zusammenfassen (lassen)
- Zwischenergebnisse festhalten (visualisieren)
- Spielregeln beachten (Melden, Reihenfolge…)

Abschlussphase: Lernerfolg verdeutlichen und sichern

- Ergebnis zusammenfassen (Fazit)
- Endergebnis sichern (Protokoll, Nacharbeit, Literaturhinweise)
- Persönliche Folgerungen ziehen lassen (Nutzen, künftige Anwendung…)
- Motivation für künftige Lehrgespräche

Abb. 6–3: Ablaufskizze für ein Lehrgespräch

6.3.3 Moderationsmethode

Eine Variante des klassischen Lehrgesprächs ist die Moderationsmethode (Metaplan-Methode). Es handelt sich um eine Kombination von Planungs- und Visualisierungsmethoden mit gruppendynamischen und gesprächstechnischen Elementen. In einem durch einen Moderator gesteuerten Prozess werden in der Gruppe Lösungen für tatsächliche oder zu Lehrzwecken formulierte Probleme erarbeitet.

> **Wichtig:**
>
> Die Moderationsmethode ist eine Form der Gruppenarbeit, durch welche die Meinungsbildung und Entscheidungsfindung erleichtert werden. Arbeitsgruppen werden kooperativ zu einem bestimmten Ergebnis geführt.

Die beiden wichtigsten methodischen Hilfsmittel des Verfahrens sind die Visualisierung und die Fragetechnik. Durch den Einsatz dieser beiden Techniken wird sichergestellt, dass alle Teilnehmer aktiv und zielorientiert in den Kommunikationsprozess einbezogen werden. Dabei werden die Erfahrungen und die Kreativität der Teilnehmer systematisch genutzt. Alle werden an der Problemlösung beteiligt, wodurch eine hohe Identifikation mit den erarbeiteten Ergebnissen erreicht und die Umsetzung in die Praxis erleichtert wird. Als Hilfsmittel werden Pinnwände und Kärtchen nach der Meta-Plan-Methode verwendet.

Steuerung durch einen Moderator

Der methodische Ablauf wird durch einen Moderator gesteuert, der jedoch auf die inhaltlichen Entscheidungen der Gruppe keinen Einfluss nehmen darf. Der Moderator hat sich als eine Art „Primus inter pares" zu verstehen, der keinesfalls mit dem Konferenzleiter im herkömmlichen Sinne zu vergleichen ist. Deshalb kann grundsätzlich jeder Teilnehmer, nicht nur der Ranghöhere oder der Spezialist, die Moderatorenrolle übernehmen. Der Moderator übernimmt folgende Aufgaben:

- Instruktion der Teilnehmer über die Methode,
- Erfassung der Ziele und Absichten der Gruppe,
- Formulierung eines Grobablaufs (Dramaturgie),
- Steuerung des Gruppenprozesses durch Fragen,
- Abrufen der Informationen,
- „Provokation" von Ideen der Teilnehmer,
- Einsatz des methodischen Instrumentariums (insbesondere der Visualisierungstechnik),
- Überwachung der Einhaltung der Spielregeln,
- Herbeiführung der notwendigen Ablauftransparenz,
- Sicherung der Ergebnisse.

Als Teilnehmer kommt jeder Mitarbeiter infrage, der über die notwendige Sachkompetenz verfügt und willens ist, in der Gruppe aktiv zur Problemlösung beizutragen. Ein kooperatives Arbeitsklima und die vielfältigen Aktionsmöglichkeiten durch die Visualisierungstechnik stellen sicher, dass das Wissen, die Meinung und die Erfahrung aller in Verbindung mit der Spontaneität und Kreativität des Augenblicks genutzt werden.

Die gefundenen Lösungen weisen einen hohen Qualitätsstandard auf, da alle am Zustandekommen der Lösung beteiligt sind und sich damit identifizieren und deshalb die daraufhin getroffenen Entscheidungen akzeptieren und mittragen.

Ergebnissicherung durch Visualisierung

Das wichtigste Hilfsmittel der Moderationsmethode ist die Visualisierung. Alle wesentlichen Diskussionsbeiträge (Informationen, Meinungen, Stimmungen, Bewertungen, Ergebnisse) werden dabei für alle sichtbar optisch festgehalten. Pinnwände (Stecktafeln) und die zugehörigen Utensilien (Packpapier, Karten in unterschiedlicher Farbe, Form und Größe, Filzstifte, Nadeln, Klebespray und Klebepunkte) sind das typische Material der Moderationsmethode.

Die Visualisierung hat zahlreiche Vorteile, die grundsätzlich bei allen Methoden der Gesprächsführung zur Verstärkung der sprachlichen Ausführungen genutzt werden können:

- das Verstehen und Behalten wird erleichtert,

- kein Beitrag geht verloren,

- die Beiträge von Ranghöheren und Meinungsführern haben keinen höheren Stellenwert,

- der Diskussionsverlauf ist sachbezogener,

- Person und Aussage werden besser getrennt,

- Schwerpunkte werden erkennbar,

- der Gesprächsverlauf wird nachvollziehbar,

- der Hang zur Selbstdarstellung und zu Wiederholungen wird gebremst,

- die Bereitschaft zur Beteiligung nimmt zu und die Spontaneität der Äußerungen steigt,

- die Teilnehmer können die bereits erzielten Ergebnisse ständig nachvollziehen und erkennen Lösungsfortschritte,

- Ermüdungserscheinungen halten sich in Grenzen, die Konzentration wird gefördert.

Methodenvielfalt

Das wichtigste Steuerungsinstrument des Moderators ist die Fragetechnik (vgl. Kapitel 4.2.2). Durch eine geschickte Fragestellung werden die Teilnehmer stimuliert, es werden Denkanstöße vermittelt, sodass das vorhandene Wissen und die bestehenden Erfahrungen abgerufen sowie Meinungen und Stimmungen geäußert werden. Besonders geeignet sind offene und weiterführende Fragen, durch die möglichst viele (im besten Fall alle) Teilnehmer angesprochen werden. Ungeeignet sind dagegen geschlossene Fragen, Suggestivfragen, rhetorische Fragen sowie komplizierte und unklare Formulierungen.

Über die Fragetechnik hinaus stehen dem Moderator vielfältige Methoden zur Verfügung, um die Teilnehmer zu aktivieren (vgl. Abbildung 6–4).

Punktabfragen

- Jeder Teilnehmer verteilt einen oder mehrere Klebepunkte
- Kann verwendet werden:
  - Um Anfangsbarrieren zu überwinden (z. B. Stimmungsbarometer)
  - Um Meinungstransparenz herzustellen
  - Um Ergebnisse zu bewerten (z. B. bei einer Problemliste)
- Problem: Keine absolute Objektivität

Verdeckte Stichwortabfragen

- Jeder Teilnehmer notiert seine Meinung auf Stichwortkarten
- Je Karte nur einen Beitrag aufschreiben
- Stichwortkarten an Pinnwand heften
- Vorteil: Alle können (müssen) gleichzeitig arbeiten

Offene Stichwortabfragen

- Teilnehmer rufen dem Moderator ihren Beitrag zu
- Kann bei kleinen Gruppen eingesetzt werden
- Problem: Fehlender Mut zur Artikulation

Sortieren (Klumpen bilden/Clustern)

- Oberbegriffe bilden
- Keine Idee auslassen, auch wenn nur eine Karte vorhanden

Problemliste erstellen

- Entsprechend der Oberbegriffe Probleme untereinander schreiben
- Durch Reihenfolge noch keine Gewichtung vornehmen
- Probleme bewerten (z. B. Punktbewertung)

Abb. 6–4: Methodenvielfalt bei der Moderationsmethode

Dramaturgie

Eine Moderation umfasst die vollständige Bearbeitung einer Aufgaben- oder Problemstellung mit einer Gruppe vom Input der Daten und Fakten bis zur Maßnahmenplanung. Die Abfolge der einzelnen Schritte unterliegt keiner starren Regel. In der Praxis hat sich jedoch ein bestimmter Aufbau bewährt, der einen dramaturgisch günstigen Spannungsbogen beinhaltet, wodurch das Interesse und die Aufmerksamkeit der Teilnehmer sichergestellt werden. Der idealtypische Ablauf ist in Abbildung 6–5 dargestellt.

Dem Einsatz der Moderationsmethode sind kaum Grenzen gesetzt. Sie eignet sich immer dann, wenn eine Gruppe aktiviert werden soll

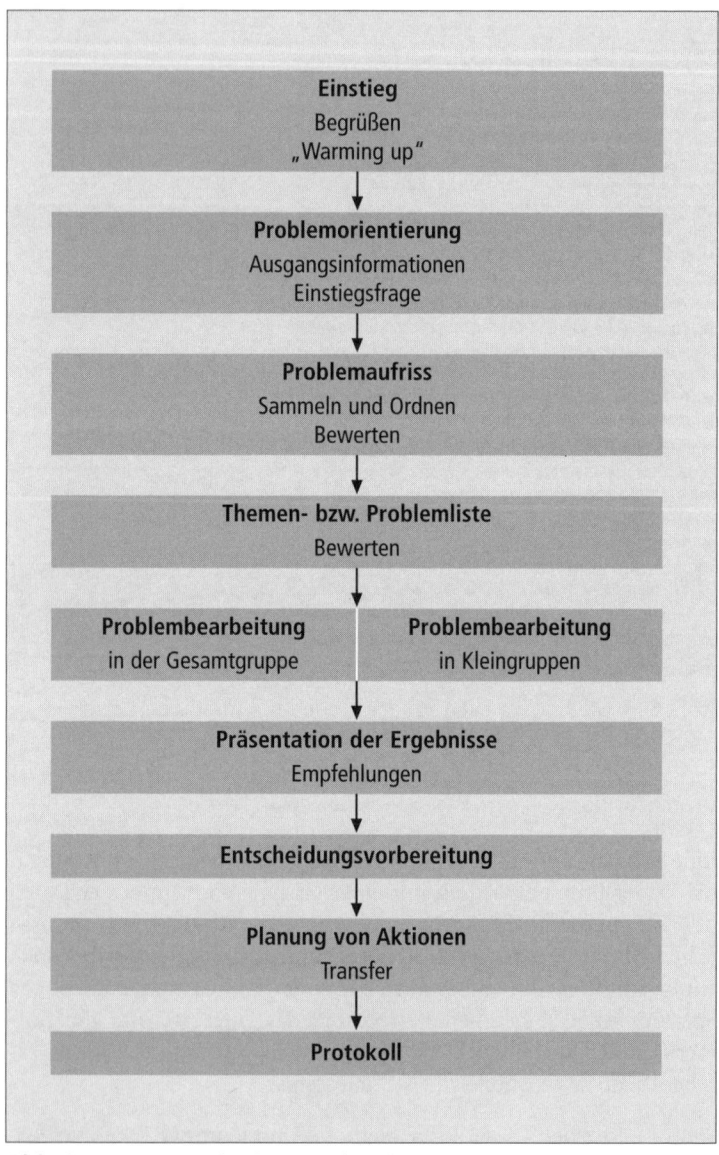

Abb. 6–5: Dramaturgie einer Moderation

und von allen Teilnehmern Beiträge erwartet werden. Das kommt vor bei

- Problemlösungen,
- Entscheidungsvorbereitung und -findung,
- Sammlung von Ideen,
- Training und Schulung.

Die Moderationsmethode fördert neben der Lösung des Sachproblems das Sozialverhalten und die Kooperationsbereitschaft der Teilnehmer und spart Zeit und Kosten.

6.3.4 Gruppenarbeit/Rollenspiel/Gruppendynamisches Training

Bei der **Gruppenarbeit** wird der Lernstoff weitgehend selbstständig in kleineren Gruppen erarbeitet. Jeder an der Gruppenarbeit Beteiligte bringt seine Auffassung und seine Kenntnisse in den Gruppenprozess ein und stellt sie zur Diskussion. Bei der kooperativen Gruppenarbeit bearbeitet jedes Mitglied zunächst für sich einen ausgewählten Problemaspekt. Danach werden die einzelnen Arbeitsergebnisse aufeinander abgestimmt, um eine in sich schlüssige Gesamtlösung zu erreichen. Bei der kollektiven Gruppenarbeit ist jedes Gruppenmitglied an der Bearbeitung sämtlicher Detailfragen beteiligt.

Die Gruppenarbeit kann längerfristig angelegt sein, d. h., mehrere Diskussionsrunden folgen in zeitlichem Abstand aufeinander. Eine Lerneinheit sollte nicht länger als 60 bis 90 Minuten dauern. Der Moderator formuliert die Problemstellung bzw. Lernziele, er stellt die erforderlichen Arbeitsmaterialien zur Verfügung und er sorgt dafür, dass eventuelle Fehler besprochen und ausgeräumt werden. Er greift ein und gibt weiterführende Denkanstöße, wenn die Gruppe in bestimmten Situationen nicht weiterkommt. Wie bei anderen Methoden werden zur Dokumentation der Diskussions- und Arbeitsergebnisse visuelle Hilfsmittel eingesetzt (Tafeln, Flipcharts, Pinnwände). Die Gruppenarbeit ist eine aktivierende Lehrmethode, in der neben der Erarbeitung von Wissen auch soziale Verhaltensweisen trainiert werden.

Das **Rollenspiel** wird vor allem zur Verhaltensschulung in Konfliktsituationen (z. B. Kritik an einem Mitarbeiter) und bei der Verhandlungsführung (z. B. Verkaufsgespräch, Beurteilungsgespräch) eingesetzt. Ausgewählte Teilnehmer haben aufgrund einer vorher geschilderten Situation die anfallenden Rollen zu übernehmen und nach einer kurzen Vorbereitungszeit zu spielen. Durch die Übernahme verschiedener, auch „unbeliebter" Rollen wird der Einzelne gezwungen, sich in andere Erfahrungsbereiche hineinzuversetzen, wodurch das Verständnis für abweichende Standpunkte sowie das emotionale Engagement gefördert werden. Das Verhalten, die Entscheidungen und Entscheidungsgründe der einzelnen Darsteller werden von den übrigen Teilnehmern beobachtet und anschließend im gemeinsamen Gespräch mit den Mitspielern analysiert und kritisiert. Durch eine genaue Protokollierung (Tonband- und Videoaufzeichnungen) wird sichergestellt, dass einzelne Spielsituationen nochmals nachvollzogen werden können und dass sich die Rollenträger in der Diskussion nicht von ihren Äußerungen und Reaktionen distanzieren. Die im Spiel und in der Analyse gewonnenen Erkenntnisse können von den Teilnehmern bei der Bewältigung ähnlicher Situationen genutzt werden. Das Rollenspiel ist eine sehr zeitaufwändige Bildungsmethode, die hohe Anforderungen an den Leiter der Bildungsgruppe stellt. Eine gründliche Vorbereitung der Spielsituationen und genaue Rollenbeschreibungen sind entscheidende Erfolgsvoraussetzungen.

Wie das Rollenspiel sollen auch die Verfahren des **gruppendynamischen Trainings** (Sensitivity-Training) zu einer Änderung von Einstellungen und Verhaltensweisen beitragen. Sie sind nicht geeignet zur Vermittlung berufsspezifischen Wissens und Könnens. Es geht vielmehr darum, die soziale Wahrnehmungsfähigkeit (soziale Sensibilisierung) der Teilnehmer zu verbessern, indem sich diese der Wirkung ihrer Person und ihres Verhaltens auf andere bewusst werden und lernen, ihr eigenes Verhalten in Abhängigkeit vom Verhalten anderer schärfer zu beurteilen. Dazu wird die Gruppe durch den Trainer mit der Bewältigung einer unstrukturierten Situation konfrontiert, in der keine bestimmten Themenkreise und Verfahrensregeln vorgegeben sind. Da der Trainer selbst keine formale Führungsposition einnimmt, bleibt auch die Führungsstruktur ungeregelt (Selbstregulierung). In der vom Trainer in dieser Situation geförderten Diskussion sind die Teilnehmer gehalten, sich offen über ihre Gefühle und Empfindungen zu äußern und sich gegenseitig Rechenschaft über ihre Beziehungen zueinander zu geben. Je offener die Diskussion geführt wird, umso deutlicher wird dem Einzelnen bewusst, welche Wirkung er auf die anderen Gruppenmitglieder ausübt, welche Emotionen er bei anderen auslöst und wie er selbst auf Kritik reagiert. Auf diese Weise sollen einerseits eine Verfeinerung und Differenzierung, andererseits gleichzeitig auch eine Abhärtung der Sensitivität bzw. des sensiblen Gespürs der Teilnehmer erreicht werden.

6.3.5 Fallmethode/Planspiel

Bei der **Fallmethode** handelt es sich um eine Simulation der Wirklichkeit anhand der Daten eines in der Praxis erhobenen Falles. Die Teilnehmer werden veranlasst, aufgrund der über eine bestimmte Betriebssituation ermittelten Informationen Entscheidungen oder Entscheidungsalternativen zu erarbeiten. Das Problem wird im Team gelöst, wobei jeder Teilnehmer zur aktiven Mitarbeit gezwungen wird und das gesamte Wissen der Gruppe genutzt werden kann.

Das Gewinnen neuer Erkenntnisse an einem Fall geht weiter als die Ausführungen eines Referenten, die lediglich mit Beispielen belegt werden. Die Bildungsteilnehmer werden durch die Problematik des Falles zur Lösungsfindung herausgefordert, wozu sie ihr gesamtes, aus verschiedenen Bereichen stammendes Wissen und Können aktivieren müssen. Diese Methode setzt deshalb voraus, dass die Teilnehmer bereits über ein gewisses Maß an theoretischem Wissen und Können verfügen.

Die Fallmethode eignet sich für die Schulung aller Mitarbeiterkategorien. Sie kann sowohl zur Erweiterung vorhandenen Wissens und Könnens als auch zur Beeinflussung der inneren Einstellung und der nach außen vertretenen Haltung eingesetzt werden. Als konkrete Lernziele können z. B. das Erkennen und Analysieren von Problemen, die Verbesserung der Urteilsfähigkeit und des Entscheidungsvermögens, eine Schulung des kritisch-konstruktiven Denkens oder das Einüben sozialer Interaktionen bei arbeitsteiligen Entwicklungsprozessen angestrebt werden.

Auch das **Planspiel** beruht wie die Fallmethode auf der Simulation realer Unternehmensprozesse. Den Teilnehmern werden die Rollen verschiedener Mitglieder von miteinander in Konkurrenz stehenden fiktiven Unternehmungen übertragen. Sie haben in begrenzter Zeit mithilfe vorgegebener Daten Entscheidungen für künftige Perioden in ausgewählten Unternehmensbereichen (z. B. Beschaffung, Produktion, Absatz, Finanzierung, Personal usw.) zu treffen. Die Entscheidungen werden von der Spielleitung ausgewertet und die Ergebnisse den Spielgruppen als Informationsgrundlage für die weiteren Spielperioden wieder mitgeteilt. Am Ende jeder Spielperiode und/oder am Ende des Gesamtspiels findet eine gemeinsame Analyse und Kritik statt.

Durch das **Planspiel** werden die Teilnehmer veranlasst, komplexe Situationen zu analysieren, alternative Lösungsvorschläge zu entwickeln und in begrenzter Zeit verbindliche Entscheidungen zu treffen. Der Einzelne muss seine Vorstellungen in seiner Spielgruppe vertreten. Die unmittelbare Rückkopplung durch Bekanntgabe der Entscheidungsfolgen zwingt alle Teilnehmer, sich permanent mit den getroffenen Entscheidungen und deren Konsequenzen auseinander zu setzen.

Wegen der Fülle der Spieldaten und um die Auswertungsergebnisse möglichst schnell bereitstellen zu können, werden Planspiele heute zumeist computergestützt durchgeführt. Das kann aber nicht darüber hinwegtäuschen, dass Planspiele die komplexen Zusammenhänge der betrieblichen Realität nur unvollkommen darstellen können. Außerdem muss bei der Beurteilung des Spielverhaltens berücksichtigt werden, dass das Bewusstsein der relativen Folgelosigkeit der getroffenen Entscheidungen für die Spieler Anlass sein kann, besonders risikofreudige Lösungen zu favorisieren.

6.3.6 Multiples Management/Juniorvorstand

Beim **multiplen Management** (mehrgleisige Unternehmensführung) handelt es sich um eine in den Vereinigten Staaten entwickelte Methode, die speziell für die Schulung von Führungskräften bestimmt ist. Aus Mitarbeitern der unteren und mittleren Führungsschicht wird parallel zum amtierenden Management ein **Juniorvorstand** (junior board) gebildet, dessen Mitglieder als eine Art Schattenkabinett tätig werden, das aktuelle, vom eigentlichen Vorstand (senior board) zugewiesene Führungsprobleme bearbeitet. Dazu stehen den Nachwuchskräften alle Informationen zur Verfügung, über die auch der amtierende Vorstand verfügt. Dieser trägt die endgültige Verantwortung, indem er letztlich über die Annahme und den Vollzug der vom Junior-Vorstand entwickelten Lösungen entscheidet.

6.3.7 Qualitätszirkel/Lernstatt/Ausbildungswerkstatt

Eine besondere Form des Erfahrungsaustauschs in Gruppen sind **Qualitätszirkel**. Es handelt sich um freiwillige Gesprächsrunden von etwa fünf bis zehn Mitarbeitern eines bestimmten Unternehmensbereichs, die sich wöchentlich einmal während der normalen Arbeitszeit und mit Wissen der Unternehmensleitung zu einer Kommunikationsrunde treffen. Die Teilnehmer gehören zumeist den unteren Hierarchieebenen an. Die Treffen dauern maximal eine bis zwei Stunden; die Teilnahme ist freiwillig. Die Leitung wird vielfach vom unmittelbaren Vorgesetzten übernommen, der jedoch nicht als Vorgesetzter, sondern als „primus inter pares" fungieren soll. Gesprächsgegenstand können Qualitätsverbesserungen, Verbesserungen des Arbeitsablaufs und der Arbeitsplatzgestaltung sowie eine Verstärkung der Kommunikation und der Teamarbeit sein. Durch Qualitätszirkel sollen die Effizienz der betrieblichen Leistungserstellung gesteigert und ein größeres Engagement sowie eine bessere Zufriedenheit der Mitarbeiter erreicht werden.

Idee und Konzept des Qualitätszirkels liegen auch der **Lernstatt** und dem Werkstattzirkel zugrunde. Der Begriff Lernstatt wurde aus den Worten „Lernen" und „Werkstatt" abgeleitet. In den regelmäßig (z. B. 14-tägig) durchgeführten Lernstattrunden treffen Mitarbeiter in kleinen, moderierten Gruppen (5–10 Mitglieder) zusammen. Fallweise können auch externe Experten hinzugezogen werden. Ziel der Lernstatt ist ein gemeinsames Lernen am oder in der Nähe des Arbeitsplatzes anhand selbstentwickelter Aufgabenstellungen (z. B. Krankenstand, Arbeitsorganisation, interne Zusammenarbeit, Arbeitssicherheit). Die Teilnehmer werden auf diese Weise verantwortlich in die Problemlösung einbezogen. Außerdem wird der Erwerb fachlicher und sozialer Kompetenzen gefördert. Damit ist auch die Lernstatt ein wesentliches Instrument der Personalentwicklung.

Der **Werkstattzirkel** wird vorwiegend im Produktionsbereich durchgeführt. Mitarbeiter unterschiedlicher Hierarchiestufen bearbeiten Probleme und Aufgabenstellungen, von denen sie unmittelbar betroffen sind. Neben der Problemlösung sollen auch die Kommunikation und gegenseitige Information verbessert werden.

6.3.8 Förderkreise/Erfahrungsaustauschgruppen

Eine Sonderform der Bildung außerhalb des Arbeitsplatzes sind Förderkreise und Erfahrungsaustauschgruppen (Erfa-Gruppen). Sie unterscheiden sich von den bisher erwähnten Methoden dadurch, dass sie in ihrem Ablauf nicht an bestimmte pädagogische Prinzipien gebunden sind. Ihre Aufgabe besteht einfach darin, den Teilnehmern in regelmäßigen oder unregelmäßigen Abständen Gelegenheit zu geben, Erfahrungen und Meinungen auszutauschen über bestimmte, alle interessierende Probleme. Die Gestaltung während eines solchen Treffens kann von Fall zu Fall unterschiedlich geregelt sein, wobei die anderen, bereits dargestellten Lehrmethoden nach Bedarf eingesetzt werden können. Insbesondere die Erfahrungsaustauschgruppe wird sehr häufig durch ein Referat eingeleitet und auf der Grundlage des Vorgetragenen als Diskussion weitergeführt. Ein Förderkreis kann z. B. dazu benutzt werden, um den Teilnehmern ergänzend zu einem längerfristigen Bildungsprogramm (z. B. ein Traineeprogramm) Gelegenheit zu geben, unter Kollegen mit gleicher Interessenlage bestimmte Verhaltensweisen (z. B. im Rollenspiel oder gruppendynamischen Training) außerhalb der im Programm vorgesehenen Arbeitsplätze einzuüben.

Förderkreise und Erfahrungsaustauschgruppen können über die Grenze eines Unternehmens hinaus aus Teilnehmern unterschiedlicher Betriebe gebildet werden. Auf diese Weise wird eine größere Meinungsvielfalt erreicht und das Interesse und Verständnis für die Probleme anderer gesteigert.

6.3.9 Projektgruppen

Eine gewisse Ähnlichkeit mit der Übertragung von Sonderaufgaben hat auch die zu Schulungszwecken veranlasste Mitarbeit an Projektgruppen. Projektgruppen können zur Lösung umfangreicher, zeitlich befristeter Aufgabenstellungen gebildet werden, mit deren Lösung ein einziger Mitarbeiter überfordert wäre. Bei den Mitgliedern der Projektgruppe handelt es sich neben Vertretern der Organisationsabteilung in der Regel um Mitarbeiter der von der Problemstellung tangierten Unternehmensbereiche; sie widmen sich für die Dauer des Projektes ganz oder zumindest überwiegend dieser Aufgabenstellung.

Für die einer Projektgruppe zu Schulungszwecken zugeordneten Mitarbeiter hat diese Methode den Vorteil, dass im Gegensatz zur Übertragung von Sonderaufgaben die Verantwortung beim Team und nicht beim Mitarbeiter allein liegt. Durch die Zusammensetzung der Gruppe wird sichergestellt, dass die Mitarbeiter die behandelten Probleme aus der Sicht verschiedener Funktionsbereiche kennen lernen. Das Bemühen um gemeinsame Lösungen zwingt zu Kommunikation und Kooperation. Auf diese Weise können neben fachlichen Fertigkeiten und Kenntnissen auch Erfahrungen im Sozialverhalten gewonnen werden. Da es sich bei den im Projektteam bearbeiteten Aufgabenstellungen um „echte" Problemstellungen handelt, deren Lösung später auch praktisch vollzogen wird, kann mit einem hohen Lerneffekt gerechnet werden.

6.4 E-Learning

Bei der Personalentwicklung ist ein Trend vom traditionellen Präsenzlernen (z. B. in Seminaren) zum Distanzlernen unter Einsatz elektronischer Medien (E-Learning) zu erkennen.

6.4.1 Lernen mit elektronischer Unterstützung

E-Learning ist ein Sammelbegriff für alle elektronisch unterstützten Formen des Lernens. Die Lerninhalte werden weitgehend oder ausschließlich über elektronische Medien vermittelt und der Lernprozess folgt in der Regel einer „elektronischen Anleitung". E-Learning ist damit eine Kombination aus selbstgesteuertem Lernen am Computer mit den technischen Möglichkeiten des Internets sowie der modernen Telekommunikation.

Zwei typische Merkmale des Lernens beim E-Learning sind Multimedialität und Interaktivität. **Multimedialität** bedeutet, dass das Wissen durch verschiedene Medien (Computer, Videoplayer, Audioplayer, E-books und Hörbücher) akquiriert werden kann. Das Lernen wird durch die Kombination verschiedener medialer Lehrangebote optimiert.

Das Medium Computer ermöglicht den Einsatz interaktiver Lehr- und Lerntechniken. **Interaktivität** ermöglicht dem Lernenden, durch verschiedene Steuerungs- und Eingriffmöglichkeiten den Ablauf und Inhalt des Lernprozesses selbstständig mit zu gestalten und zu steuern.

E-Learning kann sowohl synchron als auch asynchron verlaufen. Beim synchronen Lernen treffen sich Lehrende (Tutoren) und Lernende wie beim traditionellen Präsenzlernen zu einer festen Zeit (z. B. beide sind gleichzeitig online) und greifen auf dieselben Lerninhalte (Programme) zu. Beim asynchronen Lernen können Lerninhalte ohne zeitgleiche Unterstützung eines Trainers oder die Kommunikation mit anderen Lernenden bearbeitet werden. Gespeicherte Lerninhalte stehen für den Abruf durch die Lernenden bereit.

6.4.2 E-Learning-Systeme

Nach der zu Grunde liegenden Technik werden beim E-Learning vier Systeme unterschieden, die entweder einzeln oder im Verbund eingesetzt werden:

- Computer-Based-Training (CBT)
- Web-Based-Training (WBT)
- Virtuelle Seminare (Virtual Classroom)
- Lernportale.

Computer-Based-Training (CBT)

Das Computer-Based-Training (computergestütztes Lernen) ist die älteste Form des E-Learnings und die am weitesten verbreitete Einsatzart von Multimedia. Beim CBT handelt es sich im Wesentlichen um eine Form des Selbststudiums, wobei die Lernprogramme vom Lernenden zeitlich und räumlich flexibel genutzt werden können. Das CBT ist eine nicht-tutorielle Form des Lernens, d. h. die Lernenden stehen in keinem direktem Kontakt mit dem Lehrenden oder anderen Lernenden.

Aufbau und Struktur der Programme sind beim CBT durch die Lernenden kaum zu beeinflussen. Die Lerninhalte werden sukzessive vermittelt, wobei der Lernende über einen vom Programm vorgegebenen Lernpfad geführt wird.

Die Lehrerfunktionen (Fragen stellen, Antworten bewerten, Hilfestellung geben) übernimmt der Computer. Die Kommunikation zwischen den Lernenden und dem Programm erfolgt mittels eines Eingabegeräts (z. B. Tastatur). Der Lernende kann hiermit Informationen abrufen, standardisierte Fragen stellen oder Aufgabenlösungen eingeben.

Die Lerninhalte sind auf CD-ROM oder DVD gespeichert und können problemlos auf allen üblichen PC eingesetzt werden. Ein wesentlicher Nachteil besteht darin, dass die einmal auf CD gebrannten CBT-Programme ohne Internetzugang nicht mehr verändert werden können.

Web-Based-Training (WBT)

Das Web-Based-Training ist eine Weiterentwicklung des CBT und bildet den grundlegenden Baustein sämtlicher netzbasierter Lernangebote. Im Gegensatz zum CBT werden beim WBT die Lernprogramme nicht auf einem Datenträger gespeichert, sondern mithilfe eines Computers mit Internetanbindung von einer zentralen Datenbank abgerufen. Die Lernenden beziehen die Programme von einem Web-Server eines Bildungsanbieters und bleiben während der gesamten Bearbeitungszeit mit diesem verbunden. Die ständige Verbindung ins Netz eröffnet zahlreiche weiterführende Möglichkeiten der Kommunikation und Interaktion der Lernenden mit dem Lehrenden oder anderen Lernenden. Dadurch können Mails, News, Chats und Diskussionsforen mit dem WBT verknüpft und Audio- und Videosignale live gestreamt (vom Rechnernetz empfangen und wiedergegeben) werden.

Virtuelle Seminare (Virtual Classroom)

Auch beim virtuellen Seminar dient das Internet als Kommunikationsmedium. Dabei wird ein reales Klassenzimmer mit technischen Mitteln simuliert, so dass die geographisch getrennten Lehrenden und Lernenden miteinander verbunden sind. Auf diese Weise können mehrere Teilnehmer, die örtlich getrennt sind gleichzeitig (synchron) geschult werden. Interaktionen unter den Teilnehmern sind möglich, da alle Teilnehmer gleichzeitig online sind, und in die gleiche Lernplattform eingeloggt sind. Die Kommunikation zwischen den Teilnehmern erfolgt per Chat oder Headset und Webcam. Dank einer speziellen Software können Vorträge und Diskussionen wie in einem richtigen Klassenzimmer abgehalten werden.

Ein virtuelles Seminar läuft in der Regel so ab, dass ein Trainer die Lerninhalte vorbereitet und geeignetes digitales Anschauungsmaterial zusammenstellt. Um am Seminar teilzunehmen, wählen sich die Lernenden zu einem verabredeten Zeitpunkt über die Webadresse in das virtuelle Seminar ein.

Virtuelle Seminare wurden entwickelt, um die Vorteile des auf der Kommunikationstechnik basierten Lernens mit den Vorteilen des Präsenzlernens zu verbinden.

Lernportale

Auch Lernportale sind eine Weiterentwicklung des WBT. Ein Lernportal ist ein komplexes Lernsystem, in welches die bisher dargestellten Systeme wie CBT, WBT und virtuelle Seminare integriert sind. Damit steht den Lernenden ein umfassendes Lernangebot zur Verfügung. Das Lernportal fungiert als webbasierte Arbeitsoberfläche, auf der sich der Lernende sein Lernprogramm selbstständig ausgestalten kann. Bei vielen Lernportalen sind zusätzlich Coaching-Funktionen integriert, die eine individuelle Betreuung der Lernenden durch einen oder mehrere Experten für technische, fachliche und inhaltliche Fragen ermöglichen. Die Lerninhalte (Contents) werden in Form von Texten, Grafiken, Video und Audio dargestellt.

6.4.3 Voraussetzungen für erfolgreiches E-Learning

E-Learning findet unter völlig anderen Voraussetzungen statt als das aus der Schule oder Seminaren bekannte Präsenztraining. Die erfolgreiche Umsetzung von E-Learning in der Personalentwicklung stellt hohe Anforderungen an alle Beteiligten sowie an das betriebliche Lern- und Arbeitsumfeld. Unternehmen, die ein E-Learning-System bei der Weiterbildung nutzen möchten, sollten sich dieser Voraussetzungen bereits im Vorfeld bewusst sein.

Eine unabdingbare Voraussetzung beim Einsatz von E-Learning ist eine hohe Medien- und Kommunikationskompetenz der Lehrenden und Lernenden. **Medienkompetenz** bezeichnet die Fähigkeit, die Medien und ihre Inhalte (Lernprogramme, Internetbrowser, E-Mail, Chat usw.) zu beherrschen und den eigenen Zielen entsprechend zu nutzen. Nur Mitarbeiter, die das ausgewählte E-Learning-System beherrschen, können innerhalb der Lernumgebung erfolgreich agieren und auftretende Probleme (z. B. bei der Bedienung oder der Navigation) selbstständig bewältigen. Obwohl Medienkompetenz zu den Schlüsselkompetenzen zählt, die heute bei den Mitarbeitern weitgehend vorausgesetzt werden, sollten wegen der unterschiedlichen Ausprägung vor der Einführung eines E-Learning-Systems unterstützende Tutorials und begleitende Hilfsangebote bereitgestellt werden.

Kommunikationskompetenz bedeutet die Fähigkeit konstruktiv, effektiv und bewusst zu kommunizieren. Kommunikative Kompetenzen der Lernenden sind gefordert, wenn kooperative Lernformen eingesetzt werden. Soweit sich die Interaktion und Kooperation zwischen den Gruppenmitgliedern nicht von selbst einstellt, müssen diese eingeleitet und unterstützt werden.

Ein typisches Merkmal von E-Learning ist das **selbstgesteuerte und eigenverantwortliche Lernen**. Um die Bereitschaft zum eigenverantwortlichen Lernen zu fördern, werden Strategientrainings empfohlen, in denen Kontroll- und Selbstreflexionsstrategien enthalten sind.

Die **Motivation** der Lernenden kann gefördert werden, wenn es gelingt Flow-Gefühle (dt. Schaffensdrang/Tätigkeitsrausch) zu wecken. Solche Flow-Gefühle können zum Beispiel beim stundenlangen Surfen im Netz beobachtet werden; es ist allerdings ungleich schwieriger diese Einstellung auf ein Lernprogramm zu übertragen.

Zur indirekten Förderung gehört die Gestaltung der **Lernumgebung**, sowie die Unterstützung beim Erwerb notwendiger Kompetenzen. Mit Lernumgebung sind das betriebliche Umfeld und die Gestaltung des Arbeitsplatzes gemeint. Bei den Arbeitsmitteln ist insbesondere der PC angesprochen, der für multimediale Anwendungen geeignet sein muss. Im Arbeitsumfeld sollen Störquellen minimiert werden (Kundenverkehr, Kommunikation mit Kollegen). Falls solche Voraussetzungen nicht zu schaffen sind, sollte geprüft werden, ob arbeitsplatznahe Lernstationen eingerichtet werden können oder ob ein Lernen am häuslichen PC möglich ist.

6.4.4 Blended Learning

Noch vor wenigen Jahren wurde E-Learning als die Bildungsform des 21. Jahrhunderts bezeichnet. Inzwischen hat man etwas weniger euphorisch erkannt, dass E-Learning die traditionellen Methoden zwar nicht ersetzen, aber im Lernprozess sinnvoll ergänzen kann. Immer stärker setzt sich die Erkenntnis durch, dass E-Learning dann besonders erfolgreich ist, wenn die computergestützten Formen im Verbund mit Präsenzlernen eingesetzt werden. Die Kombination von E-Learning mit Präsenzlernen wird als Blended-Learning oder Hybrides Lernen bezeichnet.

Beim **Blended-Learning** (integriertes Lernen) werden die methodischen Vorteile der personalen Vermittlung von Lerninhalten (zum Beispiel in Workshops und Seminaren) durch einen gezielten Einsatz von Methoden des E-Learning begleitet. Blended Learning eignet sich, wenn neben der Wissensvermittlung auch die praktische Umsetzung trainiert werden soll.

> **BEISPIEL:** In einem Seminar zum Arbeitsschutz werden in einem computergestützten Lernprogramm zunächst die Rechtsgrundlagen vermittelt und anschließend vor Ort praktisch umgesetzt.

Auch bei allen Formen des Trainings sozialer Kompetenzen (z. B. Kommunikation, Kompromissfähigkeit, Toleranz) eignet sich Blended Learning.

> **BEISPIEL:** Bei einem Seminar zum Thema Mitarbeiterführung machen sich die Teilnehmer zunächst über ein Lernprogramm mit den verschiedenen Techniken der Kommunikation (z. B. Fragetechnik, Einwandtechnik) vertraut und trainieren diese danach in Gesprächsübungen mit anderen Teilnehmern.

6.4.5 E-Learning in der Personalentwicklung

Für den Einsatz von E-Learning in der Personalentwicklung sprechen ökonomische und pädagogische Vorteile.

Als wichtigster ökonomischer Vorteil wird die Reduzierung der durch die betriebliche Weiterbildung verursachten Kosten genannt. Kostenvorteile ergeben sich durch den Wegfall von Reise- und Übernachtungskosten, durch die Verringerung von Ausfallzeiten und durch eine bessere Abstimmung der Lernphasen mit dem betrieblichen Arbeitsablauf (Lernen just-in-place). Insbesondere an Arbeitsplätzen bei denen der PC gleichzeitig auch als Arbeitsmittel eingesetzt wird, können die Lernprozesse arbeitsintegrierter und kontinuierlicher erfolgen. Selbst bei gleichem Zeitaufwand ergeben sich Kostenvorteile, weil der Lernende die Zeit selbstständig einteilen und den Zeitbedarf optimieren kann.

Sowohl von der Kostenseite als auch unter mediendidaktischen Gesichtspunkten wird beim E-Learning das zeitnahe Lernen als Vorteil angesehen. Zeitnahes Lernen (just-in-time) bedeutet, dass sich die Lernenden Wissen und Kompetenzen nicht wie bei traditionellen Methoden auf Vorrat aneignen, sondern erst dann, wenn es benötigt wird.

Unter pädagogischen und mediendidaktischen Gesichtspunkten erweist es sich als Vorteil, dass das Lernen mithilfe von E-Learning stärker auf individuelle Bedürfnisse zugeschnitten werden kann. Insbesondere Mitarbeiter, die lieber am PC arbeiten als Bücher zu lesen, werden durch E-Learning besser angesprochen und können viele Lerninhalte leichter aufnehmen oder bereits bekannte Lerninhalte vertiefen. E-Learning kann durch den Einsatz unterschiedlicher Medien stärker praxisbezogen gestaltet werden als viele traditionelle Bildungsmethoden. Als weiterer wichtiger Vorteil hatte sich erwiesen, dass Kurse beim E-Learning im Gegensatz zu den traditionellen Bildungsmethoden interaktiv sind und dass abstrakte Lerninhalte mit Hilfe von Simulationen anschaulich gestaltet werden können. Als Vorteil erweist sich auch die Möglichkeit, viele Programme über das Internet zu aktualisieren.

Als wichtigster Nachteil werden hohen Investitionskosten genannt, die beim Aufbau der benötigten Hard- und Softwarestruktur anfallen. Dieser Nachteil relativiert sich bei einer Mehrfachnutzung der Programme.

Klein- und Mittelbetriebe werden wegen der hohen Kosten nur selten eigene Programme gestalten. In Abbildung 6–7 ist eine Hilfe für die Auswahl von im Netz angebotenen Programmen enthalten.

Anbieter

- Hat der Anbieter Erfahrung mit traditionellen Bildungsmethoden?
- Werden vom Anbieter Schnupperkurse oder Demo-Versionen angeboten?
- Gibt es ausreichend Info-Material (schriftlich oder auf der Webseite des Anbieters)?
- Gibt es eine detaillierte Programmbeschreibung?
- Werden eindeutige Aussagen über Zielgruppen und Teilnehmervoraussetzungen gemacht?
- Macht der Anbieter detaillierte Angaben zur erforderlichen technischen Ausstattung?
- Gibt es eine technische Unterstützung oder eine Service-Hotline?

Bedienungskomfort

- Ist das Programm für jeden Benutzer (unabhängig von seiner PC-Erfahrung) einfach zu laden?
- Werden zu Beginn der Bearbeitung Benutzerhinweise für das Lernprogramm gegeben?
- Sind die Methoden zur Vermittlung der Lerninhalte erkennbar?
- Können die Benutzerhinweise während der Bearbeitung jederzeit wieder abgerufen werden?
- Gibt es eine tutorielle Begleitung?
- Ist ein Austausch mit anderen Teilnehmern vorgesehen?
- Werden den Lernenden bei Bedienungsfehlern Hilfen angeboten?
- Können die Lernenden ihr Lerntempo individuell bestimmen?

Lernziele, Lerninhalte, Kontrolle

- Sind die Lernziele eindeutig erkennbar und verständlich?
- Handelt es sich um kognitive Lernziele?
- Sind alle Tests auf die jeweiligen Lernziele abgestimmt?
- Ist es für jeden Lernenden möglich, die angegebenen Lernziele zu erreichen, ohne ihn zu überfordern?
- Bleiben die Lerninhalte über einen längeren Zeitraum unverändert?
- Knüpfen die Lerninhalte an bestehende Erfahrungen und Fähigkeiten der Lernenden an?
- Wird der Lerninhalt in überschaubare Lernschritte eingeteilt?
- Kann sich der Lernende jederzeit einen Überblick verschaffen, wo er sich befindet?
- Welche Möglichkeiten zur Selbstkontrolle sind vorgesehen?

Präsentation, Motivation

- Ist der Text für alle Personen der Zielgruppe verständlich?
- Ist der Text auf einer Bildschirmseite jeweils überschaubar?
- Wird durch Hervorhebungen im Text auf wichtige Inhalte aufmerksam gemacht?
- Unterstützen visuelle Hilfen die Informationsvermittlung?
- Erlauben lebensnahe Darstellungen Assoziationen zu bestehenden Erfahrungen?
- Sind im Programm auflockernde Darstellungen enthalten?
- Wirken die Rückmeldungen immer motivierend?

Abb. 6–7: Auswahl von E-Learning-Programmen

Eine indirekte Qualitätskontrolle ergibt sich durch das Fernunterrichtsschutzgesetz. E-Learning hat den traditionellen Fernunterricht abgelöst bei dem gedruckte Lernmaterialien (Lehrbriefe) zwischen dem Lernenden und dem Fernlehrinstitut auf dem Postweg ausgetauscht wurden. Nach § 1 Abs. 1 FernUSG handelt es sich beim Fernunterricht um die auf vertraglicher Grundlage erfolgende, entgeltliche Vermittlung von Kenntnissen und Fähigkeiten, bei der der Lehrende und der Lernende ausschließlich oder überwiegend räumlich getrennt sind und der Lehrende oder sein Beauftragter den Lernerfolg überwachen. Unter diese Regelung fällt auch E-Learning. E-Learning-Angebote bedürfen, bevor sie an den Markt gehen, einer Zulassung durch die staatliche Zentralstelle für Fernunterricht (ZFU).

7. Kapitel

Gestaltung betrieblicher Bildungsmaßnahmen

7.1 Interne oder externe Durchführung

Der betriebliche Bildungsbedarf kann durch interne oder externe Bildungsmaßnahmen gedeckt werden. Während alle arbeitsplatzgebundenen Bildungsmaßnahmen zwangsläufig im Unternehmen durchgeführt werden, stellt sich bei den Methoden der Bildung außerhalb des Arbeitsplatzes ständig die Frage, ob eine interne oder externe Durchführung vorzuziehen ist.

> **Wichtig:**
>
> Interne Bildungsmaßnahmen umfassen alle Veranstaltungen, bei denen die Verantwortung für die Zielsetzung, Planung und Durchführung beim Unternehmen selbst liegt.

Eine Maßnahme gilt auch dann als intern, wenn eine Veranstaltung in Räumen außerhalb des Unternehmens abgewickelt wird oder wenn für bestimmte Themenstellungen betriebsfremde Referenten herangezogen werden. In beiden Fällen ist für die Zuordnung zu den internen Bildungsmaßnahmen ausschlaggebend, dass das Unternehmen nach wie vor die Gesamtverantwortung für die Veranstaltung trägt.

Wichtig:

Zu den externen Bildungsmaßnahmen zählen alle Kurse und Seminare, auf deren Zielsetzung und Gestaltung der Betrieb bzw. die Teilnehmer keinen unmittelbaren Einfluss nehmen können. Die Verantwortung für die Programmkonzeption bzw. die Durchführung liegt bei einem betriebsfremden Bildungsträger, selbst wenn gelegentlich die Initiative für die Behandlung bestimmter Problemstellungen vom Betrieb ausgegangen sein kann.

Ein wichtiges Kriterium für die Entscheidung, ob eine Bildungsmaßnahme intern oder extern durchgeführt wird, ist die Teilnehmerzahl. Eine interne Veranstaltung rentiert sich nur bei einer ausreichenden Größe der vorhandenen Zielgruppe. Zusätzlich ist zu beachten, dass alle vorgesehenen Teilnehmer bei internen Veranstaltungen gleichzeitig abkömmlich sein müssen, was aus arbeitstechnischen Gründen oft nicht möglich ist. Als weitere Entscheidungshilfen sollten die in Abbildung 7–1 zusammengefassten Kriterien beachtet werden.

Teilnehmerzahl
Art und Inhalt der zu behandelnden Themen
Vertraulichkeit der Bildungsinhalte
Wiedergabe einer „Betriebsphilosophie" durch das Bildungsgut
Gewünschte Einflussnahme auf Zielbestimmung und Planung
Bereitstellung von Umsetzungshilfen der erworbenen Bildungsgüter in die Praxis
Nutzung von Fremderfahrung/Gewinnen neuer Ideen
Lernklima und Lernbereitschaft
Störungsanfälligkeit der Lehr- und Lernprozesse
Verfügbarkeit geeigneter Referenten
Pädagogische Erfahrung/Methodenkenntnisse
Homogenität des Teilnehmerkreises
Zeitliche Aspekte
Kosten/Rentabilität
Kontrollmöglichkeiten

Abb. 7–1: Entscheidungskriterien für die interne oder externe Durchführung betrieblicher Bildungsmaßnahmen

Bestimmte firmenspezifische und arbeitsplatzbezogene Themenstellungen können besser intern behandelt werden, weil Außenstehenden die intimen Kenntnisse der bestehenden Probleme fehlen. Auch die Gelegenheiten, sich entsprechende Informationen zu verschaffen, sind oft nicht vorhanden. Hauseigene Referenten sind eher in der Lage, Programme nach Maß zu vollziehen. Außerdem kann mit einer größeren Praxisnähe der vermittelten Bildungsinhalte gerechnet werden. Kommt es dagegen mehr auf firmen- oder branchenunabhängiges Funktions- oder Spezialwissen an, dann erweist sich die Behandlung in externen Veranstaltungen oft als qualitativ besser und billiger.

Die interne Durchführung von Weiterbildungsveranstaltungen hat darüber hinaus den Vorteil, dass der Betrieb bezüglich der Zielbestimmung und Planung unabhängig bleibt. Er muss sich nicht einem vorgegebenen Programm unterwerfen, das, wenn vielleicht auch nur in Einzelheiten, den eigenen Intentionen widerspricht. Für die praktische Verwertung der erworbenen Kompetenzen kann es sich von Vorteil erweisen, wenn die Bildungsteilnehmer in die Zielsetzung und Planung der Bildungsmaßnahmen einbezogen werden. Auf diese Weise identifizieren sie sich eher mit den vermittelten Themen und die Chancen für eine direkte Verwertung am Arbeitsplatz steigen. Das wird in der Regel nur bei internen Veranstaltungen möglich sein. Außerdem bestehen bei eigenverantwortlich durchgeführten Seminaren größere Möglichkeiten, mit Folgemaßnahmen und Umsetzungshilfen unmittelbar an den erworbenen Lernstoff anzuknüpfen. Bei externen Veranstaltungen können zusätzliche Probleme daraus erwachsen, dass die Vorgesetzten der Bildungsteilnehmer eine Umsetzung der erworbenen Fertigkeiten und Kenntnisse blockieren können, weil sie selbst nicht über die entsprechende Lernerfahrung verfügen und den möglichen Verwertungsabsichten der Teilnehmer eines Kurses teilweise verständnislos oder misstrauisch gegenüberstehen. Als Vorteil der externen Durchführung muss dagegen die Entlastung von allen mit der Organisation und Durchführung von Bildungsveranstaltungen verbundenen Teilaufgaben angesehen werden.

Externe Seminare sind oft eine gute Gelegenheit, einen Blick über den eigenen Zaun zu werfen, neue Ideen und Anregungen zu erhalten und die eigene Betriebsblindheit zu überwinden. Vielfach werden neue Erkenntnisse erst im Erfahrungsaustausch mit Außenstehenden gewonnen. Bei rein internen Veranstaltungen bleiben Fremderfahrung und anderweitig entwickelte Problemlösungsansätze ungenutzt, weil der Lernstoff vielfach nur aus dem eigenen, oftmals engen Erfahrungsfeld bezogen werden kann.

Externe Bildungsangebote werden gelegentlich auch als ein Experimentierfeld verstanden, auf dem sich rasch ein von betrieblichen Zwängen und Hierarchien unbelastetes Lernklima einstellt. Neue Ideen und Prozesse werden in dieser Atmosphäre freier diskutiert, weil sie zunächst ohne sofortige Konsequenzen und der damit verbundenen innerbetrieblichen Unruhe für das praktische Betriebsgeschehen bleiben. Oft genügt auch allein die Tatsache, dass die Veranstaltung außerhalb der gewohnten Umgebung stattfindet, um die Mitarbeiter zu einer größeren Lernbereitschaft zu motivieren.

Interne Bildungsveranstaltungen leiden oft darunter, dass keine geeigneten Referenten zur Verfügung stehen, die über die notwendige fachliche und/oder didaktische Erfahrung verfügen. Für externe Bildungsträger ist es einfacher, für jedes Thema einen Spezialisten zu verpflichten, der neben seiner fachlichen Qualifikation auch über ein zeitgemäßes methodisches und medientechnisches Wissen verfügt. Ein geschickter Methoden- und Medieneinsatz kann die Bildungsteilnehmer wiederum zu intensiveren Lernerlebnissen und Lernerfolgen führen.

Die Zusammenstellung der Teilnehmer bei internen Veranstaltungen erfolgt nach einheitlichen Gesichtspunkten, sodass mit einer großen Homogenität der Teilnehmergruppe gerechnet werden kann. Bei externen Veranstaltungen lässt es sich dagegen aufgrund der unterschiedlichen Vorkenntnisse und Interessenlagen nicht vermeiden, dass sich der Einzelne an einen heterogenen Teilnehmerkreis anpassen muss.

In zeitlicher Hinsicht gibt es unterschiedliche Ausgangssituationen. Wenn ein Bildungsbedarf spontan entsteht, bleibt oft nur die Möglichkeit der internen Vermittlung, weil externe Bildungseinrichtungen in dem gewünschten Zeitraum kein entsprechendes Angebot unterbreiten können. Besteht dagegen keine Dringlichkeit, kann in Ruhe aus dem externen Angebot die geeignete Maßnahme ausgewählt werden. Die Unabhängigkeit von den vorgegebenen Zeitplänen eines externen Veranstalters eröffnet der internen Bildungsplanung größere Flexibilität, sodass Terminkollisionen mit anderen betrieblichen Vorhaben vermieden werden können. Allerdings beinhaltet die betriebliche Durchführung die latente Gefahr, dass Mitarbeiter wegen „wichtiger betrieblicher Gründe" aus der Bildungsveranstaltung abberufen werden und damit der Lernerfolg gefährdet wird.

Bei einem Kostenvergleich ergeben sich bei ausreichender Auslastung in der Regel Vorteile für die interne Veranstaltung (vgl. Kapitel 8.2.5). Dagegen ist es bei kleinen Teilnehmergruppen lohnender, sich an externe Angebote anzuschließen. Bezüglich der Kostenkalkulation erweist es sich bei externen Veranstaltungen von Vorteil, dass ein feststehendes Honorar berücksichtigt werden kann. Bei internen Veranstaltungen ist es wesentlich unsicherer festzustellen, wie viel Zeit die als Referenten nominierten Mitarbeiter neben der eigentlichen Veranstaltung für die Vor- und Nachbereitung benötigen. Soweit ein Unternehmen über größere Bildungseinrichtungen und hauptamtliche Bildungskräfte verfügt, kann aus Gründen einer besseren Auslastung auch bei einer kleinen Teilnehmergruppe für eine interne Maßnahme entschieden werden.

Schließlich ergeben sich für eine Kontrolle des Bildungsgeschehens und der Bildungserfolge bei internen Maßnahmen in der Regel die besseren Ansatzpunkte.

7.2 Planung interner Bildungsveranstaltungen

Die betriebliche Bildungsarbeit sieht sich häufig dem Vorwurf ausgesetzt, dass sie zu wenig systematisch geplant sei und dass es ihr an eindeutig formulierten Zielsetzungen fehle. Beide Angriffspunkte hängen eng miteinander zusammen. Die zuverlässige Planung einer Bildungsveranstaltung ist erst möglich, wenn eindeutig feststeht, welche Ziele dabei erreicht werden sollen.

Die Zielsetzung hängt vom bestehenden Bildungsbedarf ab. Aufgrund der bei der Ermittlung und Analyse des Personalentwicklungsbedarfs festgestellten Qualifikationsdefizite müssen Lernziele formuliert werden, die wiederum die Basis für alle weiteren organisatorischen und didaktischen Vorarbeiten bilden. Folgende, miteinander in Wechselwirkung stehende Planungsstufen ergeben sich:

- Formulierung der Lernziele,
- Abgrenzung der Lerngruppen,
- Programm- und Zeitplanung,
- Bestimmung der Lehrmethoden,
- Nominierung der Referenten.

7.2.1 Formulierung der Lernziele

Lernziele geben an, was ein Lernender am Ende eines Lernprozesses können oder wissen soll, d. h. welches Endverhalten der Lernende nach dem Lernprozess zeigen soll.

> **Wichtig:**
>
> Lernziele sind sowohl Richtschnur für die Planung und Durchführung einer Veranstaltung als auch für die Kontrolle der erzielten Lernerfolge.

Die in Lernzielen enthaltenen Informationen benötigen sowohl die Lehrenden als auch die Lernenden. Ein Referent kann seine didaktische Konzeption (Stoffgliederung, Methodenwahl usw.) nur dann eindeutig festlegen, wenn er klare Vorstellungen über die verfolgten Ziele hat. Die Teilnehmer werden nur dann genügend für den Lerngegenstand motiviert sein, wenn sie erreichbare Ziele erkennen und diesen mit dem Fortgang der Veranstaltung schrittweise näher kommen.

Lernzielbereiche

Menschliches Verhalten spielt sich in unterschiedlichen Bereichen ab. Eine Handlung kann entweder vom Verstand oder vom Gefühl gesteuert werden, oder es kann sich um die mechanische Ausübung eines Bewegungsablaufs handeln. Demgemäß können unterschiedliche Lernzielbereiche gebildet werden. Die gebräuchlichste Einteilung unterscheidet kognitive, psychomotorische und affektive Lernziele. Diesen drei Bereichen lassen sich alle Lernziele zuordnen.

Kognitive Lernziele beschreiben Lernvorgänge im Bereich der psychischen Funktionen; sie richten sich auf Kategorien des Wissens und Denkens, der Wahrnehmung, des Gedächtnisses bzw. ganz allgemein des Intellekts.

BEISPIELE:
- Lernen einer Fremdsprache;
- Kenntnisse über ein Computerprogramm;
- Anwenden mathematischer Regeln.

Psychomotorische Lernziele umfassen Lernvorgänge, die zum Erwerb von Bewegungen, d. h. zum Ausüben manueller oder motorischer Fertigkeiten, erforderlich sind; sie betreffen die Kategorien des körperlichen, durch Muskelbewegungen hervorgerufenen Handelns.

BEISPIELE:
- Austausch einer Toner-Kassette, Ersetzen eines CD-Laufwerks
- Feilen lernen;
- Reparatur einer Maschine.

Affektive Lernziele schließen Lernvorgänge im Bereich der psychischen Kräfte ein; sie beinhalten Kategorien des Empfindens, der inneren Einstellung, der Motivation, des Gefühls oder des Willens.

BEISPIELE:
- Lernen, sich in eine Gruppe einzuordnen;
- Akzeptieren abweichender Meinungen in der Diskussion;
- Bereitschaft, einen Fehler einzugestehen und zu korrigieren.

Obwohl bei vielen betrieblichen Bildungsmaßnahmen gleichzeitig mehrere Lernzielbereiche angesprochen werden, kann die Kenntnis des jeweils dominierenden Bereichs bei der Wahl der einzusetzenden Lehrmethoden und Medien von Vorteil sein.

Lernzielumfang

Nach dem Umfang oder Genauigkeitsgrad, mit dem die angestrebten Bildungsziele durch Lernziele festgelegt werden, können Richt-, Grob- und Feinlernziele unterschieden werden.

Richtlernziele legen nur ganz allgemeine Bildungsziele fest; sie stellen nur eine erste Orientierung dar und lassen noch mehrere Auslegungen zu, was genau erreicht werden soll und auf welchem Weg das zu geschehen hat.

BEISPIELE:
- Entwicklung der Persönlichkeit;
- Vermittlung beruflicher Qualifikation;
- Förderung der Fähigkeit zum selbstständigen Denken.

Groblernziele bringen eine erste Strukturierung in die Lernzieldefinition; aufgrund einer Analyse des bestehenden Bildungsbedarfs werden die Inhalte angegeben, die durch das Lernen erreicht werden sollen. Groblernziele können etwa mit den Anforderungen in Berufsbildern, Stellenbeschreibungen oder Anforderungsprofilen verglichen werden.

BEISPIELE:
- Kenntnisse der Lohn- und Gehaltsabrechnung;
- Verbesserung des Verhaltens im Umgang mit den Mitarbeitern;
- Behandlung zeitgemäßer Bildungsmethoden.

Feinlernziele weisen den höchsten Grad an Genauigkeit auf; sie legen in eindeutiger Weise fest, welche Fertigkeiten, Kenntnisse oder Einstellungsänderungen (Endverhalten) durch eine Bildungsmaßnahme erreicht werden sollen und unter welchen Bedingungen das zu geschehen hat.

BEISPIELE:
- Eingabe und Ausdruck eines vorgegebenen Textes bei Benutzung eines bestimmten Textverarbeitungsprogramms;
- unter Benutzung eines Stichwortmanuskripts fünf Minuten frei sprechen können;

> – ohne Hilfsmittel mindestens fünf Abzugsarten nennen können, die bei der Berechnung des Arbeitsentgelts zu beachten sind.

Die Lerninhalte betrieblicher Bildungsveranstaltungen werden zumeist in Grob- und Feinlernzielen ausgedrückt. Groblernziele geben an, was durch eine Veranstaltung oder bestimmte Veranstaltungsabschnitte erreicht werden soll, während Feinlernziele die Ziele einzelner Lernschritte umschreiben. Richtlernziele sind oftmals überhaupt nicht oder allenfalls mittelbar erkennbar.

BEISPIEL: Bei einem Tagesseminar zum Thema Mitarbeiterbeurteilung könnten folgende Lernziele formuliert sein:
– Das Groblernziel des Seminars wäre mit dem Thema „Mitarbeiterbeurteilung" identisch.
– Die im Verlauf des Seminars zu behandelnden Teilprobleme „Ausfüllen des Beurteilungsbogens" oder „Vorbereitung des Beurteilungsgesprächs" wären als Feinlernziele zu formulieren.
– Das den Tenor der gesamten Veranstaltung bestimmende Richtlernziel könnte hier „Steigerung der Führungsfähigkeit" oder „Verbesserung des Betriebsklimas" lauten.

Obwohl ein zielorientiertes Lernen für alle Arten betrieblicher Bildungsmaßnahmen bedeutsam ist, zeigt die Erfahrung, dass eine umfassende Lernzielformulierung (Feinlernziele) bei arbeitsplatzunabhängigen Bildungsveranstaltungen eher anzutreffen ist. Bei arbeitsplatzgebundenen Bildungsmaßnahmen haben die verfolgten Ziele dagegen häufig nur den Charakter von Groblernzielen. Das hängt mit der Mischung von Schulung und praktischer Arbeitsleistung zusammen, die dazu führt, dass die pädagogischen Aspekte nicht immer in ausreichendem Maße beachtet werden.

Lernzielbestimmung

Vor und während einer Bildungsveranstaltung geben die Lernziele den Teilnehmern und Referenten an, was erreicht werden soll. Am Ende der Veranstaltung muss überprüft werden, ob die angestrebten Ziele auch tatsächlich erreicht wurden. Dazu müssen die Lernziele operational definiert werden, d. h., es muss exakt angegeben werden, welches beobachtbare Endverhalten die Teilnehmer erreichen sollen und auf welche Weise der Erfolg gemessen wird.

> ### Wichtig:
>
> Ein Lernziel ist operational definiert, wenn die folgenden drei Kriterien erfüllt sind:
> - eindeutige Angabe des gewünschten Endverhaltens,
> - Festlegung der Bedingungen, unter denen das Verhalten gezeigt werden soll,
> - Bestimmung der Beurteilungsmaßstäbe für das als ausreichend angesehene Endverhalten.

Das **Endverhalten** gibt an, was die Teilnehmer am Ende der Bildungsveranstaltungen tun sollen, um zu zeigen, dass sie das Bildungsziel erreicht haben. Durch eine exakte Bestimmung des Endverhaltens sollen Missverständnisse ausgeschlossen werden. Das geschieht am besten mithilfe eindeutiger, aktiver Verben, die wenige Auslegungsmöglichkeiten zulassen.

Die Angabe des nach Erreichen des Lernziels erwarteten Könnens oder Tuns genügt für eine eindeutige Lernzielbestimmung noch nicht. Es kommt außerdem darauf an, unter welchen **Bedingungen** oder Voraussetzungen die Leistung erbracht wurde. Es ist z. B. ein Unterschied, ob derselbe Text in 10 oder 15 Minuten oder ohne Zeitvorgabe eingegeben wird. Lernziele sind nur dann vergleichbar, wenn die wesentlichen Bedingungen, unter denen das Endverhalten erreicht werden soll, genannt werden. Neben zeitlichen Einschränkungen werden die Bedingungen sehr oft durch Angabe der erlaubten bzw. ausgeschlossenen Hilfsmittel verdeutlicht. Auch bei Prüfungen werden mit der Aufgabenstellung die vorgesehene Bearbeitungszeit und die zugelassenen Hilfsmittel (z. B. Taschenrechner, Gesetzestexte, Formelsammlungen, Wörterbücher, Tabellen usw.) bezeichnet.

Als drittes lernzielbestimmendes Kriterium muss der **Maßstab** festgelegt werden, der für eine Beurteilung des Endverhaltens angelegt wird. Das kann durch Angabe einer maximalen Fehlerzahl oder höchstens zulässiger Toleranzgrenzen (z. B. eine Abweichungsrate von einer bekannten Norm von plus oder minus 2 %) geschehen.

Wenn die Bestimmung eines Maßstabes Schwierigkeiten bereitet, sollte zumindest versucht werden, eine Untergrenze für ein als ausreichend angesehenes Verhalten anzugeben.

Diese drei Komponenten der Lernzielbestimmung mögen manchem Bildungsverantwortlichen vielleicht etwas umständlich erscheinen. Ihre konsequente Anwendung zwingt aber dazu, sich bei der Planung einer Bildungsveranstaltung genau zu überlegen, was auf welchem Weg erreicht werden soll. Das führt zu eindeutigen und realistischen Zielsetzungen, die es auch den Lernenden erlauben, das Wesentliche einer Bildungsveranstaltung zu erkennen und sich in ihrem Handeln darauf einzurichten. Die Anwendung der drei Kriterien für eine operationale Lernzielbeschreibung wird an einem Beispiel aus dem kognitiven Bereich demonstriert.

BEISPIEL:

Kriterien zur Lern-zielbeschreibung	Lernziel
Endverhalten	Neue Mitarbeiter müssen am Ende eines halbtägigen Seminars über die geltenden Sicherheitsvorschriften die erworbenen Kenntnisse schriftlich nachweisen,
Bedingungen	wobei sie ohne Verwendung weiterer Hilfsmittel in einem 30-minütigen Test
Maßstab	von 20 Fragen mindestens 17 richtig beantworten müssen.

Die Überprüfung affektiver Lernziele kann häufig nicht bereits am Ende der Bildungsveranstaltung durchgeführt werden, weil die erwünschten Änderungen im Verhalten bzw. der Einstellung erst das Ergebnis einer längeren Entwicklung darstellen, die durch die Bildungsmaßnahme lediglich eingeleitet wurde.

7.2.2 Abgrenzung der Lerngruppen

Die Abgrenzung der Lerngruppen hat vor allem für die Bildungsmaßnahmen außerhalb des Arbeitsplatzes Bedeutung. Während die arbeitsplatzgebundenen Bildungsmaßnahmen von vornherein nur auf einen oder wenige Mitarbeiter zugeschnitten sind, die mit der

Bedarfsermittlung bereits definitiv feststehen, richten sich die arbeitsplatzunabhängigen Maßnahmen häufig an einen größeren Adressatenkreis.

> **Wichtig:**
>
> Neben der Teilnehmerzahl ist die Homogenität innerhalb der Gruppe das wichtigste Kriterium bei der Bildung geeigneter Lerngruppen.

Ein erstes Merkmal für eine ausreichende Homogenität bei der Bildung von Lerngruppen ergibt sich aus dem gemeinsamen Bildungsbedarf bzw. identischen Lernzielen. Dazu sollte als weiteres Kriterium die Übereinstimmung bezüglich der beruflichen Stellung und im Bildungsniveau kommen. Mitarbeiter unterschiedlicher hierarchischer Ebenen haben oftmals abweichende Auffassungen über ein bestimmtes Problem, wodurch es zu einer Überbewertung gruppenspezifischer Argumente und einer Vernachlässigung der allgemeinen Sachproblematik kommen kann. Bei größeren Differenzen im Bildungsniveau besteht die Gefahr, dass nicht alle Teilnehmer die gleiche Sprache sprechen und dass einzelne Argumente nach einem „niedrigeren" oder „höheren" Bildungsabschluss bewertet werden.

Eine weitere wesentliche Voraussetzung für eine homogene Lerngruppe verlangt Übereinstimmung im Grad der Lernbereitschaft. Wenn etwa nur ein Teil der Mitarbeiter die betriebliche Bildungsarbeit als notwendiges und erfolgversprechendes Instrument der Anpassungs- und Aufstiegsqualifikation versteht, während andere darin lediglich eine Möglichkeit sehen, „Urlaub" vom gewohnten Arbeitsplatz zu machen, dann wird keine geeignete Lernatmosphäre entstehen. Hier kommt es vor allem darauf an, wie gut den Bildungsverantwortlichen im Unternehmen und den jeweiligen Vorgesetzten die Motivation für die betriebliche Bildungsarbeit gelingt.

Außerdem hängt die Homogenität einer Lerngruppe auch vom Umfang der Vorkenntnisse sowie dem beruflichen und betrieblichen Erfahrungsschatz ab. Bei unterschiedlichen Vorkenntnissen wird sich der Referent in der Regel am Wissensstand der Mehrzahl orientieren. Das bedeutet für die anderen, dass sie sich entweder langweilen, weil ihnen bereits Bekanntes präsentiert wird, oder dass sie überfordert werden, weil zwischen ihrem bisherigen Wissen und den neuen Erkenntnissen Lücken bestehen.

Schließlich spielt auch die Größe einer Lerngruppe eine Rolle; sie sollte unter Beachtung der eingesetzten Methoden festgelegt werden. Zu kleine Gruppen erlauben keine ausreichende Diskussion, weil nicht genügend Wissen und Ansichten vertreten sind; bei zu großen Gruppen kann der Referent nicht mehr alle Teilnehmer übersehen, sodass ruhigere Typen, die von sich aus nicht genügend Mut zum Sprechen haben, leicht in den Hintergrund gedrängt werden.

7.2.3 Programm- und Zeitplanung

Das Stoffprogramm umfasst inhaltlich alle Fertigkeiten, Kenntnisse und/oder Verhaltensweisen, die zum Erreichen des Lernziels erforderlich sind. Die Abgrenzung und der Umfang der einzelnen Lerninhalte (Teillernziele) orientieren sich daran, ob es sich um Grundfertigkeiten und Grundkenntnisse handelt, die für die Ausübung einer Tätigkeit unerlässlich sind (Musswissen), oder ob es mehr um wünschenswertes Rand- oder Zusatzwissen geht. Nur bei einer genauen Kenntnis der betrieblichen Bedarfssituation und der teilnehmerindividuellen Voraussetzungen wird es möglich sein, bei der Stoffabgrenzung die Gewichte richtig zu setzen.

Bei den arbeitsplatzgebundenen Bildungsmaßnahmen ergibt sich das Stoffprogramm weitestgehend aus den für diese Position jeweils typischen Arbeitsinhalten. Es ist jedoch zu prüfen, inwieweit zum Erreichen bestimmter Bildungsziele zusätzliche Lerninhalte aufzunehmen sind.

Bei allen Weiterbildungsmaßnahmen außerhalb des Arbeitsplatzes ist zu beachten, dass es sich bei den Teilnehmern in der Regel um erwachsene Mitarbeiter handelt, die bereits über eine bestimmte Lebens- und Berufserfahrung verfügen. Ein Mitarbeiter, der bei seiner täglichen Arbeit schon ein gewisses Maß an Selbstständigkeit und Unabhängigkeit erreicht hat, wird sich in der für ihn ungewohnten Lernsituation anders verhalten als ein Student oder Schüler. Er wird zunächst einmal den Bezug zu seiner sonstigen Arbeits- und Lebenssituation herstellen und prüfen, welchen Nutzen ihm die Teilnahme bei seiner täglichen Aufgabenverrichtung und für seinen weiteren beruflichen Werdegang bringt. Das Stoffprogramm sollte deshalb an die Vorkenntnisse der Teilnehmer anknüpfen, sodass für diese sinnvolle Beziehungen zwischen dem vorhandenen Erfahrungsschatz und den Lerngegenständen während der Bildungsveranstaltung entstehen.

Um sicherzustellen, dass auch wirklich praxisnahe Stoffgebiete ausgewählt werden, die dem bestehenden Bildungsbedarf gerecht werden, können die Bildungsteilnehmer selbst an der Stoffauswahl beteiligt werden. Das kann sich auch für die Lernmotivation von Vorteil erweisen.

In engem Zusammenhang mit dem Stoffprogramm einer Bildungsveranstaltung stehen das benötigte **Zeitvolumen** sowie die **zeitliche Untergliederung.** Hinweise auf die Dauer der einzelnen Lernabschnitte ergeben sich aus der Intensität, mit der die verschiedenen Programmpunkte behandelt werden sollen und aus den vorgesehenen Lehrmethoden. Ein Lernabschnitt sollte einerseits so ausreichend bemessen sein, dass eine Zerlegung des Gesamtthemas in sinnvolle Unterthemen und eine ausreichende Behandlung möglich wird, er darf jedoch andererseits über eine den lernungeübten Mitarbeitern zumutbare Grenze nicht hinausgehen. Lernintervalle von 90 Minuten sollten nicht überschritten werden. Durch ausreichende Pausen zwischen den Lernabschnitten wird die notwendige Erholung der Teilnehmer sichergestellt.

Zur Zeitplanung gehören auch Überlegungen, zu welchem **Zeitpunkt** eine Bildungsveranstaltung überhaupt stattfinden kann. Dabei sind die bewirkten Störungen im Arbeitsablauf (z. B. bei Bildungsmaßnahmen am Arbeitsplatz) und die Möglichkeiten der Freistellung der Teilnehmer und Referenten maßgebend. Schließlich ist bei der Zeitplanung auch zu berücksichtigen, dass zu jeder Art von Weiterbildung eine Vor- und Nachbereitungsphase gehören. In die Vorbereitung fallen zum einen die pädagogischen und organisatorischen Vorarbeiten durch den Bildungsträger und die Referenten und zum anderen die Vorbereitung der Bildungsteilnehmer. In der Nachbereitung sollen die Bedingungen für einen erfolgreichen

Transfer der erworbenen Qualifikationen in die tägliche Betriebspraxis geschaffen werden.

7.2.4 Bestimmung der Lehrmethoden

Die wichtigsten Methoden der betrieblichen Bildungsarbeit wurden bereits an anderer Stelle beschrieben (vgl. Kapitel 6). Die Lehrmethoden sind die Instrumente in der Hand des Lehrenden, mit deren Hilfe er die angestrebten Änderungen im Wissen, Können oder der Einstellung der Teilnehmer zu bewirken versucht. Durch die Wahl der richtigen Lehrmethode werden die Voraussetzungen für eine planmäßige Gestaltung des Lehrvorganges geschaffen.

Eine allgemein gültige Methode für alle Lehr- und Lernsituationen gibt es nicht. Es kommt vielmehr darauf an, dass der Lehrende aus dem umfassenden Methodenkatalog die jeweils bestgeeigneten auswählt. Dazu müssen die situationsspezifischen Gegebenheiten und die typischen Vor- und Nachteile der verschiedenen Methoden bekannt sein.

> **BEISPIEL:** Neu ins Unternehmen eingetretene Mitarbeiter sollen zunächst lediglich mit der neuen Umgebung etwas vertrauter gemacht werden; dazu dürfte ein einführender Vortrag wahrscheinlich genügen. Die Einarbeitung in das eigentliche Arbeitsgebiet hat für die spätere Aufgabenausführung wesentlich größere Bedeutung, sodass umfassende praktische Unterweisungen empfehlenswert erscheinen.

Die Methodenwahl wird von einer Reihe unterschiedlicher Kriterien beeinflusst. Dazu zählen Bedingungen bei den Teilnehmern selbst, die Referenten, der Lehrstoff und die entstehenden Kosten. Das vorstehende Beispiel verdeutlicht, dass die Lehrmethode in engem Zusammenhang mit den vorgegebenen Lernzielen steht. Die Lehrmethode ist der Weg, um die Lernziele zu erreichen. Die Methodenwahl wird umso leichter fallen, je genauer das erwünschte Endverhalten der Bildungsteilnehmer bekannt ist. Der Lehrmethode mit dem größten Bezug zum angestrebten Endverhalten sollte grundsätzlich der Vorrang eingeräumt werden. Mit zunehmender Realitätsnähe der gewählten Methode steigen die Chancen, dass die Bildungsinhalte von den Teilnehmern verstanden werden und der Transfer neu erworbener Kompetenzen am Arbeitsplatz gelingt. Obwohl bei den meisten Bildungsveranstaltungen gleichzeitig mehrere Lernzielbereiche angesprochen werden, können die verschiedenen Methoden schwerpunktartig zugeordnet werden. Wenn die Vermittlung von Kenntnissen im Vordergrund steht, eignen sich besonders Lehrvorträge oder die verschiedenen Formen des computerunterstützten Lernens. Beim Einüben manueller Fertigkeiten dominiert die planmäßige Unterweisung. Intellektuelle Fertigkeiten können dagegen besonders erfolgreich mittels der verschiedenen Gesprächsformen, in Planspielen und Fallstudien, aber auch arbeitsplatzgebunden durch Job Rotation, Übertragung begrenzter Verantwortung, Sonderaufgaben oder in Projektgruppen trainiert werden. Einflüsse auf die Einstellung und das Verhalten können durch nahezu alle Formen der Gruppenarbeit bewirkt werden.

Die verschiedenen Bildungsmethoden stellen unterschiedliche Anforderungen an die Teilnehmer. Deshalb sollten bei der Methodenwahl ausreichende Kenntnisse über die Trainingserfahrungen der Teilnehmer, über ihre kommunikativen Fähigkeiten, über Vorbildung und Lernbereitschaft sowie über die Einstellung und Motivation vorhanden sein. Bildungsunerfahrene Teilnehmer werden durch arbeitsplatzgebundene Methoden leichter anzusprechen sein als durch Methoden mit hohem Abstraktionsgrad. Das gewählte Abstraktionsniveau sollte sich auch an den Vorkenntnissen und der Lernfähigkeit orientieren. Fast alle Methoden der Gruppenbildung stellen hohe Anforderungen an das sprachliche Ausdrucksvermögen und die Fähigkeit, dem anderen zuzuhören. Die Erwartung der Teilnehmer an die eingesetzten Bildungsmethoden kann in starkem Maße durch den üblicherweise praktizierten Führungsstil beeinflusst sein. So wird sich z. B. ein überwiegend autoritär geführter Mitarbeiter in einem gruppendynamischen Training mit hohem Freiheitsgrad schwer tun. Besonders liberale Methoden können nur bei entsprechender Lerndisziplin eingesetzt werden. Schließlich ist zu prüfen, ob die Teilnehmer über eine ausreichende Motivation verfügen, um die Chancen aktiver Bildungsmethoden wahrzunehmen, oder ob sie aufgrund mangelnden Interesses ein passives Verhalten vorziehen. Auch die Größe und Homogenität des Teilnehmerkreises sind bei der Methodenwahl zu beachten.

Die Verantwortung für die Auswahl geeigneter Methoden liegt beim Trainer. Dieser muss über entsprechende Erfahrung verfügen und bereit sein, sich ständig mit neuen Methoden auseinander zu setzen. Anspruchsvolle Bildungsmethoden werden nur akzeptiert, wenn sie vom Trainer überzeugend dargeboten werden. Flexibilität in der Handhabung der Methoden und eine positive Gesamteinstellung müssen erkennbar sein. Vor allem bei den arbeitsplatzgebundenen Maßnahmen ist es wichtig, dass der als nebenberuflicher Trainer agierende Vorgesetzte die Bildungsaufgabe als wesentlichen Teil seiner Gesamtaufgabe versteht.

Neben der Lehrmethode stellt die Auswahl der geeigneten Medien eine weitere wesentliche Voraussetzung für eine erfolgreiche betriebliche Bildungsarbeit dar. Als **Medien** werden in diesem Zusammenhang alle Hilfsmittel bezeichnet, die dazu dienen, Bildungsinhalte anschaulicher zu vermitteln und das Lernverhalten der Bildungsteilnehmer zu aktivieren. Ein überlegter Medieneinsatz ermöglicht eine abwechslungsreichere Wissensvermittlung und führt zu einer erhöhten Aufmerksamkeit der Teilnehmer. Die verbalen Ausführungen werden anschaulicher und für viele Mitarbeiter erst auf diese Weise verständlich. Das Einprägen der vorgetragenen Bildungsinhalte wird erleichtert, die Behaltensquote steigt und der Lerneffekt insgesamt verbessert sich.

7.2.5 Nominierung der Referenten

Der Erfolg der betrieblichen Bildungsarbeit hängt in hohem Maße von der Qualifikation der eingesetzten Referenten (Trainer) ab. Die Referenten wirken bei der Bestimmung der Lernziele und Stoffprogramme mit; sie sind im Allgemeinen für die Auswahl der Lehrmethoden und Medien verantwortlich und sie beeinflussen durch ihren Lehrstil, ihr Auftreten und ihre Kommunikationsbereitschaft weitgehend die Atmosphäre während einer Bildungsveranstaltung und die Lernbereitschaft der Teilnehmer. Die hieraus erwachsenden Anforderungen sind sehr hoch. Fachliche Kompetenz allein bietet noch keine Gewähr dafür, dass der Betreffende auch in der Lage ist, seine vorhandenen Fertigkeiten und Kenntnisse in geeigneter Form an andere Mitarbeiter weiterzugeben. Die Referenten in der betrieblichen Bildungsarbeit müssen sowohl überzeugende Fachleute als auch gleichzeitig gute Organisatoren und Pädagogen sein. Das Anforderungsprofil des erfolgreichen Bildungsreferenten enthält ein Bündel von Eigenschaften, Fähigkeiten und Kenntnissen, das wie folgt umrissen werden kann:

- Intelligenz,
- natürliche Autorität,
- pädagogisches Talent,
- psychologisches Wissen,
- überlegenes Fachwissen,
- Kenntnis didaktischer Methoden,
- Enthusiasmus (Begeisterungsfähigkeit).

In der Berufsausbildung gelten nach den Vorschriften des Berufsbildungsgesetzes und der Ausbildereignungsverordnung nur solche Personen als fachlich geeignet, die neben den erforderlichen beruflichen Fertigkeiten und Kenntnissen auch die so genannten berufs- und arbeitspädagogischen Kenntnisse erworben und in einer Prüfung nachgewiesen haben. Auf diese Weise wird sichergestellt, dass sich jeder Ausbilder, bevor er die Verantwortung für die Ausbildung anderer, zumeist jugendlicher Mitarbeiter übernimmt, zumindest einmal mit den grundlegenden rechtlichen, psychologischen und pädagogischen Fragen auseinander gesetzt hat. In der betrieblichen Weiterbildung gibt es keine vergleichbare Regelung. Es bleibt dem Betrieb und der Initiative des Einzelnen überlassen, ob, wie und in welchem Umfang derartige Kenntnisse erworben werden. Eine wesentliche Forderung an die Weiterbildung betreibenden Betriebe lautet deshalb, dass zunächst die in der Bildungsarbeit eingesetzten Referenten selbst auf diese Aufgabe in geeigneter Weise vorbereitet werden.

BEISPIEL: Das in Kapitel 7.5 vorgestellte Beispiel zeigt, dass die als Trainer eingesetzten unmittelbaren Vorgesetzten zunächst selbst mittels eines „Train-the-Trainer-Programms" auf Ihre Rolle vorbereitet wurden.

Soweit im Unternehmen keine geeigneten Referenten vorhanden sind, sei es, dass die pädagogische Qualifikation fehlt, oder dass es an der notwendigen Zeit für die Übernahme dieser zusätzlichen Aufgabe mangelt, müssen Außenstehende herangezogen werden. Ein **externer Referent** ist zwar mit den betrieblichen Verhältnissen weniger vertraut als ein Mitarbeiter des Unternehmens, aber dafür steht er den betrieblichen Problemen zumeist unbefangener gegenüber und bringt darüber hinaus umfangreiche Fremderfahrung mit. Die Zusammenarbeit mit externen Referenten erlaubt eine echte Auswahl, sodass der jeweils bestgeeignete, der seine Qualifikation schon anderweitig unter Beweis gestellt hat, verpflichtet werden kann.

Um Missverständnisse auszuschließen, sollte die Zusammenarbeit mit externen Referenten schriftlich vereinbart werden. Die wichtigsten regelungsbedürftigen Punkte sind in Abbildung 7–2 zusammengefasst. Die ersten sechs Punkte dieser Aufzählung (Ziele, Inhalt, Methodik, Zielgruppe, Organisation, Kontrolle) müssen auch mit internen Referenten abgeklärt werden.

- Ziele der Bildungsmaßnahme
- Inhalt (evtl. Inhaltsgliederung)
- Erwünschte Lehrmethoden
- Medieneinsatz
- Beschreibung der Zielgruppe nach Anzahl und Voraussetzungen
- Zeitpunkt, Ort, Dauer und Ablauf der Veranstaltung
- Art und Weise der Veranstaltungsbeurteilung und Zielkontrolle
- Vorbereitung des externen Referenten
  - Vorbesprechungen
  - Besichtigungen
  - Organisationsanalyse
  - Einzelgespräche mit verschiedenen Mitarbeitern
  - Gedrucktes Material über das Unternehmen (z. B. Organisationspläne)
- Honorar für die Veranstaltung und die vorherige Beratung (Beratungshonorar in der Regel geringer als Seminarhonorar)
- Sonstige Spesen
  - Fahrtkosten
  - Übernachtung und Verpflegung
  - Arbeitsunterlagen

- Zahlungsbedingungen
- Verfügbarkeit des Referenten (z. B. auch für abendliche Gespräche)
- Vertrauliche Behandlung aller bereitgestellten Informationen über das Unternehmen gegenüber Dritten
- Rückgabe aller erhaltenen Unterlagen nach Seminarabschluss
- Erstellung (Inhalt, Umfang) von Unterlagen durch den Referenten oder den Auftraggeber
- Kündigungsklausel; evtl. Konkurrenzklausel
- Ausschluss der gegenseitigen Mitarbeiterabwerbung
- Hinweis, dass durch die Referentenvereinbarung kein Arbeitsverhältnis begründet wird

Abb. 7–2: Regelungsbedürftige Vereinbarungen mit Gastreferenten

7.3 Auswahl externer Bildungsträger

Viele größere Unternehmungen haben sich im Laufe der Zeit hauseigene Bildungseinrichtungen aufgebaut, die den Mitarbeitern umfassende Weiterbildungsprogramme offerieren. Trotzdem nehmen auch solche Unternehmen zusätzlich externe Bildungsangebote in Anspruch, wenn spezielle Problemstellungen (z. B. ein ausgefallenes Thema für einen kleinen Mitarbeiterkreis) das verlangen. Klein- und Mittelbetriebe sind stärker auf das externe Angebot angewiesen, weil notwendige Voraussetzungen für eine eigene Durchführung (z. B. qualifizierte Referenten, geeignete Räume, eine ausreichende Teilnehmerzahl) oft fehlen.

7.3.1 Auswahlkriterien

Vielen Unternehmungen fehlt die notwendige Markttransparenz über das breite externe Bildungsangebot, sodass der Entscheid für einen Bildungsträger oft mehr oder weniger zufällig erfolgt. Eine zuverlässige Auswahl wird nur möglich sein, wenn neben dem Thema und Träger der Veranstaltung auch Informationen über die Herkunft und Qualität der Referenten, über die eingesetzten Lehrmethoden, über den voraussichtlichen Teilnehmerkreis und die angestrebten Lernziele vorhanden sind.

Die eigentliche Auswahlentscheidung muss von den verantwortlichen Personen im Betrieb unter Beachtung der einzuhaltenden Rahmenbedingungen (z. B. Lernziele, Teilnehmerkreis, Zeit- und Kostenrahmen) getroffen werden. Bei Beachtung des in Abbildung 7–3 enthaltenen Fragenkatalogs werden Fehlentscheidungen weitgehend vermieden.

1. Wer ist der Anbieter der externen Bildungsveranstaltung?

- Gibt es bereits Erfahrungen mit diesem Anbieter?
- Verfolgt der Anbieter eine akzeptable bildungs- und gesellschaftspolitische Linie?
- Welche Einrichtungen und Kapazitäten sind vorhanden?
- Liegen Referenzen vor (z. B. frühere Seminarteilnehmer)?
- Ist mit Schwierigkeiten zu rechnen?

2. Welche Lernziele werden mit den angebotenen Bildungsmaßnahmen verfolgt?

- Sind eindeutige Lernziele definiert?
- Erlauben die Lernziele einen späteren Soll-Ist-Vergleich?
- Entsprechen die Lernziele dem bestehenden Bildungsbedarf im Unternehmen?
- Können mit diesem Bildungsangebot Probleme gelöst oder verhindert werden?
- Ist der Veranstalter bereit, spezielle betriebliche Probleme in seinem Programm zu berücksichtigen (z. B. aufgrund einer vorherigen Betriebsstudie)?

3. Welche Zielgruppen werden angesprochen und mit welchem Teilnehmerkreis muss gerechnet werden?

- Eignen sich die angebotenen Maßnahmen für den vorgesehenen Mitarbeiterkreis?
- Werden Angaben über vorausgesetzte Vorbildung und Berufserfahrung gemacht?
- Ist der voraussichtliche Teilnehmerkreis bekannt?
- Entsprechen sich die von den voraussichtlichen Teilnehmern im Betrieb wahrgenommenen Funktionen und Kompetenzen?
- Ist der Teilnehmerkreis zahlenmäßig begrenzt?

4. Wann findet die Veranstaltung statt und wie lange dauert sie?

- Können die angebotenen Termine wahrgenommen werden?
- Reicht die vorgesehene Zeit aus, um die angestrebten Lernziele zu erreichen?

5. Welche Lehrmethoden und Medien werden eingesetzt?

- Enthält das Programm Informationen über die vorgesehenen Lehrmethoden?
- Handelt es sich um aktivierende und motivierende Methoden?
- Verfügt der Bildungsträger über zeitgemäße Unterrichtsräume?
- Sind sonstige erforderliche Einrichtungen (Medien) vorhanden?
- Werden den Teilnehmern einführende schriftliche Unterlagen zur Verfügung gestellt?

6. Was kann von den eingesetzten Referenten erwartet werden?

- Welche Referenten werden tätig sein?
- Über welche praktische Berufserfahrung verfügen die Referenten?
- Sind ausreichende Branchenkenntnisse vorhanden?
- Kann erwartet werden, dass die Referenten über genügend Einfühlungsvermögen in die betriebsspezifischen Probleme verfügen?
- Stehen die Referenten den Teilnehmern auch für persönliche Gespräche (z. B. abends nach Abschluss des offiziellen Programms) zur Verfügung?
- Bringen die Referenten ausreichende pädagogische Erfahrungen mit?

7. Welche Kontrollmaßnahmen sind vorgesehen?

- Wie wird kontrolliert, ob die Lernziele erreicht wurden?
- Kann der Betrieb die Einhaltung der gesetzten Lernziele überprüfen?
- Welche seminarbegleitenden Kontrollen (Lernprozesskontrollen) sind geplant?
- Sind Gegenkontrollen durch die Seminarteilnehmer vorgesehen (z. B. Kritikgespräche)?
- Gibt es eine Dozentenbeurteilung durch die Teilnehmer?
- Werden Umsetzungs- und Verwertungshilfen für die Übertragung der erworbenen Qualifikationen in die Praxis geboten?

8. Welche Kosten entstehen?

- Wie hoch sind die voraussichtlichen Gebühren, Spesen und Personalkosten?
- Entsprechen die anfallenden Kosten dem voraussichtlichen Nutzen?
- Erscheinen die entstehenden Kosten im Vergleich mit anderen Alternative vertretbar?

9. Welche zusätzlichen betrieblichen Leistungen sind über die entstehenden Kosten hinaus erforderlich?

- Müssen Informationen aus dem Betrieb bereitgestellt werden?
- Sind betriebliche Betreuer oder Hilfsreferenten erforderlich?
- Welcher Organisationsaufwand entsteht?
- Welche Sachleistungen fallen an (z. B. Ausstattung der Teilnehmer mit Taschenrechnern)?

10. Welche Möglichkeiten zu einer Fortsetzung des Qualifikationserwerbs bestehen?

- Sind Folgeseminare vorgesehen?
- Besteht für die Teilnehmer eine Möglichkeit, an einem Erfahrungsaustausch teilzunehmen?

Abb. 7–3: Fragenkatalog zur Auswahl externer Bildungsveranstalter

7.3.2 Organisation der Zusammenarbeit

Die grundsätzlichen Überlegungen zur Motivation und Lernzielverwendung sowie zur Methodenwahl gelten auch für die Abwicklung externer Bildungsveranstaltungen. Im Gegensatz zu den internen Bildungsmaßnahmen liegt jedoch die Ziel- und Programmverantwortung beim externen Bildungsträger. Das schließt nicht aus, dass realisierbare Wünsche zum Stoffprogramm und zu den angestrebten Lernzielen berücksichtigt werden können.

Soweit nur ein einziger oder sehr wenige Mitarbeiter eines Unternehmens an einem externen Seminar teilnehmen, wird die Entscheidung über die Teilnahme in der Regel anhand des vorstehenden Fragenkatalogs auf der Grundlage der durch den externen Bildungsträger bereitgestellten Informationen getroffen. Nach Rückkehr von der Veranstaltung ist es üblich, dass die teilnehmenden Mitarbeiter zu einem Bericht über ihre Eindrücke, den Seminarablauf und die erreichten Ziele veranlasst werden (vgl. Kapitel 8.3.4). Zu einer weitergehenden Kontaktaufnahme zwischen dem Unternehmen und dem externen Veranstalter kommt es im Allgemeinen nicht.

Nimmt dagegen eine größere Mitarbeiterzahl an der Veranstaltung desselben externen Anbieters teil oder werden einzelne Veranstaltungen ausschließlich für die Belegschaft eines Unternehmens durchgeführt, dann empfiehlt es sich, dass ein Vertreter des externen Veranstalters sich durch einen vorherigen Kontaktbesuch oder eine Betriebsstudie die notwendigen Betriebskenntnisse verschafft.

Auf diese Weise wird sichergestellt, dass auch tatsächlich die aktuellen betrieblichen Probleme behandelt werden und die Lernziele der Veranstaltung dem bestehenden Bildungsbedarf des Unternehmens entsprechen. Bei einer größeren Teilnehmerzahl entstehen durch derartige Kontaktbesuche in der Regel keine zusätzlichen Kosten.

Eine weitere Möglichkeit der Zusammenarbeit sieht vor, dass neben den eigentlichen Bildungsteilnehmern ein zusätzlicher Repräsentant des Unternehmens zumindest zeitweise an der externen Bildungsveranstaltung teilnimmt. Für die Teilnahme eignet sich entweder das Eröffnungs- oder Schlussgespräch oder ein ganz bestimmtes Thema, für dessen Behandlung der Betreffende als kompetent gilt. Um die didaktische Konzeption nicht zu stören, sollte allerdings die Rolle und der Beitrag des Unternehmensvertreters mit dem externen Bildungsträger vorher genau abgestimmt werden. Für die Mitarbeiter wird durch die Teilnahme eines Repräsentanten des Unternehmens die Bedeutung, die man der Veranstaltung beimisst, zusätzlich dokumentiert.

Bei einer längerfristigen Zusammenarbeit mit einem externen Bildungsträger erweist es sich als vorteilhaft, die wichtigsten Modalitäten nach entsprechenden Verhandlungen schriftlich festzulegen (vgl. Abbildung 7–4). Bei der einmaligen Teilnahme an einer Veranstaltung eines externen Bildungsträgers wird sich das Unternehmen in der Regel den Bedingungen des Anbieters unterwerfen, sodass das von diesem vorbereitete Anmeldeformular als Vertragsgrundlage genügt.

Gelegentliche Teilnahme weniger Mitarbeiter an externen Bildungsveranstaltungen

- Orientierung anhand der vom Bildungsträger bereitgestellten Informationen/Programmangebote (bei unklaren oder unvollständigen Programmen rückfragen)
- In der Regel Annahme der Bedingungen des Anbieters (auf Eindeutigkeit achten)
- Anmeldung mithilfe des vom Anbieter vorbereiteten Anmeldeformulars (Programmänderungen/Referentenwechsel ausschließen)
- Im Allgemeinen keine engere Kontaktaufnahme zwischen Unternehmung und Bildungsträger

Teilnahme einer größeren Mitarbeiterzahl an derselben externen Veranstaltung (oder an Veranstaltungen desselben Bildungsträgers)

- Testbesuch (eines Mitarbeiters) beim Veranstalter
- Kontaktbesuch/Betriebsstudie des externen Bildungsträgers anfordern (kostenlos oder Sonderhonorar)
- Eindeutige, vom Unternehmen mitbestimmte, bedarfsorientierte Lernziele vereinbaren
- Schriftliche Vereinbarungen treffen über
  – Lernziele, Lerninhalte
  – Termin, Dauer, Ort
  – Teilnehmerzahl
  – Kosten und Zahlungsbedingungen
  – Nebenbedingungen: z. B. Verpflegung, Unterkunft, Beiprogramm
  – Festlegung bestimmter Referenten
  – Absprachen über Lehrmethoden und Medien
- Klare Aufgabenabgrenzung für die Veranstaltungsvorbereitung
  – Betrieb: Auswahl der Teilnehmer; Freistellung; Vorbereitung auf die Bildungsveranstaltung; Ausstattung mit bestimmten Unterlagen/Hilfsmittel
  – Bildungsträger: Vorbereitung der eigentlichen Bildungsveranstaltung

Abb. 7–4: Zusammenarbeit mit externen Bildungsträgern

Betriebsintern hat es sich bewährt, die bei der Teilnahme an einer externen Bildungsveranstaltung zu beachtenden Regelungen (z. B. Auswahlkriterien, Anmeldungsverfahren, Bezahlung der Seminargebühren, Rückzahlung der Gebühren bei Kündigung, Abwicklung der Reise, Beurteilungspflicht nach erfolgter Seminarteilnahme usw.) in Form von Richtlinien zu formulieren. Die Anmeldung hat vielfach auf einem einheitlichen Formular zu erfolgen.

7.4 Bildungsarbeit durch zwischenbetriebliche Kooperation

Eine Kompromisslösung zwischen der internen und externen Gestaltung betrieblicher Bildungsmaßnahmen ergibt sich durch zwischenbetriebliche Kooperation. Der Zwang zur Steigerung der Leistungs- und Wettbewerbsfähigkeit hat in den letzten Jahren zu einer immer intensiveren Nutzung der Funktionserfüllung im Verbund mit anderen Unternehmen geführt. Nachdem die größten Kooperationserfolge zunächst in anderen betrieblichen Funktionsbereichen erzielt wurden, wird auch das Personal- und Bildungswesen in zunehmendem Maße als Ansatzpunkt einer zwischenbetrieblichen Zusammenarbeit erkannt.

Wichtig:

Zwischenbetriebliche Kooperation bedeutet eine freiwillig vereinbarte Zusammenarbeit zwischen rechtlich und wirtschaftlich selbstständigen Unternehmen mit dem Ziel, durch Ausgliederung oder gemeinsame Durchführung bestimmter Funktionen die wirtschaftliche Situation der beteiligten Unternehmungen zu verbessern.

Aus Sicht der beteiligten Unternehmen ist die zwischenbetriebliche Kooperation ein Rationalisierungsinstrument, durch das im Vergleich zur individuellen Aufgabendurchführung eine größere Wirtschaftlichkeit erzielt werden soll. Nur wenn dieses Ziel erreicht wird, ist die durch die zwischenbetriebliche Kooperation erzwungene teilweise Einschränkung der unternehmerischen Entscheidungsfreiheit gerechtfertigt. Steigende Personalkosten, deren Anstieg auch auf die zunehmenden Anforderungen an die betriebliche Bildungsarbeit zurückgeht, haben viele Unternehmungen in den letzten Jahren gezwungen, nach Wegen für eine zwischenbetriebliche Lösung zu suchen.

Die Zusammenarbeit bei der Gestaltung betrieblicher Bildungsmaßnahmen kann sich entweder in einer Kostensenkung oder in einer Leistungssteigerung niederschlagen.

BEISPIELE:
- Kostensenkungen können durch die gemeinsame Durchführung betrieblicher Bildungsveranstaltungen oder durch gegenseitige Nutzung bestehender Bildungseinrichtungen erreicht werden.
- Leistungssteigerungen können sich durch den Austausch von Spezialisten, die als Dozenten tätig sind, ergeben.

Aus der Sicht der Mitarbeiter beinhaltet die zwischenbetriebliche Kooperation die Chance, dass Bildungsleistungen, die aus Kostengründen vielleicht eingestellt werden müssten, auf diese Weise aufrechterhalten werden können, oder dass auch kleinere und mittlere Unternehmungen ein Bildungsangebot offerieren können, bei dessen alleiniger Durchführung sie überfordert wären.

Die von der zwischenbetrieblichen Kooperation erwarteten Erfolge werden sich allerdings nur einstellen, wenn alle beteiligten Unternehmen die notwendige Bereitschaft zur Zusammenarbeit und zur Hinnahme bestimmter Einschränkungen ihrer persönlichen Entscheidungsfreiheit und Unabhängigkeit mitbringen. Als Preis für eine größere Wirtschaftlichkeit muss akzeptiert werden, dass bei den in Kooperationsabsprache einbezogenen Funktionsbereichen anstelle der Individualentscheidung die kollegiale Abstimmung tritt. Das Bewusstsein um die Notwendigkeit einer qualifizierten betrieblichen Bildungsarbeit und auch der von externen Einflussfaktoren ausgehende Zwang zu einer ökonomischeren Aufgabendurchführung in diesem Bereich sollten eine ausreichende Grundlage sein, um dieses Hindernis zu meistern.

Bereiche der zwischenbetrieblichen Kooperation im Bildungswesen

Die Ansatzpunkte für eine zwischenbetriebliche Kooperation sind im Bildungswesen und bei der Personalentwicklung besonders vielfältig. Die Zusammenarbeit kann in horizontaler und vertikaler Richtung erfolgen. Horizontale Kooperation bedeutet, dass Unternehmungen der gleichen Wirtschaftsstufe, die sich sonst als Konkurrenten gegenüberstehen, zusammenarbeiten.

BEISPIELE:
- Ausbildung von Auszubildenden (z. B. im Rahmen der so genannten Nachbarschaftshilfe)
- Schulung von Fachkräften (Spezialisten)
- Einrichtung von Gemeinschaftslehrwerkstätten

Vertikale Kooperation liegt vor, wenn Unternehmen unterschiedlicher Wirtschaftsstufen der gleichen Branche in die Zusammenarbeit einbezogen werden.

BEISPIELE:
- Schulung von Mitarbeitern des Abnehmers beim Lieferanten bestimmter Erzeugnisse (z. B. die Herstellerseminare im EDV- Bereich)
- Schulung von Verkäufern des Einzelhandels bei den Produzenten bestimmter Kosmetika.

Darüber hinaus kann unabhängig von den bestehenden wirtschaftlichen Beziehungen zwischen den Unternehmen allein die Tatsache, dass gleichartige Bildungsaufgaben zu bewältigen sind, den Ausschlag für eine Zusammenarbeit geben.

Die Bandbreite der zwischenbetrieblichen Kooperation im Bildungswesen kann sich von der losen Absprache bis zur dauerhaften vertraglichen Regelung bestimmter Bildungsaufgaben erstrecken. Als wichtigste Felder für eine Zusammenarbeit sind zu nennen:

- Erfahrungsaustausch und gemeinsame Willensbildung;

- Austausch von Seminarprogrammen, Teilnehmern und Referenten;

- gemeinsame Nutzung vorhandener Räume und Anlagen;

- gemeinsame Planung und Durchführung von Kursen;

- Errichtung, Unterhaltung und Förderung gemeinsamer Bildungseinrichtungen.

Der Erfahrungsaustausch ist die lockerste Form der zwischenbetrieblichen Kooperation. In nahezu allen betrieblichen Funktionsbereichen (z. B. EDV, Rechnungswesen, Personalwesen) bestehen auf lokaler oder regionaler Ebene Erfahrungsaustausch-Gruppen (Erfa-Gruppen). Die Initiative für ihre Bildung kann entweder unmittelbar von den Beteiligten ausgehen, oder die Organisation liegt in Händen eines überbetrieblichen Trägers. Die Aktualität bildungspolitischer Fragestellungen und die Bedeutung der betrieblichen Bildungsarbeit für die Zukunft des Unternehmens und der Mitarbeiter prädestinieren diesen Sektor geradezu für eine gemeinschaftliche Behandlung. Nach Bedarf können auf diese Weise ohne größeren organisatorischen Aufwand die jeweils interessierenden Probleme diskutiert werden. Das kann effizienter sein als manche offizielle Veranstaltung externer Träger. Durch eine gemeinsame Willensbildung kann ein einheitliches Vorgehen sichergestellt und die Position der Beteiligten gegenüber Kammern, Verbänden, öffentlichen Bildungsträgern oder anderen externen Institutionen gestärkt werden.

Eine weitergehende Form der Zusammenarbeit liegt beim Austausch von Seminaren, Teilnehmern oder Referenten vor. Seminarprogramme, die in einem Unternehmen entwickelt wurden, werden z. B. den befreundeten Unternehmungen zur Verfügung gestellt, sodass doppelte Programmentwicklungskosten vermieden werden können. Oder die Mitarbeiter eines Unternehmens nehmen an einem vom Partnerunternehmen veranstalteten Seminar teil. Das kann zu einer besseren Seminarauslastung führen; es kommt im Vergleich mit externen Seminaren in aller Regel zu Kostenersparnissen (Reisekosten, Teilnehmergebühren), und es kann auch wegen der gleichartigen Problemstellung mit einer größeren Lerneffizienz gerechnet werden. Durch den Austausch von Referenten stehen einem Unternehmen u. U. für bestimmte Aufgabenstellungen Spezialisten zur Verfügung, über die man selbst nicht verfügt. Der wechselseitige Referentenaustausch ist darüber hinaus billiger als die Inanspruchnahme externer Referenten. Aber auch die Möglichkeiten zur Verpflichtung qualifizierter externer Referenten können sich durch ein gemeinsames Tätigwerden erhöhen. Der Austausch von Teilnehmern und Referenten eröffnet außerdem die Chance, dass neue von der „betrieblichen Schablone" abweichende Gedanken in die Diskussion getragen werden. Dies ist ein Vorteil, der sonst nur externen Seminaren vorbehalten bleibt.

Der Einsatz zeitgemäßer Medien und die zweckmäßige Gestaltung von Seminarräumen sind notwendige Erfolgsvoraussetzungen der betrieblichen Bildungsarbeit. Die gemeinsame Nutzung solcher Einrichtungen führt zu einer besseren Verzinsung des eingesetzten Kapitals. Das gilt auch für die Inanspruchnahme von Lehrwerkstätten und Lehrbüros. Bevor derartige Investitionen getätigt werden, sollten allerdings die Modalitäten und insbesondere die Mindestdauer der Zusammenarbeit vertraglich festgelegt werden.

Der Austausch von Referenten und Teilnehmern sowie die gemeinsame Nutzung von Räumen und Einrichtungen legen es nahe, sich auch über den Inhalt und den Ablauf von Bildungsveranstaltungen abzustimmen. Das kann für einzelne Veranstaltungen oder für ganze Programmzyklen geschehen. Die gemeinschaftliche Festlegung von Seminarinhalten hat den Vorteil, dass zwar einerseits die rein betriebsspezifischen Probleme berücksichtigt werden, dass aber andererseits durch die Beteiligung mehrerer Unternehmungen auch die notwendige Gesamtschau gewahrt wird.

Als letzte Stufe der Zusammenarbeit kommt die gemeinsame Errichtung und Unterhaltung von überbetrieblichen Bildungsstätten infrage. Wegen der damit verbundenen hohen Investitionen sind eigene Bildungszentren bisher das Privileg weniger Großbetriebe. Durch die zwischenbetriebliche Kooperation wird auch mittleren Betrieben die Chance für den Betrieb solcher Einrichtungen eröffnet, wobei allerdings eindeutige vertragliche Absprachen eine notwendige Voraussetzung sind.

Je enger die gewählte Form der Zusammenarbeit ist, umso wichtiger sind vertragliche Regelungen. Über diese formale Seite hinaus ist das notwendige Vertrauen unter den Partnern eine weitere unerlässliche Voraussetzung. Schließlich muss auch der Wille hinzukommen, sich überhaupt einmal mit einem solchen Gedanken, der sicherlich für manches Unternehmen neu sein dürfte, zu befassen.

7.5 Praxisbeispiel: Qualifizierung gewerblicher Mitarbeiter für künftige Veränderungen in der Produktion

In den bisherigen Ausführungen wurde mehr oder weniger deutlich immer auf den einzelnen Mitarbeiter abgestellt. Im Folgenden wird ein Pilotprojekt aus einem Unternehmen der Metall- und Elektroindustrie vorgestellt, bei dem mehrere Hundert Mitarbeiter aus dem gewerblichen Bereich (un- und angelernte Arbeiter und Facharbeiter) für künftige Veränderungen in der Produktion geschult werden.

7.5.1 Ausgangssituation und Projektziele

Das Projektunternehmen steht unter dem Druck eines immer stärker werdenden Wettbewerbs im globalen Markt, der Innovationen und neue Produkte in ständig kürzeren Zyklen verlangt. Die Arbeitsprozesse müssen optimiert werden, womit eine stetige Qualifizierung der Beschäftigten existenzielle Bedeutung gewinnt. Die Rolle der Mitarbeiter ändert sich; gefordert werden lebenslanges Lernen sowie die Schaffung des Bewusstseins vom „Mitarbeiter zum Mitunternehmer". Für die Mitarbeiter entsteht durch den strukturellen Wandel ein hoher Qualifizierungsdruck, um im „Wettbewerb um Arbeitsplätze" mithalten zu können. In diesen knappen Ausführungen sind mehrere der in Kapitel 1.2 genannten Einzelziele der Unternehmung und der Mitarbeiter zu erkennen.

Vor diesem Hintergrund wurde das Projekt „Intern II" konzipiert. Das Hauptziel des Projekts war das Erreichen einer größtmöglichen Flexibilität der Mitarbeiter und in diesem Zusammenhang das Erlernen und Festigen ausgewählter Schlüsselqualifikationen, wie fachübergreifende Kenntnisse und Fähigkeiten, selbstständiges Denken, Teamfähigkeit und unternehmerisches Denken und Handeln.

Den Mitarbeitern stand es frei, sich an dem Projekt zu beteiligen. Der Betriebsrat war von Anfang an in die Projektkonzeption eingeschaltet. Die wichtigsten Einzelheiten wurden in einer Betriebsvereinbarung festgeschrieben.

7.5.2 Projektbeschreibung

Es handelt sich um einen ganzheitlichen Projektansatz, dessen einzelne Phasen unmittelbar miteinander verzahnt sind. Auf diese Weise entstehen in jedem Projektabschnitt Rückkoppelungen, die ggf. Eingriffe in das Projekt ermöglichten und ein Höchstmaß an praxis- und personenbezogenen Lernprozessen sicherstellten. Folgende Bausteine wurden unterschieden:

Baustein 1 (Mitarbeiter): Am Projekt „Intern II" nahmen ca. 500 Mitarbeiter und Mitarbeiterinnen der Fertigung teil, die in Gruppen zu 15 Teilnehmern jeweils 7 Tage lang geschult wurden. Die Qualifizierung erfolgte in 7 Modulen (vgl. Abbildung 7–5), die aus je einem Einführungs- und Abschlusstag (Modul 1 und 7) und fünf themenbezogenen Modultagen mit fach-, überfach- und unternehmensbezogenen Lerninhalten bestanden (Modul 2–6).

Modul 1	Module 2–6	Modul 7
■ Begrüßung, Eröffnung ■ Vorstellung des Tagesprogramms und der Teilnehmer ■ Ziel/Grundidee von „Intern II" ■ Sinn und Zweck für Mitarbeiter und Unternehmen ■ Organisation und Ablauf ■ Perspektiven für die Zukunft ■ Erwartungen und Befürchtungen der Teilnehmer ■ Vor- und Nachteile für die Teilnehmer ■ Vorstellung der Produktlinien des Unternehmens ■ Fragen an die Fachabteilungen ■ Zusammenfassung der Ergebnisse aus Modul 1	Vormittags: Produktionsbezogene Inhalte (Teilefertigung, Montage, Spritzerei, Fertigungsservice, Instandhaltung...) Nachmittags: Unternehmensbezogene Inhalte (Materialwirtschaft, Produktmanagement, Personalwesen, Marketing, Logistik,...)	■ Begrüßung, Eröffnung ■ Bewertung des organisatorischen Ablaufs ■ Bewertung des inhaltlichen Ablaufs ■ Wurden Erwartungen erfüllt? ■ Wurden Befürchtungen beseitigt? ■ Umsetzung des Gelernten in die Praxis ■ Was muss seitens des Unternehmens getan werden? ■ Welche Unterstützungen werden erwartet? ■ Verbesserungsmöglichkeiten von „Intern II" ■ Zusammenfassung der Ergebnisse aus Modul 7

Abb. 7–5: Inhalte von „Intern II"

Baustein 2 (Trainer): Als Trainer für die fachbezogenen Lerninhalte wurden die unmittelbaren Vorgesetzten der zu schulenden Mitarbeiter tätig. Diese waren bereits teilweise durch eine vorgelagerte Ausbildung zum „Anwendungstechniker, Produktionstechniker (IHK)" qualifiziert und in der Produktion als Schichtmeister eingesetzt. Die fachübergreifenden Inhalte wurden von Mitarbeitern aus der Verwaltung übernommen. Beide Trainergruppen (insgesamt 40 Personen) wurden durch einen externen Trainer im Rahmen eines „Train-the-Trainer-Programms" auf ihre neue Rolle vorbereitet (vgl. Abbildung 7–6). Die Trainingseinheiten wurden in vier Gruppen zu jeweils 5 × 2 Tagen durchgeführt. Die Trainingsinhalte zeigen, dass die Trainerausbildung insbesondere auf die Vermittlung von Sozialkompetenzen abgestellt war:

- Zwischenmenschliches Geschehen wahrnehmen,

- sich „in den Gesprächspartner hineinversetzen",

- eigene Standpunkte und Interessen wirksam vertreten,

- Konflikte sachorientiert artikulieren und partnerschaftlich lösen,

- Gruppenarbeit anleiten, moderieren und unterstützen,

- gruppenbezogene Problemlösungstechniken vermitteln,

- Teamentwicklungsprozesse unterstützen,

- persönliche Entwicklungspotentiale der Mitarbeiter erkennen und fördern.

Die Vermittlung der Lerninhalte erfolgte praxisorientiert. So wurden im ersten Lernschritt die Lernziele der Qualifizierungsmaßnahmen operationalisiert und die Lerninhalte strukturiert und zur Präsentation vorbereitet. Im zweiten Schritt wurde das kommunikative Handwerkszeug, angepasst an aktuelle Praxisanforderungen, vermittelt. Die weiteren Lernschritte wurden erst während der laufenden Qualifizierungsmaßnahmen durchgeführt; ihre inhaltliche Ausgestaltung baute auf den als Trainer erworbenen Erkenntnissen auf. Im Lernschritt „Rollenreflexion" wurden die (neuen) Trainer mit der Wahrnehmung ihrer neuen Rolle konfrontiert.

Train the Trainer		
(1)	Präsentationskompetenz	■ Mediengestützte Präsentation ■ Lehrtechniken ■ Selbstdarstellung, Rolle als Präsentator ■ Beziehung zum Publikum
	Kommunikation	■ Zuhören und Perspektivenübernahme ■ Mitteilen und Feed-back ■ Frageformen ■ Botschaften
(2)	Moderation	■ Moderieren von Besprechungen ■ Planung in Gruppen ■ Visualisierung von Gruppenentscheidungen ■ Konfliktmoderation in Gruppengesprächen
	Problemlösung	■ Methoden und Techniken der Problemanalyse ■ Problemanalyse ■ Visualisierung von Ursache-Wirkungszusammen- hängen und -verläufen ■ Prozesskontrolle und Mentoring
(3)	Konfliktgespräche	■ Wahrnehmung und Verarbeitung von Konflikten ■ Konfliktlösungstechniken ■ Umgang mit Widerständen
(4)	Teamfähigkeit	■ Gruppenprozesse verstehen, diagnostizieren und unterstützen ■ Rollen und Normen in Gruppen erkennen und bearbeiten ■ Rollenspiele als Simulationsübung ■ Entwicklungsphasen in Gruppen und Rollen- veränderung
(5)	Personalführung	■ Förderung von Partizipation ■ Motivieren und Unterstützen ■ Führen mit Zielen ■ Karriereplanung
	Rollenreflexion	■ Berater als Vorgesetzter ■ Entwicklung vom Trainer zum Berater/Prozess- begleiter ■ vom „Führen" zum „Personal entwickeln" ■ vom „Verwalter und Überwachung" zum „Veränderungsprozess aktiv gestalten"

Abb. 7–6: Trainingsprogramm „Train the Trainer"

Baustein 3 (Supervision): Die Supervisionssitzungen liefen parallel zu den Qualifizierungsmaßnahmen. Die Gruppenzusammensetzung war identisch mit der Zusammensetzung der Gruppen des Train-the-Trainer-Programms. Die Supervision stellte darauf ab, die persönlichen Entwicklungen der Trainer und den Transfer in die Mitarbeiterschulung und in den beruflichen Alltag zu begleiten. Die Erfahrungen der Trainer wurden aufgegriffen, Situationen auf- und nachbereitet sowie Unterstützung gegeben.

Baustein 4 (Lenkungsgruppe): Die Lenkungsgruppe war für die Koordination, Abstimmung und eventuelle Zielkorrekturen der anderen drei Projektebenen zuständig. Sie konnte bei Handlungsbedarf korrigierend in den Projektverlauf eingreifen. Die Lenkungsgruppe bestand aus drei ständigen Mitgliedern (Betriebsleiter, Leitung Personalentwicklung, externer Berater) sowie bei Bedarf bis zu drei weiteren Mitgliedern (Betriebsingenieure).

Baustein 5 (wissenschaftliche Begleitung): Aufgrund des Pilotcharakters von „Intern II" wurde zusätzlich eine vom Unternehmen unabhängige wissenschaftliche Begleitung vereinbart. Die wissenschaftliche Begleitforschung zielte auf den Nutzen des Projekts für das Unternehmen, die Mitarbeiter sowie die Öffentlichkeit durch Evaluation der eingesetzten Module und der Arbeitsweise des Projekts. Vor Projektbeginn wurde der Ist-Zustand ermittelt, differenziert nach so genannten „hard facts" (z. B. Qualitäts-, Personalkennzahlen) und „soft facts" (z. B. Betriebsklima, Zusammenarbeit). Während des Projekts wurde ein Zwischenbericht über die bisherigen Auswirkungen des Projekts erstellt. Ein Abschlussbericht bezieht sich auf die Evaluation des Gesamtprojektes (Projektansatz, Qualifizierungsinhalte, Transfer in die betriebliche Praxis). Außerdem sollte die Übertragbarkeit auf andere Unternehmen bewertet werden.

Das Projekt „Intern II" wurde sowohl von den beteiligten Vorgesetzten (Trainern) als auch von den Mitarbeitern positiv aufgenommen. Die Flexibilität hat sich erhöht; die Bereitschaft, einen anderen Arbeitsplatz zu übernehmen, ist (vor allem bei jüngeren Mitarbeitern) gewachsen. Kontakte und Gespräche untereinander haben zugenommen. Das Verständnis für betriebliche Zusammenhänge ist größer geworden; insbesondere die Notwendigkeit, Terminvorgaben einzuhalten, wird akzeptiert.

8. Kapitel

Kontrolle der Personalentwicklung

8.1 Kontrollbereiche

Der Ablauf der Personalentwicklung vollzieht sich wie jedes andere systematische Vorgehen in den Phasen Planung, Durchführung und Kontrolle. Dabei ist die Kontrollphase im Gesamtkonzept Personalentwicklung bisher noch am wenigsten weit entwickelt. Sie wird vielfach vernachlässigt. Dies ist zu bedauern, denn nur durch eine regelmäßige Kontrolle kann festgestellt werden, ob bzw. inwieweit die angestrebten Ziele erreicht wurden. Nachweisbare Entwicklungserfolge schaffen die Möglichkeit, die Aufwendungen für Personalentwicklung im Wettbewerb mit anderen Betriebsbereichen zu rechtfertigen. Durch Soll-Ist-Vergleiche und Abweichungsanalysen können die Informationsgrundlagen verbessert werden, sodass sich die Gefahr für Fehlentwicklungen bei künftigen Maßnahmen verringert. Die Information der Mitarbeiter über erzielte Entwicklungserfolge verdeutlicht diesen die bestehenden Entwicklungsmöglichkeiten und trägt zur Motivation bei.

Nach ihrem inhaltlichen Schwerpunkt können bei der Personalentwicklung drei Kontrollbereiche unterschieden werden:

- Die Kostenkontrolle richtet sich auf die Wirtschaftlichkeit. Sie vermittelt Aufschluss über Art und Umfang der entstandenen Kosten, sie informiert über die verursachenden Kostenstellen und sie erleichtert durch Kostenvergleichsrechnungen die Entscheidung zwischen alternativen Entwicklungsmaßnahmen.

■ Die Erfolgskontrolle richtet sich auf die Entwicklungs- und Lernerfolge. Sie soll feststellen, ob es gelungen ist, den Mitarbeitern die angestrebten Qualifikationsänderungen zu vermitteln und wie sich diese Änderungen im Arbeitseinsatz und Arbeitsverhalten auswirken.

■ Die Rentabilitätskontrolle stellt schließlich die Verbindung zwischen Kosten und Erträgen (Kosten-Nutzen-Relation) her, indem sie den Erfolg der „Investition Personalentwicklung" zu messen versucht.

8.2 Kostenkontrolle

Die Personalentwicklung unterliegt wie jeder andere betriebliche Funktionsbereich dem Gebot der Wirtschaftlichkeit.

> **Wichtig:**
>
> Wenn auch nicht alle Entscheidungen in der Personalentwicklung ausschließlich unter ökonomischen Gesichtspunkten getroffen werden können, so gilt es doch, die einmal bestimmten Entwicklungsziele mit möglichst geringen Kosten zu erreichen.

Die Kosten der Personalentwicklung umfassen das anteilige Arbeitsentgelt der beteiligten Mitarbeiter, Vorgesetzten und sonstigen betroffenen Fach- und Führungskräfte, Honorare für externe Referenten, Kosten für Räume, Materialien und Reisen sowie zeitanteilige Kosten in der Personalabteilung und in den Fachabteilungen. Eine Hauptschwierigkeit einer exakten Kostenrechnung ergibt sich aus der Tatsache, dass besonders beim Traning-on-the-job eine eindeutige Trennung zwischen den Kosten für Förderung und Bildung einerseits und den Kosten der regelmäßigen Arbeitsleistung andererseits kaum möglich ist. Die folgenden Ausführungen werden zeigen, dass hierbei teilweise nur mit Schätzwerten gearbeitet werden kann.

Innerhalb der Gesamtkosten der Personalentwicklung sind die zur Erfüllung der Entwicklungsfunktion vollzogenen Bildungsmaßnahmen die wesentliche kostenverursachende Komponente. Von geringerer Bedeutung hinsichtlich ihrer kostenmäßigen Auswirkungen sind dagegen die Teilaufgaben der Personalentwicklung, die in der Personalabteilung und bei den Vorgesetzten anfallen. Die Vorgesetzten tragen zwar die Hauptverantwortung für die Förderung und Entwicklung der ihnen unterstellten Mitarbeiter, aber das kann als notwendiger Teil ihrer Führungstätigkeit angesehen werden und braucht innerhalb der Kosten der Personalentwicklung nicht ausdrücklich berücksichtigt zu werden. Damit richtet sich die Frage nach den Kosten der Personalentwicklung in erster Linie auf eine Ermittlung der Kosten der jeweiligen Bildungsmaßnahmen unter Berücksichtigung anteiliger Kosten der Personalabteilung.

Die Angaben über den notwendigen oder tatsächlichen Umfang der Kosten für Weiterbildung weichen von Betrieb zu Betrieb stark voneinander ab. Es gibt keine allgemein gültigen Richtwerte, die es erlauben, die einem Unternehmen zumutbaren Kosten für Weiterbildung als Prozentsatz vom Umsatz oder von der Lohn- und Gehaltssumme oder als absoluten Betrag je Mitarbeiter festzulegen. Ein früherer Erfahrungswert aus der Praxis besagt, dass sich die Etats für Weiterbildung bei der Mehrzahl der Unternehmen zwischen ein bis zwei Prozent der Bruttolohnsumme bewegen, wobei allerdings branchenbedingt (z. B. in der Informationstechnik) auch höhere Werte vorkommen können. Unbestritten ist dagegen, dass die Kosten für Weiterbildung in den letzten Jahren ständig gestiegen sind.

8.2.1 Aufgaben der Kostenkontrolle

Weiterbildung kann als eine innerbetriebliche Leistung des Unternehmens angesehen werden, deren Kosten regelmäßig erfasst und verrechnet werden müssen. Die Erfassung der Weiterbildungskosten dient folgenden Zwecken:

- Nur eine vollständige Kostenerfassung vermittelt den notwendigen Überblick über die Art und Höhe sämtlicher, in einer Abrechnungsperiode angefallenen Weiterbildungskosten.

- Die Erfassung sämtlicher angefallener Bildungskosten ist die Voraussetzung für eine Weiterbelastung auf die verursachenden Abteilungen (Kostenstellen).

- Rentabilitätskontrollen sind nur durchführbar, wenn exakte Informationen über sämtliche mit einem Bildungsprojekt zusammenhängenden Kostenarten vorliegen.

- Mit der Kostenerfassung und -gliederung werden darüber hinaus die erforderlichen Grundlagen für die Erstellung künftiger Weiterbildungsbudgets geschaffen.

- Bei der Entscheidung zwischen alternativen Bildungsmaßnahmen oder über die interne oder externe Durchführung einer Weiterbildungsmaßnahme werden neben pädagogischen auch ökonomische Gesichtspunkte in Form von Kostenvergleichsrechnungen maßgebend sein. Die erforderliche Aussagekraft wird nur erreicht, wenn sämtliche anfallenden Kostenarten berücksichtigt werden.

- Letztlich zählen Kenntnisse über Höhe und Entwicklung der Kosten der betrieblichen Bildungsarbeit auch zu den notwendigen Informationen im ständigen Dialog zwischen den Sozialpartnern.

Gelegentlich werden die Kosten der Weiterbildung auch für die Rechtfertigung der gesamten Funktion Personalentwicklung herangezogen, indem sie mit den Kosten der Beschaffung gleichwertig qualifizierter Mitarbeiter am Arbeitsmarkt verglichen werden. Dabei ist allerdings zu berücksichtigen, dass nicht alle Qualifikationen am Arbeitsmarkt verfügbar sind, sodass ihre Beschaffung theoretisch zwar billiger sein könnte, praktisch aber nicht möglich ist.

Umfang und Detaillierungsgrad der Kostenerfassung und Kostenverrechnung im Bildungsbereich richten sich nach der Ausgestaltung der übrigen Bereiche des betrieblichen Rechnungswesens, weshalb in der Praxis von Betrieb zu Betrieb beträchtliche Unterschiede bestehen.

Zu einer aussagefähigen Kostenrechnung im Bildungsbereich gehören eine eindeutige Bestimmung und Abgrenzung der entstandenen Kosten sowie deren Zuordnung auf die verursachenden Abteilungen (Kostenstellen) und Bildungsmaßnahmen (Kostenträger). Viele Unternehmungen scheuen den damit verbundenen Aufwand, weil er oft in keiner Relation zum Gesamtvolumen der Kosten für betriebliche Bildungsarbeit steht.

8.2.2 Abgrenzung der Kostenarten

Der erste Schritt einer Kostenrechnung im Bildungsbereich umfasst die Abgrenzung der zu verrechnenden Kostenarten. Als Orientierungshilfe dient der vorhandene Kostenartenplan des Unternehmens. Je nachdem, ob es sich um externe oder interne Bildungsmaßnahmen handelt und ob Letztere wiederum am oder außerhalb des Arbeitsplatzes vollzogen werden, sind unterschiedliche Kostenarten zu berücksichtigen.

Kosten externer Bildungsmaßnahmen

Bei der Teilnahme an betriebsexternen Seminaren können folgende Kostenarten anfallen:

- Gebühren für Veranstaltungen,
- Reisekosten,
- Kosten für Unterkunft und Verpflegung,
- Kosten für ausgefallene bezahlte Arbeitszeit der Seminarteilnehmer,
- Kosten für Minderleistungen (Opportunitätskosten),
- anteilige Verwaltungskosten der Personal- oder Bildungsabteilung.

Die **Seminargebühren** schließen zumeist auch die Bereitstellung von Arbeitsunterlagen durch den Veranstalter ein. Ihre Erfassung bereitet aufgrund vorliegender Belege keine Schwierigkeiten. Das gilt im Allgemeinen auch für die **Reise- und Aufenthaltskosten,** die entweder durch Einzelnachweis erfasst oder mit Pauschalsätzen abgerechnet werden.

Die **Kosten für ausgefallene Arbeitszeit** der Teilnehmer sind eine der bedeutendsten Kostenpositionen in der Weiterbildung. Trotzdem verzichten viele Unternehmungen darauf, diese Kostenart in die Berechnung einzubeziehen. Dafür gibt es zwei Begründungen: Zum einen läuft bei kurz- und mittelfristigen Bildungsmaßnahmen der Betrieb auch dann weiter, wenn ihm ein Mitarbeiter wegen der Teilnahme an einer solchen Maßnahme vorübergehend entzogen wurde. Die Freistellung für eine Teilnahme an der Weiterbildung wird in diesem Falle in der gleichen Weise wie bei Krankheit und Urlaub durch ein System der Stellvertretung überbrückt. Ein zweites Argument für die Ausklammerung der durch die Weiterbildung verursachten Kosten für ausgefallene Arbeitszeit ist die Befürchtung, dass ein solcher Ausweis bei künftigen Bildungsmaßnahmen zu restriktiven Entscheidungen der Unternehmensleitung führen könnte. Der wesentliche Nachteil dieser Vernachlässigung der Ausfallkosten besteht darin, dass die Wirtschaftlichkeit einzelner Weiterbildungsmaßnahmen nicht beurteilt werden kann. Deshalb sollten die Ausfallkosten trotz der genannten Bedenken berücksichtigt werden. Der dafür anzusetzende **Stundensatz** kann mithilfe folgender Formel errechnet werden:

$$\text{Ausfallkostensatz je Stunde} = \frac{\text{Jahresentgelt} + \text{Sozialkosten}}{\text{Durchschnittliche Jahresarbeitstage} \times \text{Tägliche Arbeitszeit}}$$

Soweit Bildungsveranstaltungen außerhalb der betrieblichen Arbeitszeit stattfinden, ergeben sich zwei grundsätzliche Möglichkeiten:

- Die aufgewandte Zeit wird dem Mitarbeiter nicht vergütet, womit auch keine Personalkosten anfallen;

- die aufgewandte Zeit wird ganz oder teilweise vergütet bzw. durch Freistellung von der Arbeit zu einem späteren Zeitpunkt abgegolten. Im Falle der Freistellung sind die Personalkosten in Höhe des entstandenen Zeitanteils, multipliziert mit dem Ausfallkostensatz, zu berücksichtigen. Bei einer Vergütung des aufgewandten Zeitanteils ist zu prüfen, inwieweit in den zu verrechnenden Stundensatz ein Überstundenaufschlag einbezogen werden muss.

Opportunitätskosten sind **Kosten für Minderleistungen** während der Teilnahme an Bildungsveranstaltungen. Ein solcher Fall würde z. B. dann vorliegen, wenn in einem Unternehmen ein Produktionsausfall entstehen würde, weil ein in der Produktion tätiger Mitarbeiter während der Arbeitszeit an einer Bildungsveranstaltung teilnimmt. Die Kosten für Minderleistungen sind zumeist nicht zuverlässig erfassbar; die Erfassung bereitet insbesondere bei den Tätigkeiten Schwierigkeiten, die zu keinem messbaren Produktionsergebnis führen. Das trifft zu bei der Weiterbildung von Führungskräften, Nachwuchskräften und von Mitarbeitern aus dem Verwaltungsbereich.

Die anteilig zu verrechnenden **Verwaltungskosten der Personal- oder Bildungsabteilung** haben weitgehend Fixkostencharakter. Neben Mieten, Material- und Betriebskosten handelt es sich vor allem um Personalkosten für die Mitarbeiter der Bildungsabteilung bzw. den Personalentwicklungsbeauftragten oder den Personalleiter. Die Gehälter und Sozialkosten dieses Personenkreises sind nur insoweit den anteilig zu verrechnenden Verwaltungskosten anzulasten, als sie nicht direkt auf einzelne interne Bildungsmaßnahmen (vgl. unten) verrechnet werden können. Wenn z. B. der Personalentwicklungsbeauftragte gleichzeitig als Referent bei verschiedenen Bildungsveranstaltungen auftritt, dann ist sein Gehalt in diesem Umfang unter der Kostenart „Gehälter für interne Referenten" zu verrechnen. Die Höhe der anteiligen Verwaltungskosten ist über Zeitaufschreibung und Multiplikation mit einem Durchschnittsstundensatz zu ermitteln.

Kosten interner Bildungsmaßnahmen außerhalb des Arbeitsplatzes

Interne Seminare können von betriebsfremden und/oder betriebsangehörigen Referenten abgehalten werden. Dabei können folgende Kostenarten anfallen:

- Honorare und Reisespesen externer Referenten,
- anteilige Gehälter interner Referenten,
- Raumkosten,
- Kosten für Lehrmittel,
- Auslagen und Spesen,
- Kosten für ausgefallene Arbeitszeit der Seminarteilnehmer,
- Kosten für Minderleistungen (Opportunitätskosten),
- anteilige Verwaltungskosten der Personal- oder Bildungsabteilung.

Die Honorare und Spesen für externe Referenten werden nach Beleg abgerechnet, sodass ihre Erfassung keine Schwierigkeiten bereitet. Gelegentlich kommt es vor, dass neben dem eigentlichen Leistungshonorar zusätzlich ein Zeitanteil für An- und Abreise berechnet wird.

Bei der Berechnung der **anteiligen Gehälter interner Referenten** wird der jeweilige Zeitanteil mit einem Durchschnittsstundensatz multipliziert, der in gleicher Weise wie der Stundensatz für ausgefallene Arbeitszeit der Seminarteilnehmer errechnet wird. Dabei sollte neben dem Zeitaufwand für das eigentliche Seminar auch ein Zeitanteil für Vor- und Nachbereitung berücksichtigt werden. Wie bei den Kosten für ausgefallene Arbeitszeit der Seminarteilnehmer verzichten viele Unternehmungen darauf, die anteiligen Gehälter der internen Referenten zu verrechnen. Auch dieser Verzicht wird damit begründet, dass der innerbetriebliche Referent seine eigentliche Arbeit trotzdem unverändert leistet.

Raumkosten können entweder für eigens angemietete Räume außerhalb des Unternehmens oder für betriebliche Räume anfallen. Letztere können entweder dauerhaft für Bildungsmaßnahmen genutzt (Schulungszentren, Unterrichtsräume, Lehrwerkstätten) oder nur vorübergehend herangezogen werden (etwa eine Kantine). Die entsprechenden Kosten sind durch einen kalkulatorischen Mietsatz zu berücksichtigen.

Die **Kosten für Lehrmittel** entstehen für an die Teilnehmer ausgegebene Arbeitsunterlagen (Drucksachen, Bücher usw.) sowie technische Hilfsmittel (Tafel, Projektoren, Demonstrationsgeräte u. a. m.). Soweit Arbeitsunterlagen und Medien für ein bestimmtes Seminar entwickelt, gemietet oder gekauft werden, können die entsprechenden Kosten dieser Bildungsmaßnahme direkt zugerechnet werden. Häufig genutzte Unterrichtsmittel (Tafeln, Flip-Chart, Projektoren) können bei ihrer Anschaffung der Bildungsabteilung belastet werden und sind in den anteilig zu verrechnenden Verwaltungskosten zu berücksichtigen. Bei der Weiterbildung in technischen Funktionen sind Kosten für Werkzeuge, Material und genutzte Maschinen zu verrechnen.

Auslagen und Spesen können für Fahrt und Aufenthalt entstehen, wenn interne Bildungsveranstaltungen in externen Räumen (z. B. in einem Hotel) abgehalten werden. Sie sind der jeweiligen Bildungsmaßnahme direkt zurechenbar.

Kosten für ausgefallene Arbeitszeit der Seminarteilnehmer, Kosten für Minderleistungen sowie anteilige Verwaltungskosten der Personal- oder Bildungsabteilung sind in der oben geschilderten Weise zu ermitteln.

Kosten interner Bildungsmaßnahmen am Arbeitsplatz

Die Kostenermittlung bei den arbeitsplatzgebundenen Maßnahmen der Personalentwicklung (Unterweisung am Arbeitsplatz, Job Rotation usw.) bereitet die größten Schwierigkeiten. Folgende Kostenarten kommen infrage:

- Kosten für die Unterweisung oder Unterrichtung der Mitarbeiter durch den Vorgesetzten,
- Kosten für ausgefallene Arbeitszeit der Teilnehmer,
- Kosten für Minderleistungen,
- anteilige Verwaltungskosten der Personal- oder Bildungsabteilung.

Eine **Kostenermittlung für die Unterweisung durch die Vorgesetzten** ist praktisch kaum durchführbar, weil nicht exakt ermittelt werden kann, wie viel Zeit der Vorgesetzte für die Unterweisung tatsächlich aufgewendet hat. Da eine laufende Zeitregistrierung zu Störungen der Unterweisung führen würde, können die erforderlichen Aufzeichnungen allenfalls nachträglich vorgenommen werden, sodass ein bestimmtes Maß an Ungenauigkeit in Kauf genommen werden muss. Deshalb wird auf die Ermittlung dieser Kostenart zumeist verzichtet. Neben den erwähnten Ermittlungsschwierigkeiten wird als weiterer Grund für diesen Verzicht genannt, dass es sich bei der Unterweisung am Arbeitsplatz um eine reguläre Führungsaufgabe des Vorgesetzten handelt, deren Kosten in die Betriebskosten eingehen.

Die gleichen Schwierigkeiten ergeben sich auch für die Erfassung der ausgefallenen Arbeitszeiten der Teilnehmer an der Weiterbildung. Ein charakteristisches Merkmal der Ausbildung am Arbeitsplatz besteht gerade darin, dass es zu einem ständigen Wechsel zwischen produktiver Arbeitsleistung und dem Erwerb neuer Fähigkeiten und Fertigkeiten kommt. Auch hier kann der Zeitanteil für das eigentliche Lernen nur ungefähr geschätzt werden.

Kosten für Minderleistungen können nur bei Routinearbeiten einigermaßen zuverlässig erfasst werden. Da es sich auch hier nur um Schätzwerte handeln kann, können Minderleistungen, wenn überhaupt, bereits bei den Kosten für ausgefallene Arbeitszeiten mit berücksichtigt werden. Für die anteiligen Verwaltungskosten gelten die gleichen Überlegungen, wie sie oben dargestellt wurden.

Die vorstehenden Ausführungen verdeutlichen die mit einer vollständigen Kostenerfassung verbundenen Unsicherheiten. Deshalb verzichten manche Unternehmungen von vornherein auf die Erfassung der Kosten für ausgefallene Arbeitszeiten, für Minderleistungen und teilweise auch der anteiligen Verwaltungskosten. Diese unterschiedliche Verrechnung der indirekten Kosten führt zu Verzerrungen der ermittelten Kostensätze, sodass Wirtschaftlichkeitsvergleiche zwischen einzelnen Weiterbildungsmaßnahmen weitgehend ausgeschlossen sind.

8.2.3 Gliederung der Kostenarten

Zur Systematisierung der Kostenarten haben sich verschiedene Gliederungsprinzipien herausgebildet. Nach der Zurechenbarkeit der entstandenen Kostenarten auf die verschiedenen Bildungsmaßnahmen kann zwischen direkten und indirekten Kosten der Weiterbildung unterschieden werden. Zu den direkt zurechenbaren Kosten zählen z. B. das Honorar eines externen Referenten oder die Kosten für angemietete Räume. Dagegen kann das Arbeitsentgelt eines hauptamtlichen Personalentwicklungs- oder Bildungsbeauftragten den verschiedenen Bildungsmaßnahmen in aller Regel nur indirekt mittels geeigneter Schlüssel angelastet werden. Gebräuchlicher ist allerdings die Einteilung in Personalkosten, Sachkosten und sonstige Kosten, da diese Unterteilung auch in anderen Bereichen der Kostenrechnung außerhalb des Bildungswesens als oberstes Gliederungsprinzip Verwendung findet. Entsprechend dieser Gliederung sind in Abbildung 8–1 die bei den drei grundlegenden Typen der Weiterbildung anfallenden Kostenarten nochmals zusammengestellt.

Kostenarten	Kostenstellen		
	Externe Lehrgänge	Interne Lehrgänge	Bildung on-the-job
Personalkosten			
Kosten der Bildungsteilnehmer (= anteiliges Arbeitsentgelt für ausgefallene Arbeitszeit)	x	x	x
Kosten für interne Lehrkräfte (= anteiliges Arbeitsentgelt der haupt- und nebenamtlichen Referenten)		x	x
Kosten für externe Lehrkräfte		x	
Planungs- und Verwaltungskosten (= anteilige Kosten der Personal- oder Bildungsabteilung)	x	x	x
Sachkosten			
Beiträge für externe Seminare	x		
Kosten für Lehrmittel, Werkzeuge, Arbeitsmaterialien		x	x
Reisekosten	x	x	
Kosten für Unterkunft und Verpflegung	x	x	
Raumkosten		x	
Sonstige Kosten			
Gebühren (z. B. Prüfungsgebühren)	x	x	x
Kommunikationskosten	x	x	x
Kosten für Minderleistungen (Opportunitätskosten)	x	x	x

Abb. 8–1: Kostenarten bei verschiedenen Weiterbildungsveranstaltungen

8.2.4 Kostenverrechnung

Durch die Verrechnung der Bildungskosten soll festgestellt werden, für welche Bildungsmaßnahmen Kosten entstanden sind und welche Betriebsbereiche diese verursacht haben. Wegen des damit verbundenen Aufwands wird die Verrechnung der Bildungskosten in vielen Betrieben teilweise nur unvollkommen vorgenommen.

Verrechnung im allgemeinen Betriebsabrechnungsbogen

Die Verrechnung der Bildungskosten im allgemeinen Betriebsabrechnungsbogen (BAB) ist verhältnismäßig einfach. Alle Bildungskosten, die direkt in einer Kostenstelle entstanden sind, werden unter der Kostenart Weiterbildung sofort der verursachenden Kostenstelle belastet. Dazu zählen z. B. die anteiligen Löhne und Gehälter der teilnehmenden Mitarbeiter sowie Reisekosten und Seminargebühren bei externen Veranstaltungen. Für die nicht direkt einer verursachenden Kostenstelle zurechenbaren Bildungskosten wird eine Hilfskostenstelle Weiterbildung eingerichtet. Darauf werden z. B. Honorare für externe Referenten bei abteilungsübergreifenden Veranstaltungen oder die Personalkosten für den Personalentwicklungsbeauftragten oder die Mitarbeiter in der Bildungsabteilung verrechnet. Die Hilfskostenstelle wird am Ende der Abrechnungsperiode mit geeigneten Schlüsseln auf die übrigen Kostenstellen umgelegt. Als Schlüssel kommen die Zahl der Mitarbeiter, die Lohn- oder Gehaltssumme oder die ausgefallenen Arbeitsstunden wegen Teilnahme an Bildungsveranstaltungen infrage. Der allgemeine BAB enthält also sowohl die Kostenart Weiterbildung für die direkt zurechenbaren Bildungskosten als auch die Kostenstelle Weiterbildung für die nicht direkt zurechenbaren Bildungskosten (vgl. Abbildung 8–2).

Einrichtung eines BAB für Bildungsarbeit

Das vorstehende Verfahren führt zwar zu einer exakten Zurechnung der Bildungskosten auf die verursachenden Kostenstellen, es ermöglicht aber nicht die notwendige Transparenz über Höhe, Art und Struktur der Kosten verschiedener Bildungsmaßnahmen. Deshalb empfiehlt es sich, neben der Verrechnung im allgemeinen BAB einen eigenen BAB für betriebliche Bildungsarbeit zu erstellen.

Ein solcher BAB für Bildungsarbeit könnte neben den Kosten für Weiterbildung auch die hier nicht näher dargestellten Kosten für die Ausbildung von Auszubildenden aufnehmen, sodass jederzeit ein Gesamtüberblick über alle Bildungskosten möglich wäre.

Kostenarten	Kostenstellen				
	Einkauf	Fertigung A B	Verwaltung	Vertrieb	Weiterbildung
....					
....					
....					
Weiterbildung					
Zwischensumme					
Umlagen					←
Summe					

Abb. 8–2: Weiterbildung im allgemeinen BAB

Ein BAB für Bildungsarbeit würde in der Vertikalen alle im Zusammenhang mit der Aus- und Weiterbildung entstehenden Kostenarten enthalten. In der Horizontalen könnten als Kostenstellen die Hauptbereiche der betrieblichen Bildungsarbeit (z. B. Ausbildung, interne Weiterbildung, externe Weiterbildung) aufgenommen werden. Es wäre auch möglich, nach verschiedenen Mitarbeitergruppen (z. B. Auszubildende, Führungskräfte, Mitarbeiter ohne Führungsverantwortung) zu differenzieren.

Bei dem in Abbildung 8–3 dargestellten Beispiel wurden die beiden eben genannten Gliederungsprinzipien bei der Kostenstellenbildung kombiniert und neben den Hauptbereichen der betrieblichen Bildungsarbeit zusätzlich nach Mitarbeitergruppen differenziert. Die Differenzierung bei den aufgenommenen Kostenarten und Kostenstellen richtet sich nach den betrieblichen Gegebenheiten und dem Grad des vorhandenen Informationsbedürfnisses.

Als Nebenrechnungen zum BAB für Bildungsarbeit können bei Bedarf weitere statistisch-tabellarische Aufzeichnungen geführt werden. Dabei können etwa die Bildungskosten der verschiedenen Abteilungen, die Bildungskosten je Mitarbeiter und die Kosten einzelner Bildungsprojekte ermittelt werden.

Die Ermittlung der Kosten einzelner Bildungsmaßnahmen muss auch bereits bei der Vorkalkulation und Budgetierung vorgenommen werden. Sie dient außerdem der Durchführung von Rentabilitäts- und Kostenvergleichsrechnungen.

Kostenstellen	Gesamt	Kostenarten						
		Ausbildung von Auszubildenden		Interne Weiterbildung		Externe Weiterbildung		
		Kaufm. Aus-zubildende	Gewerbl. Aus-zubildende	Führgskräfte	Mitarb. ohne Führgs.verantw.	Führgs. kräfte	Mitarb. ohne Führgs.verantw.	
■ **Personalkosten**								
■ Bildungsteilnehmer								
■ Interne Lehrkräfte								
■ Externe Lehrkräfte								
■ Planung und Verwal-tung								
■ **Sachkosten**								
■ Gebühren für externe Seminare								
■ Material, Werkzeug, Hilfsmittel								
■ Reisen und Unterkunft								
■ Raumkosten								
■ **Sonstige Kosten**								
■ Gebühren, Kommuni-kation								
■ Opportunitätskosten								
■ **Gesamt**								

Abb. 8–3: Betriebsabrechnungsbogen für Bildungsarbeit

8.2.5 Kostenvergleichsrechnungen

Kostenvergleichsrechnungen sind erforderlich, wenn zwischen alternativen Bildungsmaßnahmen entschieden werden muss (z. B. interne oder externe Durchführung eines Seminars). Dabei ist zu beachten, dass bei der Auswahl neben den ökonomischen immer auch pädagogische Gesichtspunkte zu berücksichtigen sind. Die Überlegungen bei der Wahl zwischen internen und externen Bildungsveranstaltungen bzw. beim Entscheid zwischen eigenen oder fremden Referenten sind an anderer Stelle ausführlich dargestellt (vgl. Kapitel 7). Hierbei darf der Kostenaspekt immer nur eines von mehreren Entscheidungskriterien sein; er sollte aber nicht völlig vernachlässigt werden. Kostenvergleichsrechnungen werden mit einem Kostenvergleichsbogen durchgeführt, bei dem in der Vertikalen die Kostenarten und in der Horizontalen die verschiedenen Bildungsalternativen

Beispiel: Ein Tagesseminar zur Schulung von Meistern zum Thema Mitarbeiterbeurteilung wird zweimal für jeweils 10 Teilnehmer als interne Veranstaltung unter Beteiligung eines externen Referenten durchgeführt. Eine mögliche Alternative wäre eine Entsendung zu einem extern angebotenen Seminar mit gleicher Themenstellung.

	Interne Durchführung	Externe Durchführung
Kosten für ausgefallene Arbeitszeit der Teilnehmer	8.400 EUR	8.400 EUR
Überstunden für Ersatzkräfte	350 EUR	350 EUR
Gastreferent	4.400 EUR	–
Seminargebühren	–	10.800 EUR
Planung (Programm, Teilnehmerauswahl, Abstimmung mit Gastreferent, Auswahl externer Angebote, Gespräche im Betrieb)	1.000 EUR	1.000 EUR
Sonstige zeitanteilige Kosten in der Personalabteilung	600 EUR	600 EUR
Reisekosten	–	1.100 EUR
Verpflegung, Raum	400 EUR	800 EUR
Arbeitsunterlagen	200 EUR	–
Sonstiges (Telefon, Porto)	30 EUR	30 EUR
	15.380 EUR	**23.080 EUR**

Abb. 8–4: Kostenvergleichsrechnung

aufgeführt sind. Bei dem Beispiel in Abbildung 8–4 werden – ungeachtet aller pädagogischen Gesichtspunkte – die intern entstandenen Kosten mit den Kosten einer externen Durchführung verglichen.

8.2.6 Budgetierung

Im Bildungsbudget werden alle Mittel ausgewiesen, über welche die Bildungsverantwortlichen im Verlaufe einer Budgetperiode (im Allgemeinen ein Jahr) verfügen können. Das Budget dient in erster Linie der Kontrolle der Wirtschaftlichkeit der betrieblichen Bildungsarbeit, indem die Zweckmäßigkeit der Mittelverwendung sowie etwaige Abweichungen nach Ablauf der Budgetperiode im Soll-Ist-Vergleich (Nachkalkulation) überprüft werden. Daneben kann die Budgeterstellung Anlass und Grundlage für eine exakte Programmplanung künftiger Bildungsaktivitäten sein, die genaue Vorstellungen über Art, Termin und Umfang einzelner Bildungsmaßnahmen vermittelt.

Die Höhe des Weiterbildungsbudgets kann auf unterschiedliche Weise ermittelt werden:

■ Das Bildungsbudget wird entweder als Prozentsatz vom Umsatz oder der Lohn- und Gehaltssumme festgelegt, wobei sich die Höhe des anzuwendenden Prozentsatzes aus dem Vergleich mit anderen Unternehmen ergibt;

■ das Budgetvolumen orientiert sich am durchschnittlichen Jahresgewinn der vorangegangenen Geschäftsjahre;

■ das Budget errechnet sich aus einem Durchschnittsbetrag je Mitarbeiter, der u. U. mit einer zusätzlichen Gewichtung für Abteilungen mit über- oder unterdurchschnittlicher Bildungsintensität versehen werden kann;

■ die in das Budget aufzunehmenden Bildungsausgaben je Mitarbeiter orientieren sich am Jahresentgelt des Mitarbeiters. Die Einkommenshöhe wird in diesem Fall als Maßstab für die Höhe des Beitrags des Mitarbeiters zum Unternehmensergebnis verstanden. Je größer dieser Beitrag ist, umso höher müssen die Investitionen zu seiner Werterhaltung sein;

- die Bildungsabteilung verfügt über ein festes Budget, das auf den Erfahrungswerten früherer Jahre beruht und jährlich den allgemeinen Kostensteigerungen angepasst wird;

- es wird lediglich ein Bildungsbudget für die notwendigen, laufend abgehaltenen Bildungsmaßnahmen erstellt. Sonderaktionen werden von Fall zu Fall genehmigt.

Diese Methoden bestechen zwar durch ihre Einfachheit; sie weisen aber alle den großen Mangel auf, dass sie sich nicht am tatsächlich bestehenden Bildungsbedarf des Unternehmens orientieren und deshalb keine zuverlässigen Resultate liefern können. Das wird möglich sein, wenn das Bildungsbudget aufgrund eines zuverlässigen Weiterbildungsprogramms erstellt wird, dem eine systematische Bedarfsanalyse in Verbindung mit einer Prioritätensetzung einzelner Vorhaben zugrunde liegt. Ein solches Budget enthält wie jeder andere betriebliche Teilplan einen Maßnahmenplan aller als notwendig erachteten Bildungsmaßnahmen und darauf aufbauend den eigentlichen Kostenplan. Die Budgeterstellung kann wie folgt ablaufen:

- Der Verantwortliche für Personalentwicklung ermittelt durch Gespräche mit dem jeweiligen Vorgesetzten und Bereichsleiter die voraussichtlichen Bildungsvorhaben für das kommende Jahr. Diese abteilungsindividuellen Vorstellungen werden um die allgemeinen (regelmäßig wiederkehrenden) Bildungsvorhaben ergänzt. Außerdem sind die Wünsche der Unternehmensleitung sowie die persönliche Erfahrung der Personalentwickler selbst zu berücksichtigen. Schließlich muss auch das Vorschlags- und Mitbestimmungsrecht des Betriebsrats gemäß der §§ 96–98 BetrVG beachtet werden.

- Aus diesen Vorschlägen leitet der Personalentwickler ein Rahmenprogramm aller Bildungsmaßnahmen für das kommende Jahr ab. Dabei müssen die Dringlichkeit des ermittelten Bedarfs sowie die zu beachtenden Rahmenbedingungen für die Durchführung der Bildungsmaßnahmen (z. B. die Zahl der vorhandenen Mitarbeiter im Bildungsbereich, die verfügbaren Stellen für die Bildung am Arbeitsplatz oder die Möglichkeit der Freistellung der vorgesehenen Mitarbeiter von ihrer laufenden Tätigkeit) berücksichtigt werden. Außerdem ist das Rahmenprogramm mit den allgemeinen Unternehmenszielen abzustimmen, und es sind Prioritäten zu setzen.

■ Auf der Basis des Rahmenprogramms entwickelt der Beauftragte detaillierte Maßnahmenpläne, die alle planbaren Einzelheiten über Art der Bildungsmaßnahme, Ort der Durchführung, Termin, Dauer usw. enthalten. Diese Maßnahmenpläne bilden die Grundlage für eine Vorauskalkulation aller entstehenden Kosten. Aus der Zusammenfassung der verschiedenen Kostenpläne wird dann der Gesamtbildungskostenplan, das eigentliche Bildungsbudget, abgeleitet. Nach Bedarf können neben dem Gesamtbudget auch Einzelbudgets für größere Bildungsvorhaben erstellt werden. Auch eine Gliederung nach Zielgruppen (z. B. Auszubildende, Mitarbeiter ohne Führungsverantwortung, Führungsnachwuchskräfte, Führungskräfte) ist möglich.

■ Durchführungspläne, Kostenpläne und Bildungsbudget werden mit den Verantwortlichen abgestimmt und für verbindlich erklärt. Das Bildungsbudget stellt dann den finanziellen Orientierungsrahmen für alle Bildungsaktivitäten in der künftigen Periode dar.

In Abbildung 8–5 ist ein Formular für ein Bildungsbudget enthalten, das neben den Vergleichszahlen der Vorjahre auch eine Abweichungskontrolle durch Nachkalkulation vorsieht.

8.3 Erfolgskontrolle

Von einem Erfolg der Personalentwicklung kann dann gesprochen werden, wenn sowohl die Ziele der Unternehmung als auch die Erwartungen der Mitarbeiter erfüllt wurden. Die Ziele der Unternehmung im weitesten Sinne bestehen darin, durch Vermittlung entsprechender Qualifikationen den personellen Bedarf zu decken und den bestmöglichen Einsatz der Mitarbeiter im Betriebsgeschehen sicherzustellen. Die Erfolgserwartungen der Mitarbeiter richten sich auf verbesserte Möglichkeiten der persönlichen Entfaltung und des beruflichen Weiterkommens.

Bildungsbudget	Zeitraum:				
	Vorjahr	Vorkalk. Soll	Nachkalk. Ist	Abweichung	
				€	%
Personalkosten ■ Bildungsteilnehmer ■ Interne Lehrkräfte ■ Externe Lehrkräfte ■ Planung und Verwaltung					
Gesamte Personalkosten					
Sachkosten ■ Gebühren für externe Seminare ■ Material, Hilfsmittel ■ Reisen, Unterkunft ■ Raumkosten					
Gesamte Sachkosten					
Sonstige Kosten ■ Gebühren ■ Kommunikation					
Gesamte Sonstige Kosten					
Gesamte Bildungskosten					

Abb. 8–5: Bildungsbudget

8.3.1 Probleme der Erfolgskontrolle

Die wichtige Frage der Erfolgskontrolle der Personalentwicklung ist noch nicht zufriedenstellend gelöst. Viele Unternehmungen verzichten völlig darauf, weil sie der Meinung sind, dass eine zuverlässige Erfolgsermittlung von zu vielen Schwierigkeiten beeinträchtigt würde. Folgende Probleme werden genannt:

■ Der Nachweis eines kausalen Zusammenhanges zwischen bestimmten Entwicklungsmaßnahmen und dem erzielten Erfolg ist oft nicht oder nur unzureichend zu führen.

■ Die Auswirkungen bestimmter Entwicklungsmaßnahmen können durch andere Einflussfaktoren (z. B. Vorgesetztenverhalten, organisatorische Änderungen) abgeschwächt oder verstärkt werden.

- Die Anwendung neu erworbener Kenntnisse, Fertigkeiten oder Verhaltensweisen am Arbeitsplatz erfolgt häufig erst zeitversetzt oder wird durch Umstände, die der Mitarbeiter nicht zu vertreten hat, völlig vereitelt.

- Teilweise unklar formulierte Entwicklungsziele erschweren die Erfolgskontrolle.

- Unerwünschte Nebenwirkungen (z. B. auf einem externen Seminar werden Abwanderungswünsche geweckt) können den angestrebten Erfolg beeinträchtigen.

- Das zur Verfügung stehende Kontrollinstrumentarium und die vielfach fehlende Quantifizierungsmöglichkeit mancher Entwicklungserfolge lassen oft nur Tendenzaussagen zu.

Außerdem haben zahlreiche Bildungsverantwortliche keine ausreichenden Kenntnisse über die vorhandenen Kontrollverfahren, oder es fehlt ihnen an der Einsicht in die Notwendigkeit und den Wert einer regelmäßigen Erfolgskontrolle. Es gibt jedoch eine Reihe von Argumenten, die auch dann für eine regelmäßige Erfolgsermittlung sprechen, wenn manche Kontrollverfahren nur unvollkommene Resultate liefern:

- Personalentwicklungsmaßnahmen sind immaterielle Investitionen, durch die finanzielle und personelle Kapazitäten gebunden werden, denen – wie immer er auch gemessen werden mag – ein bestimmter Gegenwert gegenüberstehen muss. Das können quantifizierbare Größen sein, wie z. B. eine erhöhte Umsatzleistung als Folge eines Verkaufstrainings, oder nicht quantifizierbare Erfolge, wie z. B. Veränderungen im Sozialverhalten als Folge eines Seminars zum Thema Mitarbeiterführung.

- Sichtbare Entwicklungserfolge können als Argumentationshilfe für die Durchführung künftiger Maßnahmen und zur Motivation künftiger Teilnehmer eingesetzt werden.

- Die Erfolgskontrolle liefert die notwendigen Informationen für die Planung und Steuerung künftiger Maßnahmen. Bei der Auswahl der Referenten sowie bei der Festlegung der Lerninhalte und Lehrmethoden sollte auf frühere Erfahrungen nicht verzichtet werden.

■ Die Effizienz verschiedener Entwicklungsmaßnahmen ist unterschiedlich. Nur eine regelmäßige Erfolgskontrolle stellt sicher, dass für einen bestimmten Zweck die jeweils erfolgversprechendste Maßnahme eingesetzt wird.

Neben diesen überwiegend auf ökonomische Begründungen abstellenden Aspekten verlangt auch die pädagogische Verantwortung, die mit der Planung und Durchführung von Bildungsmaßnahmen übernommen wird, nach einer Messung der erzielten Erfolge.

8.3.2 Kontrolle der Lernerfolge

Durch die Erfolgskontrolle soll festgestellt werden, ob die gesetzten Ziele erreicht wurden. Diese Aufgabe wird bei der Personalentwicklung dadurch kompliziert, dass der Erfolg nicht durch einen einzigen, alle Wirkungen umfassenden Indikator ausgedrückt werden kann. Es sind vielmehr mehrere Kontrollebenen zu unterscheiden. So sagt z. B. der gute Lernerfolg während eines Seminars noch nichts darüber aus, ob der Mitarbeiter die dort erworbenen Fertigkeiten, Kenntnisse oder Verhaltensweisen auch tatsächlich in die Praxis umsetzen will oder kann. Um eine zuverlässige Aussage treffen zu können, muss zwischen dem Lernprozess und dem Lernergebnis einerseits und der Anwendung des Gelernten bei der Aufgabenerfüllung deutlich unterschieden werden. Im einen Fall kommt das Lernfeld, im anderen Fall das Funktionsfeld (Arbeitsplatz und Arbeitssituation) als Ansatzpunkt einer Erfolgskontrolle infrage. Beide Kontrollansätze sind erforderlich.

Die Kontrolle im Lernfeld kann während und am Ende einer Entwicklungsmaßnahme stattfinden. Wichtigste Kontrolladresse sind die Teilnehmer selbst. Daneben können auch die Referenten (Trainer, Ausbilder, Vorgesetzte) sowie eventuell vorhandene neutrale Beobachter befragt werden. Maßstab für den Lernerfolg ist der Grad der Lernzielerreichung. Eine notwendige Voraussetzung für die Ermittlung des Lernerfolgs ist deshalb das Vorliegen operationalisierter Lernziele, die angeben, welches Endverhalten von den Teilnehmern an einer Bildungsmaßnahme erwartet wird (vgl. Kapitel 7.2.1).

Ob der Lernerfolg erreicht wird, hängt von der individuellen Einstellung der Teilnehmer sowie der jeweils vorliegenden Lernsituation ab. Die Lernsituation wiederum wird vom Verhalten des Trainers, von der didaktischen Konzeption, von den angestrebten Lernzielen sowie von äußeren Gegebenheiten wie Ort oder Dauer der Veranstaltung mitbestimmt.

Eine Aussage über den endgültigen Lernerfolg, d. h. eine Antwort auf die Frage, ob und inwieweit die angestrebten Lernziele erreicht worden sind, kann erst nach Abschluss der Bildungsmaßnahme getroffen werden. Es ist aber möglich, bereits während einer Veranstaltung im Rahmen einer Lernprozesskontrolle Teillernziele zu überprüfen. Auf diese Weise können schon frühzeitig Mängel in der Programmkonzeption, im Veranstaltungsablauf oder im Trainerverhalten erkannt werden. Mögliche Missverständnisse zwischen den Teilnehmern und dem Trainer über den Programminhalt können u. U. noch bereinigt werden, und berechtigte Änderungswünsche sind vielleicht noch zu berücksichtigen. Allerdings dürfen diese Einflussmöglichkeiten nicht überschätzt werden. Im Prinzip sollte über die erfolgsbestimmenden Komponenten (Lernprogramm, Lehrmethode, Medien usw.) bereits bei der Vorbereitung oder Auswahl einer Bildungsveranstaltung Klarheit bestehen; es ist nicht Sinn der Lernprozesskontrolle, dass ihre Ausübung zu einer Einengung oder gar Gefährdung der Lehrtätigkeit führt.

Die Erfolgsermittlung im Lernfeld dient vor allem als Entscheidungshilfe bei der Planung künftiger Bildungsveranstaltungen. Insbesondere bei externen Seminaren sind der erzielte Lernerfolg und das Urteil der Teilnehmer wesentliche Kriterien dafür, ob in Zukunft auch andere Mitarbeiter an den Veranstaltungen des betreffenden Bildungsträgers teilnehmen sollen. Ähnliche Überlegungen gelten auch für die Zusammenarbeit mit externen Referenten. Bei internen Bildungsmaßnahmen wird ein ungenügender Lernerfolg Anlass geben, zu prüfen, ob bei der Festlegung der Lernziele, bei der Planung und Durchführung der Veranstaltung oder bei der Auswahl der Teilnehmer und Referenten Fehler gemacht wurden.

8.3.3 Kontrolle der Transfererfolge

Das eigentliche Ziel der Personalentwicklung wird erst erreicht, wenn die erworbenen Qualifikationen durch einen erfolgreichen Lerntransfer am Arbeitsplatz auch eingesetzt werden. Die tägliche Praxis bestätigt immer wieder, dass ein zufrieden stellender Lernerfolg noch nicht zwangsläufig Gewähr für einen hohen Anwendungserfolg bietet. Die Divergenzen zwischen diesen beiden Erfolgsansätzen werden insbesondere bei den Personalentwicklungsmaßnahmen außerhalb des Arbeitsplatzes deutlich. Eine Führungskraft, die an einem Seminar über Personalführung teilnimmt, kann zwar durch einen Test einen positiven Lernerfolg nachweisen, damit ist jedoch noch keine Aussage verbunden, inwieweit die erworbenen Fähigkeiten und geänderten Verhaltensweisen im Umgang mit den Mitarbeitern auch tatsächlich angewandt werden. In diesem Fall wird erst eine längerfristige Beobachtung und Beurteilung der betreffenden Führungskraft sowie das bei den Mitarbeitern festgestellte Echo eine zuverlässige Erfolgsaussage vermitteln.

Ein engerer Zusammenhang zwischen Lernerfolg und Anwendungserfolg besteht bei Personalentwicklungsmaßnahmen am Arbeitsplatz. Da die Verhältnisse in der Trainingssituation weitgehend mit den Verhältnissen der Anwendungssituation übereinstimmen, ist die Chance, dass die Lernzuwächse auch auf die normale Arbeitssituation übertragen werden, wesentlich größer.

Wie gut der Transfer gelingt, kann sowohl vom Verhalten der Mitarbeiter selbst als auch von zahlreichen, von den Mitarbeitern nicht unmittelbar zu beeinflussenden Bedingungen abhängen. Die Mitarbeiter werden sich vor allem dann um eine Anwendung neu erworbener Fertigkeiten, Kenntnisse oder Verhaltensweisen bemühen, wenn damit auch ihre eigenen Erwartungen befriedigt werden. Als Kriterium für die Zufriedenheit der Mitarbeiter kann das gesamte Spektrum der menschlichen Bedürfnisse, wie z. B. eine interessantere Tätigkeit, ein verantwortungsvolleres Wirkungsfeld, verbesserte Aufstiegschancen oder eine günstigere Einkommenssituation infrage kommen.

Hemmnisse für einen erfolgreichen Lerntransfer können im lernpsychologischen oder im organisatorischen Bereich liegen. Zu den lernpsychologischen Ursachen zählen Abweichungen der Lernaufgaben in der Schulung und am Arbeitsplatz sowie die ungenügende Lernübung mancher Teilnehmer. Insbesondere bei externen Veranstaltungen, deren Teilnehmer aus unterschiedlichen Unternehmungen stammen, ist die Gefahr groß, dass die behandelten Fälle und Beispiele nicht auf die betrieblichen Probleme übertragen werden können. Der heterogene Teilnehmerkreis lässt in solchen Fällen ein gezieltes Eingehen auf die individuelle Situation des Einzelnen nicht zu. Auf die ungenügende Lernübung als Problem wurde an anderer Stelle schon hingewiesen. Die Teilnehmer werden in relativ kurzer Zeit mit einer Vielzahl neuer Erkenntnisse konfrontiert, für deren intensive Verarbeitung und Übung zumeist nicht genügend Zeit bleibt. Hier kann nur empfohlen werden, sich bei den in das Programm aufzunehmenden Themenstellungen zu mäßigen und dafür umfassendere Übungs- oder Experimentierphasen einzulegen. Auf die Bedingungen im lernpsychologischen Bereich kann der Vorgesetzte nur in begrenztem Umfang (z. B. bei der Lernzielbestimmung oder Programmgestaltung) Einfluss nehmen.

Dagegen trägt der Vorgesetzte die volle Verantwortung für die Anwendungshemmnisse, deren Wurzel vorwiegend im organisatorischen Bereich liegt. Oft scheitert die Umsetzung neuer Erkenntnisse an einem innovationsfeindlichen Klima im Unternehmen, am Vorgesetztenverhalten selbst oder an den fehlenden Anwendungsmöglichkeiten. Der Vorgesetzte hat in der Regel bei der Ermittlung des Entwicklungsbedarfs und bei der Festlegung der durchzuführenden Maßnahmen mitgewirkt, und von seinem Verhalten hängt es nun ab, auf welche Voraussetzungen der Mitarbeiter bei der Anwendung neuer Erkenntnisse am Arbeitsplatz trifft. Vor allem, wenn der Vorgesetzte selbst nicht an einer entsprechenden Schulungsmaßnahme teilgenommen hat, kann es vorkommen, dass ihm das notwendige Verständnis fehlt. Er steht Neuerungen skeptisch gegenüber, er beharrt vielfach auf dem Althergebrachten und nimmt gegenüber geänderten Verfahren oder Methoden eine ablehnende Haltung ein. Den Mitarbeitern wird eine solche Einstellung nicht verborgen bleiben, und es besteht die Gefahr, dass sie sich, um Konflikten aus dem Weg zu gehen, an die Verhaltensweisen und Erwartungen ihrer Vorgesetzten anpassen, obwohl sie im Grunde von der Richtigkeit ihrer neu erworbenen Fertigkeiten und Kenntnisse überzeugt sind.

Wenn die Mitarbeiter dagegen erkennen, dass der Vorgesetzte neuen Gedanken aufgeschlossen gegenübersteht, und wenn sie das Gefühl haben, mit seiner weiteren Unterstützung rechnen zu können, dann steigen auch die Chancen für einen erfolgreichen Lerntransfer. Ein positiv eingestellter Vorgesetzter wird seinen Mitarbeitern genügend Möglichkeiten einräumen, neu erworbene Qualifikationen anzuwenden. Er wird außerdem durch eine Anpassung der organisatorischen Rahmenbedingungen (Kontrollsysteme, Richtlinien, Stellenbeschreibungen usw.) für ein innovationsfreundliches Arbeitsklima sorgen, und er sollte versuchen, die möglichen Widerstände anderer neben- oder nachgeordneter Mitarbeiter seines Kompetenzbereichs zu erkennen und durch rechtzeitige Information zu überwinden.

8.3.4 Kontrollmethoden

Ansatzpunkte für eine Erfolgskontrolle ergeben sich sowohl im Lernfeld als auch bei der Anwendung. Die betriebliche Praxis hat zur Ermittlung des Erfolgs eine Reihe unterschiedlicher Verfahren entwickelt, von denen zumeist mehrere gleichzeitig eingesetzt werden.

Befragungen

Befragungen zählen zu den am häufigsten angewandten Kontrollmethoden von Bildungsmaßnahmen außerhalb des Arbeitsplatzes. Sie können sich in schriftlicher oder mündlicher Form an die Teilnehmer, an deren Vorgesetzte, an die eingesetzten Referenten oder an neutrale Beobachter richten. Wichtigste Adressaten sind die Teilnehmer selbst, die insbesondere bei externen Bildungsveranstaltungen sowohl vom Veranstalter als auch vom entsendenden Unternehmen veranlasst werden können, ihre Eindrücke in einem vorgegebenen Fragebogen wiederzugeben.

Seminarbeurteilung

Name: .... Personalnummer: ....

Position: .... Abteilung: ....

❶ Angaben zur Veranstaltung:

Veranstalter:

Thema:

Dauer:

❷ Gesamtbeurteilung:

Entsprach die Veranstaltung dem angekündigten Programm?

☐ Ja, in vollem Um-   ☐ Größtenteils   ☐ Nein, Thema ver-
    fang   fehlt

Sind Ihnen neue Erkenntnisse vermittelt worden?

☐ Sehr viele   ☐ Einige   ☐ Keine

Können Sie die Erfahrungen an Ihrem Arbeitsplatz verwerten?

☐ Ja   ☐ Teilweise   ☐ Nein

Sollten andere Mitarbeiter an der Veranstaltung teilnehmen?

☐ Ja   ☐ Wenn ja, wer? ....

☐ Nein   ....

....

❸ Beurteilung des Referenten:

	Sehr gut	Ausreichend	Unzureichend
Vorbereitung	☐	☐	☐
Überzeugungsfähigkeit	☐	☐	☐
Fachkenntnisse	☐	☐	☐
Didaktik	☐	☐	☐
Aufgeschlossenheit	☐	☐	☐

Abb. 8–6: Fragebogen zur Seminarbeurteilung

❹ Inhalt und Methode:

Wie wurden die Themen behandelt?

☐ Umfassend ☐ In wesentlichen Punkten ☐ Unzureichend

Welche Themen könnten weggelassen werden?

....

....

Welche Themen sollten aufgenommen werden?

....

....

Blieb genügend Zeit zum Erfahrungsaustausch mit anderen Teilnehmern?

☐ Ja ☐ Nein

Welche Lehrmethoden wurden angewandt?

	Ausschließlich	Überwiegend	Teilweise
Vortrag	☐	☐	☐
Lehrgespräch	☐	☐	☐
Fallstudien, Planspiele	☐	☐	☐
Rollenspiele	☐	☐	☐
Gruppentraining	☐	☐	☐

Wurden audio-visuelle Hilfsmittel eingesetzt?

☐ Ja ☐ Nein

War das Niveau der Veranstaltung auf die Teilnehmer abgestellt?

☐ Ja ☐ Nur zum Teil ☐ Nein

❺ Organisation:

Wie beurteilen Sie den Ablauf der Veranstaltung?

☐ Sehr gut ☐ Befriedigend ☐ Unbefriedigend

Wie geeignet waren die Veranstaltungsräume?

☐ Gut ☐ Ausreichend ☐ Unzureichend

Wurden Arbeitsunterlagen verteilt?

☐ Ja ☐ Nein

Wie beurteilen Sie die verteilten Arbeitsunterlagen?

☐ Ausführlich ☐ Übersichtlich ☐ Praktisch nützlich

Der Informationswert einer solchen Teilnehmerbefragung darf nicht überschätzt werden. Selbst wenn die Mitarbeiter durch ihre Antworten einer Veranstaltung grundsätzlich zustimmen, kann damit noch nicht zwangsläufig auf den erzielten Wissenszuwachs und dessen Verwertbarkeit am Arbeitsplatz geschlossen werden. Der Prozess des Wissenstransfers beginnt erst später und wird durch die Befragung noch nicht erfasst. Über den Nutzen des Gelernten für die tägliche Arbeit können die Mitarbeiter allenfalls zeitversetzt befragt werden, z. B. sechs bis zwölf Monate nach Abschluss der Veranstaltung, wenn sie Gelegenheit hatten, die erworbenen Fertigkeiten und Kenntnisse zu verarbeiten und umzusetzen.

Ein positives Urteil kann auch nur durch angenehme äußere Bedingungen (z. B. sonstige Teilnehmer, ein attraktives Nebenprogramm, ansprechende Veranstaltungsräume, eine gute Verpflegung usw.) oder durch das Auftreten und den Beliebtheitsgrad des Referenten beeinflusst werden. Solche Urteile sagen noch nichts über die Lerneffizienz einer Veranstaltung, also über den Wissens- und Erfahrungszuwachs sowie die Verwertbarkeit am Arbeitsplatz aus. Eine gute Seminarbewertung kann lernpsychologisch auch lediglich durch eine hohe, problemlose Identifikation des Lernenden mit dem Gebotenen zustande kommen, weil es mit den eigenen Erwartungen, Einstellungen und Verhaltensweisen weitgehend übereinstimmte.

Trotz dieser Einschränkung hat die Teilnehmerbefragung ihre Berechtigung. Ein Unternehmen, das Mitarbeiter zu externen Veranstaltungen entsendet, erhält auf diesem Weg Hinweise auf die Übereinstimmung zwischen Angebot und Leistung, auf die organisatorischen Rahmenbedingungen (Zeitplan, Raum, Unterlagen usw.), auf die Einschätzung der Referenten durch die Teilnehmer (Vorbereitung, Überzeugungskraft, Fachkenntnisse, Motivationsfähigkeit usw.), auf die angewendeten Methoden und Medien und auf das allgemeine Lernklima. Diese Informationen können bei der künftigen Entsendung anderer Mitarbeiter die Entscheidung beeinflussen. In Abbildung 8–6 ist ein Formular zur Seminarbeurteilung abgedruckt, das die angesprochenen Fragestellungen enthält.

Der Veranstalter eines externen Seminars beweist durch eine Teilnehmerbefragung, dass er bereit ist, sich und seine Veranstaltung kritisch infrage stellen zu lassen. Soweit eine Befragung nicht erst am Ende, sondern schon während einer Veranstaltung stattfindet (z. B. täglich bei längeren Seminaren), können die Befragungsergebnisse noch zu Änderungen des Stoffprogramms oder der eingesetzten Lehrmethoden herangezogen werden.

Mündliche Befragungen können entweder als Interview anhand eines vorgegebenen Fragebogens oder als unstrukturiertes Gespräch durchgeführt werden. Im Anschluss an ein betriebliches Seminar kann z. B. in einer allgemeinen Aussprache aller Beteiligten (Teilnehmer, Dozenten, Vertreter der Personalabteilung, Vorgesetzte usw.) eine Art Manöverkritik abgehalten werden, die Hinweise auf die erzielten Lernerfolge, auf die Anwendungsmöglichkeiten der erworbenen Kenntnisse und Verhaltensweisen und auf eine künftige Bessergestaltung gleichartiger Seminare geben kann. Auch bei externen Seminaren können Gespräche zwischen dem Veranstalter bzw. den Dozenten und den Teilnehmern vor, während und nach der Veranstaltung Anregungen für die weitere Gestaltung und Hinweise auf die erwarteten und erzielten Erfolge vermitteln.

Mitarbeiterbeurteilung

Ein guter Indikator über das Ausmaß der durch Bildungsmaßnahmen bewirkten Leistungs- und Verhaltensänderungen sind die Ergebnisse regelmäßiger Mitarbeiterbeurteilungen. Auf diese Weise wird zur Kontrolle der Bildungserfolge das gleiche Instrument eingesetzt, das schon als wichtigste Informationsgrundlage bei der Erfassung des Personalentwicklungsbedarfs und der Feststellung der zu vermittelnden Qualifikationen gedient hat. Im Gegensatz zu anderen Kontrollverfahren stellt die Mitarbeiterbeurteilung ausschließlich auf die Anwendungserfolge ab. Der für die Beurteilung zuständige Vorgesetzte kann – von subjektiven Verfälschungen einmal abgesehen – besser als jeder andere prüfen, inwieweit die angestrebten Qualifikationsänderungen tatsächlich erreicht wurden.

Ein Problem für eine eindeutige Erfolgsmessung ergibt sich hinsichtlich der Zurechenbarkeit. Bereits an anderer Stelle wurde erwähnt, dass ein kausaler Zusammenhang zwischen einer bestimmten Bildungsmaßnahme und sichtbaren Leistungs- und Verhaltensänderungen nur schwer hergestellt werden kann. Andere Einflussgrößen (z. B. Auswirkungen der Arbeitsmarktsituation oder personelle bzw. sachliche Veränderungen im Unternehmen) können nicht völlig ausgeschlossen werden. Dieser Mangel sollte jedoch zugunsten des Vorteils in Kauf genommen werden, mit der Mitarbeiterbeurteilung über ein Instrument zu verfügen, das zumindest eine tendenzielle Aussage über den letztlich interessierenden Anwendungserfolg zulässt.

Prüfungen und Tests

Prüfungen oder Tests werden vorwiegend zur Kontrolle des Lernerfolgs eingesetzt. Während oder am Ende einer Bildungsveranstaltung wird durch Prüfungen festgestellt, inwieweit die zuvor gesetzten Lernziele erreicht wurden. Bei den Teilnehmern sind Prüfungen in der Regel unbeliebt; selbst wenn es sich nur um kleine, ohne weitere Konsequenzen bleibende Zwischentests handelt, stoßen sie zumeist auf Ablehnung. Die Angst, zu versagen oder vor anderen bloßgestellt zu werden, kann dazu führen, dass das Wissen um die Durchführung von Prüfungen einzelne Mitarbeiter von der Teilnahme an einer Bildungsmaßnahme abhalten kann. Trotzdem sollte auf Prüfungen nicht verzichtet werden. Zwischenprüfungen erlauben gegebenenfalls eine Korrektur im Lerntempo, in den Lerninhalten oder bei den Lehrmethoden. Die Teilnehmer können bei einem schlechten Abschneiden zu einer Änderung ihres Lernverhaltens veranlasst werden, während positive Ergebnisse zu einer weiteren Lernmotivation ermutigen können. Außerdem kann durch die Prüfung ein gewisser „Zwang zum Lernen" ausgeübt werden.

Als Prüfungsmethoden kommen je nach Art des Bildungsstoffes praktische Übungen, Rollenspiele, schriftliche Arbeiten oder Mehrfachwahlaufgaben (Multiple-Choice-Verfahren) infrage. Letztere sind zwar in der Vorbereitung recht zeitaufwändig, sie haben aber den Vorteil, dass sie einfach auszuwerten sind, sodass die Prüfungsergebnisse den Teilnehmern rasch mitgeteilt werden können.

Soweit durch Prüfungen der durch eine Bildungsmaßnahme erzielte Wissenszuwachs festgestellt werden soll, ergibt sich wiederum das bereits mehrfach erwähnte Problem, dass fortbildungsfremde Einflüsse nicht völlig isoliert werden können. Zur Lösung dieser Frage wird empfohlen, entweder gleichartige Prüfungen am Beginn und am Ende einer Veranstaltung durchzuführen oder Kontrollgruppen zu bilden, die nicht an der Weiterbildungsveranstaltung teilnehmen. Beide Wege sind recht zeit- und kostenaufwändig.

Die Wirkung von Prüfungen auf das Durchhaltevermögen der Teilnehmer kann durch Zeugnisse gesteigert werden. Die Dokumentation der Ergebnisse einer Weiterbildungsveranstaltung in einem Zeugnis oder Zertifikat stößt bei den Teilnehmern im Allgemeinen auf Zustimmung, weil sie sich dadurch Vorteile im Unternehmen oder bei künftigen Bewerbungen versprechen. Allerdings ist der Wert solcher Bescheinigungen recht unterschiedlich. Die Praxis vermag im Allgemeinen sehr gut zu unterscheiden, ob es sich lediglich um die Bescheinigung der Teilnahme an einer Bildungsveranstaltung handelt, die nichts über die erzielten Leistungen aussagt, oder ob die Ergebnisse einer formalisierten Prüfung bestätigt werden. Auch der Träger einer Bildungsveranstaltung (z. B. ein Unternehmen, das für seine guten Erfolge in der Bildungsarbeit bekannt ist) wird in die Beurteilung einbezogen.

Kennziffern und Indikatoren

Kennziffern können als Instrument der Erfolgskontrolle entweder für sich allein oder in Verbindung mit anderen Kontrollverfahren eingesetzt werden. Sie werden sowohl bei der Kontrolle im Lernfeld als auch im Anwendungsfeld herangezogen.

Eine Möglichkeit der indirekten Messung des Anwendungserfolgs ergibt sich, wenn die Auswirkungen einer Bildungsveranstaltung auf die Leistungen oder Verhaltensweisen der Mitarbeiter anhand bestimmter, in Kennzahlen ausgedrückter Indikatoren gemessen werden. Leistungsbezogene Kennzahlen können z. B. je nach Situation hinsichtlich Ausbringungsmenge, Stundenleistung, Umsatzergebnis, Kostenentwicklung (z. B. Herstellkosten, Gemeinkosten, Materialverbrauch, Energiekosten usw.), Ausschussquote oder erzielten Qualitätsverbesserungen gebildet werden. Auch eine größere Beteiligung am betrieblichen Vorschlagswesen oder eine Verringerung disziplinarischer Maßnahmen können u. U. auf die Teilnahme an einer Bildungsmaßnahme zurückzuführen sein. Ein besseres Betriebsklima, das z. B. als Folge eines Seminars über Personalführung erwartet wird, kann sich in einem Rückgang der Fluktuationsrate, des Krankenstands oder anderer Fehlzeitenquoten niederschlagen.

Auch bei der Erfolgskontrolle mithilfe von Kennzahlen ergibt sich wiederum das Zuordnungsproblem. Wenn z. B. der Erfolg eines Verkaufsseminars an der erzielten Umsatzsteigerung gemessen werden soll, dann müssten konsequenterweise alle anderen umsatzbeeinflussenden Faktoren (z. B. Werbung, Produktgestaltung, Vertriebsorganisation usw.) konstant gehalten werden. Ähnliches gilt für die anderen Beispiele. Fluktuation und Krankenstand werden z. B. auch von der Entwicklung auf dem externen Arbeitsmarkt, vom Lohn- und Gehaltsgefüge oder von den freiwilligen Sozialleistungen mitbeeinflusst. Trotz dieser Einschränkung sollte auf Kennzahlen nicht völlig verzichtet werden; sie sind relativ einfach zu ermitteln und geben zumindest grobe Anhaltspunkte.

8.4 Rentabilitätskontrolle

In Kapitel 8.2 wurden die Möglichkeiten zur Erfassung und Kontrolle der Kosten der Personalentwicklung beschrieben. Dabei wurde stillschweigend unterstellt, dass die Beträge für Weiterbildung zu den laufenden Kosten zählen, die noch in der Periode ihrer Entstehung in vollem Umfang als Aufwand in der Gewinn- und Verlustrechnung verbucht werden. Tatsächlich handelt es sich bei der betrieblichen Bildungsarbeit um immaterielle Investitionen, die den materiellen Investitionen in das Anlage- und Umlaufvermögen durchaus verwandt sind. Bildung wird heute als vierter Produktionsfaktor angesehen; Bildungsinvestitionen sind gleichwertig neben die Sachinvestitionen getreten, weil andernfalls der Wirkungsgrad der eingesetzten Sachmittel nur unzureichend ist. Bildungsmaßnahmen sind Investitionen in das menschliche Leistungspotenzial, die ebenso wie die Sachinvestitionen dazu führen, dass betriebliche Mittel für eine längere Zeit festgelegt werden.

Damit ergibt sich die Inkonsequenz, dass die Unternehmungen den investiven Charakter der Bildungskosten zwar erkannt haben, diese aber nach wie vor als laufende Kosten behandeln. Das beruht auf zwei Gründen: Die gültigen Steuergesetze lassen eine Aktivierung der Bildungskosten und eine Abschreibung entsprechend der geschätzten Nutzungsdauer nicht zu. Außerdem ist eine eindeutige Bestimmung des Wertes einer Bildungsmaßnahme und ihrer voraussichtlichen Nutzungsdauer nicht möglich.

Die Ausführungen zur Kostenkontrolle haben gezeigt, dass es sich dabei in erster Linie um eine Kontrolle der im Rahmen der Personalentwicklung anfallenden Bildungskosten handelt. Die Funktion Personalentwicklung ist zu sehr mit den übrigen Aufgaben des Personalwesens sowie der Vorgesetzten verknüpft, um eindeutig abgegrenzt und in ihren kostenmäßigen Auswirkungen erfasst werden zu können. Deshalb wurde die Kostenermittlung auf den abgrenzbaren und kostenintensiven Teil der Personalentwicklung, den Entwicklungsvollzug in Form von Bildungsmaßnahmen, beschränkt. Diese Überlegung gilt sinngemäß auch für eine Rentabilitätsermittlung. Auch hier kann es nur darum gehen, die Rentabilität einzelner Bildungsmaßnahmen, die als Teil der Personalentwicklung vollzogen wurden, zu ermitteln. Dazu wird folgende Formel verwendet:

$$\text{Rendite eines Bildungsprojektes} = \frac{(\text{Wert in Euro ./. entstandene Kosten}) \times 100}{\text{entstandene Kosten}}$$

Als Wert des Projektes werden entweder die erzielten Erträge oder die vermiedenen Verluste angesetzt. Dabei ergibt sich die Schwierigkeit, dass es vielfach nicht möglich ist, die Erfolge bestimmter Bildungsmaßnahmen zu quantifizieren. Selbst wenn es gelingen sollte, eine eindeutige Kausalitätsbeziehung zwischen einem Bildungsprojekt und dem erzielten Erfolg herzustellen, dann ist damit immer noch nicht gesagt, was dieser Erfolg in Zahlen ausmacht. Die Formel kann deshalb nur dann angewendet werden, wenn eine Quantifizierung der Erfolge möglich ist (z. B. eine gesteigerte Mengenleistung) oder wenn sinnvolle Hilfsgrößen (z. B. vermiedene zusätzliche Einstellungen) zur Verfügung stehen.

Fall: Die Umsatzleistungen im Verkauf eines Markenartikelherstellers bleiben hinter den Erwartungen zurück. Man glaubt, durch ein Verkaufstraining die Leistungen der einzelnen Verkäufer um mindestens 10 % steigern zu können. Dazu werden von einem externen Verkaufstrainer zwei Wochenseminare für jeweils 10 Verkäufer durchgeführt. Die Seminare finden außerhalb in einem Hotel statt; der Referent arbeitet sich während eines zweitägigen Aufenthalts im Unternehmen in die betriebsspezifischen Probleme ein.

Ermittlung der Kosten:	
Vorbereitung des Referenten im Unternehmen 2 Tage zu einem Tagessatz von 1800 EUR	3.600 EUR
Spesen (Hotel und Verpflegung) während der Einarbeitung	300 EUR
Honorar für Seminardurchführung 10 Seminartage zu 1800 EUR	18.000 EUR
Entgelt für ausgefallene Arbeitszeit der Teilnehmer (durchschnittliches Gehalt 4000 EUR + 80 % Nebenkosten je Monat entspricht etwa 1800 EUR je Woche) 20 Teilnehmer zu 1800 EUR	36.000 EUR
Aufenthalt und Fahrt (4 Übernachtungen + Verpflegung + Anfahrt mit Pkw) 700 EUR je Teilnehmer 20 Teilnehmer zu 700 EUR	14.000 EUR
Anteilige Organisationskosten der Personal- und Bildungabteilung (Stundensatz 100 EUR) 50 Stunden zu 100 EUR	5.000 EUR
Kosten insgesamt	**76.900 EUR**

Quantifizierung des Erfolgs:
Es wird unterstellt, dass die angestrebte Umsatzsteigerung im Durchschnitt erreicht wird. Ohne das Seminar hätte man dazu zwei zusätzliche Mitarbeiter benötigt. Das hierfür eingesparte Arbeitsentgelt wird ersatzweise als Wert des Seminars angesetzt. Als Wirkungszeitraum für den Seminarerfolg wird ein Jahr zugrunde gelegt.

Jahresarbeitsentgelt einschließlich Personalnebenkosten für zwei Mitarbeiter (2 × 12 × 7200 EUR)	**172.800 EUR**

Berechnung der Rendite:

$$R = \frac{(172800 - 76900) \times 100}{76900} = 125\%$$

Abb. 8–7: Rentabilitätsberechnung eines Bildungsprojekts

Die Anwendungsmöglichkeit der Formel wird in Abbildung 8–7 an einem Beispiel zur Verkäuferschulung dargestellt. Dabei wird außer dem bereits angesprochenen Kausalitätsproblem (sind die Umsatzsteigerungen ausschließlich auf das Seminar zurückzuführen?) noch eine weitere Schwierigkeit deutlich: In der Rechnung wird als Wirkungszeitraum ein Jahr zugrunde gelegt. Es kann jedoch mit Sicherheit angenommen werden, dass die erhöhten Umsatzleistungen auch in den folgenden Jahren erzielt werden, sodass eigentlich eine höhere Rendite zu errechnen wäre. Andererseits ist nicht von vornherein auszuschließen, dass es im Laufe der Zeit auch ohne zusätzliche Schulung aufgrund einer wachsenden Verkäufererfahrung zu Umsatzsteigerungen gekommen wäre.

9. Kapitel

Rechtliche Aspekte der Personalentwicklung

Die Personalarbeit ist mehr als andere betriebliche Funktionsbereiche an umfassende rechtliche Vorgaben gebunden. Die Bandbreite reicht vom Grundgesetz über Bundes- und Ländergesetze, Tarifverträge und Betriebsvereinbarungen bis zu einzelvertraglichen Absprachen. Die wichtigsten für die Personalentwicklung relevanten Rechtsgrundlagen sind

- das Betriebsverfassungsgesetz (BetrVG),
- das Bundesdatenschutzgesetz (BDSG),
- das Allgemeine Gleichbehandlungsgesetz (AGG),
- das Berufsbildungsgesetz (BBiG).

9.1 Betriebsverfassungsgesetz

Die in den §§ 92 – 95 BetrVG geregelten Beteiligungsrechte an „allgemeinen personellen Angelegenheiten" sollen dem Betriebsrat eine rechtzeitige und regelmäßige Teilnahme an der betrieblichen Personalpolitik ermöglichen. Sämtliche vom Gesetzgeber in diesem Zusammenhang angesprochenen Teilaufgaben tangieren auch die Personalentwicklung. Die Beteiligung des BR an der Berufsbildung ist in den §§ 96 – 98 BetrVG geregelt. Dem Betriebsrat steht ein gestuftes Beteiligungsrecht zu, das ihm in Zusammenarbeit mit dem

Arbeitgeber ermöglicht, einen Kernbereich der Personalentwicklung unmittelbar zu beeinflussen.

9.1.1 Beteiligung des Betriebsrats an allgemeinen personellen Angelegenheiten

Die Personalentwicklung kann als eine Fortführung der qualitativen Personalbedarfsplanung angesehen werden. Um eine ausreichende Berücksichtigung der Interessen der Arbeitnehmer sicherzustellen, hat der Gesetzgeber den Arbeitgeber verpflichtet, den Betriebsrat über die **Personalplanung**, insbesondere über den gegenwärtigen und künftigen Personalbedarf sowie über die sich daraus ergebenden personellen Maßnahmen und Maßnahmen der Berufsbildung anhand von Unterlagen rechtzeitig und umfassend zu unterrichten. Der Arbeitgeber hat mit dem Betriebsrat außerdem über Art und Umfang der erforderlichen Maßnahmen und über die Vermeidung von Härten zu beraten (§ 92 Abs. 1 BetrVG). Nach Paragraph 92a Abs. 1 BetrVG kann der Betriebsrat dem Arbeitgeber Vorschläge zur Sicherung und Förderung der Beschäftigten machen. Diese Vorschläge können auch die Qualifizierung der Arbeitnehmer betreffen.

Nach § 93 BetrVG kann der Betriebsrat verlangen, dass Arbeitsplätze, die besetzt werden müssen, vor ihrer Besetzung innerhalb des Betriebs ausgeschrieben werden. Damit steht dem Betriebsrat ein echtes Mitbestimmungsrecht zu, das ihm in Form eines durchsetzbaren Initiativrechts die Möglichkeit einräumt, die Personalentwicklung unmittelbar zu beeinflussen.

Nach § 94 BetrVG bedürfen **Personalfragebogen** und die Aufstellung allgemeiner **Beurteilungsgrundsätze** im Rahmen der Mitarbeiterbeurteilung der Zustimmung des Betriebsrats. Der Personalfragebogen enthält in systematischer Form grundlegende Informationen über die persönlichen Verhältnisse sowie den beruflichen Werdegang der Mitarbeiter. Versetzungen oder Beförderungen, die Festlegung persönlicher Entwicklungspläne oder Entscheidungen über die Teilnahme an Weiterbildungsmaßnahmen sind ohne Kenntnis dieser Angaben nicht möglich. Die Mitarbeiterbeurteilung zählt zu den unverzichtbaren Bausteinen der Personalentwicklung und wurde in Kapitel 3.2 ausführlich dargestellt.

Eine Zustimmung des Betriebsrats ist auch bei der Aufstellung von Richtlinien über die personelle Auswahl bei Einstellungen, Versetzungen, Umgruppierungen und Kündigungen erforderlich (§ 95 Abs. 1 BetrVG). **Auswahlrichtlinien** können bei der Personalentwicklung von Bedeutung sein, wenn es z. B. bei internen Stellenausschreibungen oder im Rahmen einer individuellen Entwicklungsplanung zu Versetzungen und Umgruppierungen kommt. Soweit es durch die Personalentwicklung zu Versetzungen und Umgruppierungen kommt, sind die **Mitbestimmungsrechte bei personellen Einzelmaßnahmen** zu beachten (§ 99 Abs. 1 BetrVG). Der Arbeitgeber hat den Betriebsrat vor der Durchführung der geplanten Personalmaßnahmen umfassend zu unterrichten, ihm die erforderlichen Bewerbungsunterlagen vorzulegen und Auskunft über die Person der Beteiligten sowie über die Auswirkungen der geplanten Maßnahme zu geben und die Zustimmung zu der geplanten Maßnahmen einzuholen. Der Betriebsrat kann seine Zustimmung verweigern, wenn einer der § 99 Abs. 2 BetrVG erschöpfend aufgezählten Gründe vorliegt.

Neben den vom Betriebsrat wahrzunehmenden Rechten räumt das Betriebsverfassungsgesetz in den §§ 81–86 auch dem einzelnen Arbeitnehmer **unmittelbare Mitsprache- und Mitwirkungsrechte** ein. Für die Personalentwicklung hat besonders § 82 Abs. 2 BetrVG Bedeutung, wonach der Arbeitnehmer verlangen kann, dass mit ihm die Beurteilung seiner Leistungen sowie die Möglichkeiten seiner beruflichen Entwicklung im Betrieb erörtert werden.

9.1.2 Beteiligungsrechte des Betriebsrates an der Berufsbildung

Arbeitgeber und Betriebsrat haben nach § 96 Abs. 1 BetrVG die gemeinsame Verpflichtung, im Rahmen der Personalplanung und in Zusammenarbeit mit den zuständigen Stellen die Berufsbildung der Arbeitnehmer zu fördern. § 97 Abs. 1 BetrVG räumt dem Betriebsrat ein Beratungsrecht bei der Errichtung und Ausstattung betrieblicher Einrichtungen zur Berufsbildung, bei der Einführung betrieblicher

Bildungsmaßnahmen und bei der Teilnahme an außerbetrieblichen Maßnahmen ein. Bei einer Änderung der Tätigkeitsinhalte, die eine Anpassung der beruflichen Kenntnisse und Fähigkeiten der Mitarbeiter erforderlich macht, kann der Betriebsrat bei der Einführung notwendiger Maßnahmen mitbestimmen (§ 97 Abs. 2 BetrVG).

Nach § 98 Abs. 1 BetrVG hat der Betriebsrat bei der Durchführung von Maßnahmen der betrieblichen Berufsbildung mitzubestimmen. Das kann z. B. das Erstellen von Ausbildungs- und Fortbildungsplänen, das Erstellen von Prüfungsordnungen oder die Kontrolle bestehender Bildungseinrichtungen betreffen. Gemäß § 98 Abs. 2 BetrVG kann der Betriebsrat der Bestellung einer mit der Durchführung der betrieblichen Berufsbildung beauftragten Person widersprechen oder ihre Abberufung verlangen, wenn diese die persönliche und fachliche Eignung im Sinne des Berufsbildungsgesetzes nicht besitzt oder ihre Aufgaben vernachlässigt.

9.2 Bundesdatenschutzgesetz

Die Personalentwicklung setzte die Erfassung, Speicherung und Analyse umfassender Informationen über die Mitarbeiter voraus. Beim Umgang mit diesen Daten sind die Bestimmungen des Bundesdatenschutzgesetzes (BDSG) zu beachten. Das Datenschutzgesetz hat die Aufgabe, den Einzelnen davor zu schützen, dass er durch den Umgang mit seinen personenbezogenen Daten in seinen Persönlichkeitsrechten beeinträchtigt wird (§ 1 Abs. 1 BDSG). Geschützt werden personenbezogene Daten natürlicher Personen, soweit sie in oder aus Dateien bearbeitet werden. Zu den personenbezogenen Daten der Mitarbeiter in diesem Sinne zählen z. B. Name, Wohnort, Geburtsdatum, Ausbildungsberuf, derzeit ausgeübte Tätigkeit, Beurteilungen, Arbeitsentgelt oder Hinweise auf absolvierte Bildungsmaßnahmen.

Zum Schutz ihrer persönlichen Daten gesteht das Gesetz den Mitarbeitern umfassende Rechte zu. Werden Daten erstmals gespeichert, dann ist der Betroffene darüber zu benachrichtigen, es sei denn, dass er auf andere Weise Kenntnisse von der Speicherung erlangt hat (§33 BDSG). Die Mitarbeiter haben das Recht, Auskunft über die zu ihrer Person gespeicherten Daten zu verlangen (§ 34 BDSG); aufgrund der Parallelität des Auskunftsrechts zum Recht auf Akteneinsicht gemäß § 83 BetrVG erfolgt die Auskunftserteilung in der Regel kostenlos. Daten, die nachweislich unrichtig sind, müssen berichtigt werden. Auf Antrag des Mitarbeiters sind Daten zu sperren, wenn weder ihre Richtigkeit noch ihre Unrichtigkeit festzustellen ist. Eine Sperrung muss auch dann erfolgen, wenn die Kenntnis der Daten für die Erfüllung des Zwecks der Speicherung nicht mehr erforderlich ist. Daten müssen gelöscht werden, wenn ihre Speicherung unzulässig war oder wenn der Mitarbeiter es verlangt, weil ihre Kenntnis nicht mehr erforderlich ist (§ 35 BDSG).

9.3 Allgemeines Gleichbehandlungsgesetz

Das Allgemeine Gleichbehandlungsgesetz (AGG) soll vor Benachteiligungen im Arbeitsrecht und im Zivilrecht schützen. Der Schwerpunkt des Gesetzes liegt im arbeitsrechtlichen Bereich und den personalpolitischen Handlungsfeldern, auf die sich auch die weiteren Ausführungen begrenzen.

Ziel des Gesetzes (§ 1 AGG) ist es, die Arbeitgeber zu verpflichten, Benachteiligungen ihrer Beschäftigten aus Gründen

- der Rasse,
- der ethnischen Herkunft,
- des Geschlechts,
- der Religion,
- der Weltanschauung,
- einer Behinderung,
- des Alters oder
- der sexuellen Identität

zu verhindern oder zu beseitigen.

Die Anwendungsbereiche des Gesetzes werden in § 2 AGG geregelt. Danach sind Benachteiligungen im arbeitsrechtlichen Bereich unzulässig

- im Zusammenhang mit Einstellungsvorgängen (hier ist vor allem das Vorstellungsgespräch betroffen),

- **in einem bestehenden Arbeitsverhältnis bei den Arbeitsbedingungen und beim beruflichen Aufstieg,**

- **bei der beruflichen Berufsbildung einschließlich der Berufsausbildung, der beruflichen Weiterbildung und der Umschulung sowie der praktischen Berufserfahrung,**

- bei Entlassungen (ausgenommen sind Kündigungen, für welche die Bestimmungen zum allgemeinen und besonderen Kündigungsschutz weiter gelten).

Das AGG unterscheidet nach § 3 folgende Formen der Ungleichbehandlung (Benachteiligung):

- Eine **unmittelbare Benachteiligung** betrifft Situationen, in denen Mitarbeiter oder Mitarbeiterinnen wegen eines der acht Diskriminierungsmerkmale eine schlechtere Behandlung erfahren als eine andere Person in einer vergleichbaren Situation.

- **Mittelbare Benachteiligungen** betreffen Situationen, in denen Mitarbeiter oder Mitarbeiterinnen durch scheinbar neutrale Kriterien oder Vorgehensweisen in einem oder mehreren der acht Diskriminierungsmerkmale benachteiligt werden.

- Eine **Belästigung** liegt vor, wenn ein unerwünschtes Verhalten bewirkt, dass die Würde einer anderen Person verletzt wird.

- Eine **sexuelle Belästigung** ist ein unerwünschtes, sexuell bestimmtes Verhalten, das die Würde einer anderen Person verletzt. Dazu gehören unerwünschte sexuelle Handlungen oder die Aufforderung zu diesen. Zu den Belästigungen zählen auch sexuell bestimmte körperliche Berührungen, Bemerkungen sexuellen Inhalts sowie unerwünschtes Zeigen und sichtbares Anbringen von pornographischen Darstellungen.

- Eine **Anweisung zur Benachteiligung** liegt vor, wenn jemand eine Person zu einem Verhalten veranlasst, das einen Mitarbeiter oder eine Mitarbeiterin wegen eines der acht Diskriminierungskriterien benachteiligt oder benachteiligen kann.

Für die Personalentwicklung sind vor allem die beiden Formen der Benachteiligung relevant, wenn Mitarbeiter wegen einem oder mehreren der acht Diskriminierungsmerkmale bei der Förderung und Bildung nicht berücksichtigt werden.

Zu den Beschäftigten zählen nach § 6 AGG Arbeitnehmerinnen und Arbeitnehmer, Auszubildende und arbeitnehmerähnliche Personen (z. B. Heimarbeiter). Als Beschäftigte gelten auch Personen, die sich um ein Arbeitsverhältnis bewerben und frühere Mitarbeiter und Mitarbeiterinnen.

Nach § 7 AGG dürfen Beschäftigte nicht wegen einem der in § 1 AGG genannten Gründe benachteiligt werden. Vereinbarungen, die gegen das Benachteiligungsverbot verstoßen, sind unwirksam. Ausnahmen von diesem allgemeinen Diskriminierungsverbot enthalten die §§ 8 – 10 AGG.

- Unterschiedliche Behandlungen sind nach § 8 zulässig, wenn dieser Grund wegen der Art der auszuübenden Tätigkeit oder Bedingungen ihrer Ausübung eine entscheidende berufliche Anforderung darstellt.

- Für Religionsgesellschaften und die ihnen zugeordneten Einrichtungen (z. B. ein katholischer Kindergarten) sowie Vereinigungen, die sich die gemeinschaftliche Pflege einer Weltanschauung zur Aufgabe machen, sieht § 9 AGG ebenfalls Ausnahmen vor.

- Altersbedingte Ungleichbehandlungen sind nach § 10 AGG möglich, wenn sie objektiv und angemessen und durch ein legitimes Ziel gerechtfertigt sind.

Die Rechte der Beschäftigten bei unerlaubten Benachteiligungen sind in den §§ 13 – 17 AGG enthalten. Das Gesetz sieht folgende Rechte vor:

- Beschwerderecht (§ 13 AGG)

- Leistungsverweigerungsrecht (§ 14 AGG)

- Schadenersatz (§ 15 AGG)

- Entschädigungsanspruch (§ 16 AGG)

- Maßregelungsverbot (§ 16 AGG).

Bei der Verwirklichung der Ziele des AGG ist auch der Betriebsrat eingebunden (§ 17 AGG). Soweit ein Betriebsrat besteht bzw. eine Gewerkschaft im Betrieb vertreten ist, haben diese bei groben Verstößen des Arbeitgebers ein eigenes Klagerecht (§ 17 Abs. 2).

Pflichten des Arbeitgebers

Das AGG weist dem Arbeitgeber in den §§ 11 – 12 bestimmte Organisationspflichten zu. Er muss dafür sorgen, dass die Benachteiligungsverbote durchgesetzt und Benachteiligungen von vornherein unterbunden werden. Das beginnt bereits mit der Stellenausschreibung. Arbeitsplätze dürfen nicht unter Verstoß gegen das Benachteiligungsverbot ausgeschrieben werden (§ 11 AGG). Darüber hinaus ist der Arbeitgeber allgemein verpflichtet, erforderliche Maßnahmen zum Schutz der Beschäftigten vor Benachteiligungen zu treffen. Dazu zählen auch Maßnahmen vorbeugender Art (§ 12 Abs. 1 AGG).

In größeren Betrieben, etwa in solchen, in denen mehr als 50 Arbeitnehmerinnen und Arbeitnehmer beschäftigt werden, müssen zusätzlich zur allgemeinen Unterrichtung Schulungsmaßnahmen über das AGG durchgeführt werden. Insbesondere sind auch alle Führungskräfte zu schulen; die Teilnahme an dieser Schulung sollte dokumentiert werden. Im Rahmen der beruflichen Aus- und Weiterbildung ist auf die Unzulässigkeit von Benachteiligungen im Sinne des AGG hinzuweisen und darauf hinzuwirken, dass diese unterbleiben. Wenn der Arbeitgeber seine Beschäftigen „in geeigneter Weise" zum Zwecke der Verhinderung von Benachteiligung geschult hat, gilt dies als Erfüllung seiner Pflicht.

Bei Verstößen von Beschäftigten gegen das Benachteiligungsverbot, hat der Arbeitgeber die im Einzelfall geeigneten, erforderlichen und angemessenen Maßnahmen zu treffen, um dies zu unterbinden. Das Gesetz führt als solche Maßnahmen ausdrücklich Abmahnung, Umsetzung, Versetzung oder Kündigung an (§ 12 Abs. 3 AGG).

Das AGG ist durch Aushang bekannt zu machen; ebenso wo und in welcher Weise sich Beschäftigte beschweren können, wenn es zu Benachteiligungen gekommen ist. Der Arbeitgeber ist verpflichtet, eine Beschwerdestelle einzurichten. Die Bekanntmachungen (von Gesetz und Beschwerdestelle) können durch Aushang oder Auslegung an geeigneten betrieblichen Stellen (z. B. Schwarzes Brett) oder durch den Einsatz der im Betrieb vorhandenen Informations- und Kommunikationstechnik (z. B. Intranet) erfolgen.

Das AGG betrifft nahezu alle Bereiche des Arbeitsrechts von der Mitarbeitersuche über die Beschäftigungs- und Aufstiegsbedingungen bis zur Beendigung des Arbeitsverhältnisses und sogar darüber hinaus. Falls noch nicht geschehen, entsteht für den Arbeitgeber umfangreicher Handlungsbedarf. Folgende Bereiche im Unternehmen sollten besonders auf die Einhaltung des AGG überprüft werden:

- Stellenausschreibungen, Vorstellungsgespräche, Antwortschreiben
- Arbeitsverträge
- Betriebsvereinbarungen
- Tarifverträge
- Beförderungen und Versetzungen
- Abmahnungen und Kündigungen
- Beurteilungen und Zeugnisse
- Lohn und Gehalt, Gratifikationen
- Aus- und Weiterbildung
- Urlaubsregelungen.

Bei Fördergesprächen und allen anderen Mitarbeitergesprächen muss darauf geachtet werden, dass sich die Kommunikation auf einer sachlichen Ebene anhand objektiver und nachvollziehbarer Kriterien bewegt. Alle Gesprächsinhalte, die als Indiz für eine Diskriminierung gewertet werden könnten, müssen vermieden werden.

9.4 Berufsbildungsgesetz

Zur Berufsbildung im Sinne des Berufsbildungsgesetzes zählen die Berufsausbildung, die berufliche Fortbildung und die berufliche Umschulung (§ 1 Abs. 1 BBiG). Die Bestimmungen des Berufsbildungsgesetzes regeln in erster Linie die in diesem Buch nicht näher behandelte Berufsausbildung, in wesentlich geringerem Umfang die berufliche Fortbildung und Umschulung.

9.4.1 Berufliche Fortbildung

Die Qualifikationsvermittlung im Rahmen der Personalentwicklung erfolgt überwiegend durch Fortbildungsmaßnahmen (= Weiterbildungsmaßnahmen). Gemäß § 1 Abs. 4 BBiG soll die berufliche Fortbildung ermöglichen, die berufliche Handlungsfähigkeit zu erhalten, zu erweitern oder der technischen Entwicklung anzupassen oder beruflich aufzusteigen. Im Gegensatz zur Berufsausbildung verzichtet der Gesetzgeber auf eine detaillierte Regelung des Inhalts und Ablaufs einzelner Fortbildungsmaßnahmen. Auf diese Weise bleibt den Betrieben das notwendige Maß an Gestaltungsfreiheit und Flexibilität erhalten, das einer zeitgemäßen Personalentwicklung gerecht wird. Die Forderung nach prinzipieller Gestaltungsfreiheit der betrieblichen Fortbildung schließt nicht aus, dass im Hinblick auf andere geltende Rechtsgrundlagen oder bei einem offiziellen Nachweis der erworbenen Qualifikationen eine gewisse Vereinheitlichung erforderlich ist. Entsprechende Regelungen sind in den §§ 53 – 57 BBiG enthalten. Dabei geht es im Wesentlichen um den Erlass von Fortbildungsordnungen (§ 53 BBiG), Fortbildungsprüfungsregelungen der zuständigen Stellen (§ 54 BBiG) sowie die Durchführung von Fortbildungsprüfungen (§ 56 BBiG). Die §§ 55 und 57 BBiG regeln die Berücksichtigung ausländischer Vorqualifikationen sowie die Gleichstellung von im Ausland erworbenen Prüfungszeugnissen.

9.4.2 Berufliche Umschulung

Die berufliche Umschulung soll zu einer anderen beruflichen Tätigkeit befähigen (§ 1 Abs. 45 BBiG). Die Maßnahmen der beruflichen Umschulung müssen nach Inhalt, Art, Ziel und Dauer den besonderen Erfordernissen der beruflichen Erwachsenenbildung entsprechen (§ 62 Abs. 1 BBiG). Ähnlich der beruflichen Fortbildung ist auch bei der Umschulung der Erlass von Umschulungsordnungen

(§ 58 BBiG), Prüfungsregelungen der zuständigen Stellen (§ 59 BBiG), die Durchführung von Umschulungsprüfungen (§ 62 BBiG) sowie die Berücksichtigung ausländischer Vorqualifikationen (§ 61 BBiG) und die Gleichstellung von im Ausland erworbenen Prüfungszeugnissen (§ 63 BBiG) durch den Gesetzgeber geregelt. Bei der Umschulung für einen anerkannten Ausbildungsberuf sind außerdem das Ausbildungsberufsbild (§ 5 Abs 1 Nr. 3), der Ausbildungsrahmenplan (§ 5 Abs 1 Nr. 4) und die Prüfungsanforderungen (§ 5 Abs 1 Nr. 5) zugrunde zu legen (§ 60 BBiG).

Literaturhinweise

Apel/Kraft (Hrsg.): Online lehren, Bielefeld 2003

Arnold/Kilian/Thillosen/Zimmer: Handbuch E-Learning, Lehren und Lernen mit digitalen Medien, 2. Aufl., Bielefeld 2011

Baumgartner/Häfele/Maier-Häfele: E-Learning Praxishandbuch. Auswahl von Lernplattformen: Marktübersicht – Funktionen – Fachbegriffe

Becker, Manfred: Personalentwicklung. Bildung, Förderung und Organisationsentwicklung in Theorie und Praxis, 5. Aufl., Stuttgart 2009

Bröckermann, Reiner: Lehr- und Übungsbuch für Human Resource Management, 5. Aufl., Stuttgart 2009

Brökermann/Müller-Vorbrüggen (Hrsg.): Handbuch Personalentwicklung: Die Praxis der Personalbildung, Personalförderung und Arbeitsstrukturierung, 3. Aufl., Stuttgart 2010

Hell, Silke: Assessment Center: Souverän agieren – gekonnt überzeugen, München 2011

Hertel/Konradt (Hrsg.): Human Resources Management im Intra- und Internet, Göttingen 2004

Hohlbaum/Olesch: Human Resources – Modernes Personalwesen, 3. Aufl., Rinteln 2008

Kämper, Christian: Arbeitsrecht und Personalentwicklung, in: Ryschka/Solga/Mattenklott: Praxishandbuch Personalentwicklung, 3. Aufl., Wiesbaden 2011, S. 401 – 436

Kraft, Susanne: Blended Learning – ein Weg zur Integration von E-Learning und Präsenzlernen, in: REPORT Zeitschrift für Weiterbildungsforschung, Deutsches Institut für Erwachsenenbildung (Hrsg.), Bonn 2003, S. 43 – 51

Lang/Pätzold: Multimedia in der Aus- und Weiterbildung, Köln 2002

Lohaus/Habermann: Weiterbildung im Mittelstand: Personalentwicklung und Bildungscontrolling in kleinen und mittleren Unternehmen, München 2011

Meifert, Matthias: Strategische Personalentwicklung: Ein Programm in acht Etappen, 2. Aufl., Berlin 2010

Mentzel, Wolfgang: Kommunikation, München 2007

Mentzel, Wolfgang: Moderation. Die besten Techniken für die Teamarbeit, München 2008

Mentzel/Grotzfeld/Haub: Mitarbeitergespräche, 9. Aufl., Freiburg 2010

Olfert, Klaus: Personalwirtschaft, 14. Aufl., Ludwigshafen 2010

Paschen, Michael: Instrumente der Personalentwicklung, Norderstedt 2004

Peterke, Jürgen: Handbuch Personalentwicklung: Durch Führung Mensch und Unternehmen fördern, Hannover 2006

Ryschka/Solga/Mattenklott: Praxishandbuch Personalentwicklung, 3. Aufl., Wiesbaden 2011

Seel/Ifenthaler: Online lehren und lernen, Stuttgart 2009

Seufert/Mayr: Fachlexikon e-le@rning. Wegweiser durch das e-Vokabular, Bonn 2002

Thom/Zaugg: Moderne Personalentwicklung: Mitarbeiterpotenziale erkennen, entwickeln und fördern, 3. Aufl., Wiesbaden 2009

Tschumi, Martin: Praxisratgeber zur Personalentwicklung, 2. Aufl. Zürich 2011

Wegerich, Christian: Strategische Personalentwicklung in der Praxis: Instrumente, Erfolgsmodelle, Checklisten, Praxisbeispiele, 2. Aufl., Weinheim 2011

Weiand, A.: Personalentwicklung für die Praxis: Werkzeuge für die Umsetzung, Stuttgart 2011

Weidemann/Paschen: Personalentwicklung. Potenziale ausbauen, Erfolge steuern, Ergebnisse messen, Freiburg 2001

Wortmann, Jens: E-Learning als Instrument der Personalentwicklung, München 2007

Sachverzeichnis

Buchanzeigen

Hugo-Becker/Becker
**Psychologisches
Konfliktmanagement**
Menschenkenntnis · Konflikt-
fähigkeit · Kooperation.
Wirtschaftsberater
4. Aufl. 2004. 418 S.
€ 13,–. dtv 5829

Temppel/Zander
Praxis der Personalführung
Was Sie tun und lassen sollten.
Wirtschaftsberater
2. Aufl. 2008. 162 S.
€ 10,–. dtv 50841

Das Was und Wie der Personalführung, 99 Tipps, Fallbeispiele,
Führungsgrundsätze.

Drzyzga
**Personalgespräche
richtig führen**
Ein Kommunikationsleitfaden.
Wirtschaftsberater
2. Aufl. 2011. 164 S.
€ 12,90. dtv 50840

Gibt Führungs- und Nach-
wuchsführungskräften wichtige
Hinweise für zielgerichtete und
erfolgreiche Kommunikation
mit Mitarbeitern.

Weisbach/Sonne-Neubacher
**Professionelle
Gesprächsführung**
Ein praxisnahes Lese- und
Übungsbuch.
Wirtschaftsberater `Toptitel`
7. Aufl. 2008. 451 S.
€ 12,90. dtv 5845

Wie das Gespräch als Mittel
der Führung zweckmäßig, zielorientiert und rationell genutzt
werden kann.

Weisbach/Sonne-Neubacher
**Leadership in
Professional Conversation**
Translation of »Professionelle
Gesprächsführung«
Wirtschaftsberater
1. Aufl. 2005. 420 S.
€ 14,–. dtv 50879

Weisbach
**Wie Sie andere für sich
gewinnen**
Die Kunst der Gesprächs-
führung.
Wirtschaftsberater
1. Aufl. 2007. 164 S.
€ 9,50. dtv 50916

Wie man die Beziehung zum
Gesprächspartner so gestaltet,
dass beide gewinnen.

Bühring-Uhle/Eidenmüller/Nelle
Verhandlungsmanagement
Analyse · Werkzeuge · Strategien.
Beck im dtv
1. Aufl. 2009. 232 S.
€ 18,90. dtv 50640

Agieren Sie zielgerichtet und
erfolgreich.

Stender-Monhemius
Schlüsselqualifikationen
Zielplanung, Zeitmanagement,
Kommunikation, Kreativität.
Beck im dtv
1. Aufl. 2006. 163 S.
€ 9,50. dtv 50910

Mentzel
Personalentwicklung
Wie Sie Ihre Mitarbeiter fördern
und weiterbilden.
Wirtschaftsberater
4. Aufl. 2012. 328 S.
€ 16,90. dtv 50854
Neu im November 2012
Bedarf, Planung und Durch-
führung der Förder- und
Bildungsmaßnahmen, Kosten-
und Erfolgskontrolle.

Diekmann/Fang
China Knigge
Business und Interkulturelle
Kommunikation.
Wirtschaftsberater
1. Aufl. 2008. 201 S.
€ 14,–. dtv 50915
Ein Überblick über die Band-
breite chinesischer Verhaltens-
traditionen im Alltags- und
Geschäftsleben.

Mentzel
Rhetorik
Wirkungsvoll sprechen –
überzeugend auftreten.
Wirtschaftsberater
2. Aufl. 2009. 238 S.
€ 9,90. dtv 50845
Bausteinsystem für die Vorbereitung und Durchführung
eines Vortrags. Mit zahlreichen
Übungen.

Weisbach
Gekonnt kontern
Wie Sie verbale Angriffe souve-
rän entschärfen.
Wirtschaftsberater
1. Aufl. 2004. 197 S.
€ 9,–. dtv 50885
Gekonnt kontern ist weniger
eine Frage der Spontaneität als
vielmehr der Ausdruck guter
Vorbereitung. Die wichtigsten
Tipps finden Sie hier.

Nückles/Gurlitt/Pabst/Renkl
Mind Maps und Concept Maps
Visualisieren · Organisieren ·
Kommunizieren.
Wirtschaftsberater
1. Aufl. 2004. 162 S.
€ 9,50. dtv 50877
Mit Lern- und Arbeitstechniken
das individuelle und kooperative Wissensmanagement auf
einfache wie effektive Weise
unterstützen.

Haberzettl/Birkhahn
Moderation und Training
Ein praxisorientiertes Handbuch.
Wirtschaftsberater
2. Aufl. 2012. 324 S.
€ 17,90. dtv 50866
Das Buch zeigt eine Auswahl
hocheffektiver Methoden des
NLP und anderer Verfahren so,
dass sie unmittelbar anwendbar
und sofort umsetzbar sind.

Klotzki
So halte ich eine gute Rede
In 7 Schritten zum Publikums-
erfolg.
Wirtschaftsberater
2. Aufl. 2012. 131 S.
€ 9,90. dtv 50873

Mentzel
Kommunikation
Rede, Präsentation, Gespräch,
Verhandlung, Moderation.
Beck im dtv
4. Aufl. 2007. 301 S.
€ 10,–. dtv 50869

Grundlagen der Kommunika-
tion: Mit anderen sprechen –
Gespräch, Verhandlung, Moderation, Smalltalk. Vor anderen
sprechen – Sachvortrag, Präsentation, Gelegenheitsrede. Visualisierung – Der Körper spricht
immer mit.

Baumert
Professionell texten
Grundlagen, Tipps und Techniken.
Wirtschaftsberater `Toptitel`
3. Aufl. 2011. 256 S.
€ 12,90. dtv 50868

Wie schreibt man so, dass der
Leser versteht und der Text
sein Ziel erreicht? Viele Regeln
und Empfehlungen, die Profis
in der Ausbildung lernen,
konzentriert dieses Buch auf
das Wichtigste.

Barth
Telefonieren mit Erfolg
Die Kunst des richtigen Telefon-
marketing.
Wirtschaftsberater
2. Aufl. 2005. 137 S.
€ 7,50. dtv 50846

Bewährte Methoden und Tricks
werden ebenso vorgestellt wie
kluge Fragetechniken.

Schäfer
Business English
Wirtschaftswörterbuch Englisch–
Deutsch/Deutsch–Englisch.
Wirtschaftsberater
1. Aufl. 2006. 859 S.
€ 19,50. dtv 50893

Mit rund 36000 Stichwörtern
alle wichtigen grundlegenden
Begriffe der englischen und
deutschen Wirtschaftssprache.

Kunz
**Vom Mitarbeiter zur
Führungskraft**
Die erste Führungsaufgabe
erfolgreich übernehmen.
Wirtschaftsberater
2. Aufl. 2012. 282 S. `Neu`
€ 14,90. dtv 50913
Neu im Oktober 2012

Hinweise, Tipps und praktische
Hilfen zeigen, wie man sich auf
die neue Rolle als Teamleiter
vorbereiten kann – im Zeitraum von der Entscheidung
bis zum Start und den »ersten
100 Tagen« im neuen Job.

Kunz
Neu in der Führungsrolle
So behaupten Sie sich und
setzen gezielt Akzente.
Wirtschaftsberater
1. Aufl. 2012. 179 S.
€ 12,90. dtv 50930

Ein Ratgeber für junge Führungskräfte, die ihre ersten
Erfahrungen in einer Leitungs-
funktion sammeln.